北方园林树木栽植与养护

晏　增　杨清淮　主编

黄河水利出版社

·郑州·

内容提要

本书分为绪论、总论、各论三部分。绪论和总论着重于理论阐述，包括园林树木栽植养护的定义、方法、原则等。各论介绍北方常用及有发展前途的园林树木的栽植与养护。

第一章主要介绍园林树木的生长发育规律、生命和年生长周期，树木主要器官的生长发育等；第二章主要介绍一般园林树木栽植、大树栽植、特殊立地环境的树木及竹类、棕榈类的栽植养护技术；第三章主要介绍园林树木的土水肥管理和病虫害防治；第四章主要介绍树木整形与修剪的概念、作用、原则、技术和方法；第五章详细介绍了53种乔木、33种灌木及6种藤本的形态特征、生态习性、栽植技术要点与植后养护管理技术。

本书通俗易懂，可让读者一目了然，也可为园林工作者提供详尽的操作指南。

图书在版编目(CIP)数据

北方园林树木栽植与养护/晏增，杨清淮主编.—郑州：黄河水利出版社，2020.7 (2022.6 重印)

ISBN 978-7-5509-2751-3

Ⅰ.①北… Ⅱ.①晏…②杨… Ⅲ.①园林树木-栽培技术 Ⅳ.①S68

中国版本图书馆CIP数据核字(2020)第134412号

出 版 社：黄河水利出版社 网址：www.yrcp.com

地址：河南省郑州市顺河路黄委会综合楼14层 邮政编码：450003

发行单位：黄河水利出版社

发行部电话：0371-66026940、66020550、66028024、66022620(传真)

E-mail：hhslcbs@126.com

承印单位：河南新华印刷集团有限公司

开本：787 mm×1 092 mm 1/16

印张：15.75

字数：364千字

版次：2020年7月第1版 印次：2022年6月第2次印刷

定价：80.00元

《北方园林树木栽植与养护》
编委会

主　编　晏　增　杨清淮

副主编　杨淑红　刘正周　赵蓬晖　袁　玮

参　编（排名不分先后）

马雪范　韩云艳　邓　红　王二燕

邢秀霞　孟淑霞　王小丽　杨贵铭

杨亚峰　王占霞　王少明　吴　丽

徐丽云　朱亚娟

前 言

树木是构成我们这个世界的基本要素，树木一直是人类最亲密的朋友，是强大生命力的象征。园林树木是适用城市园林绿地及风景区移植应用的木本植物。从宏观来讲，园林绿化工作的主体是园林植物的移植，其中又以园林树木的移植所占比重最大。因此，在进行园林规划设计、绿化工程及园林的养护管理中，都必须具备园林树木移植的相关知识。

本书内容分为绪论、总论、各论三部分。绪论和总论着重于理论阐述，包括园林树木栽种养护的定义、方法、原则等。各论介绍北方常用及有发展前途的园林树木的栽植与养护。各论中的树种，依其在园林树木的形态特征、生态习性、移植技术和植后养护管理等方面进行繁简程度不同的讲述。

本书得到河南省林业科学研究院、信阳市平桥区天目山林场、南阳市林业科学研究院、郑州绿博园管理中心、许昌市园林绿化管理处等单位的大力支持和帮助，在此表示衷心的感谢！本书的插图参照《园林树木学》《园林树木栽培养护学》《园林树木栽植养护学》《园林树木移植与整形修剪》《树木移植与养护技术》等书的附图自绘而成，图中未标明出处，在此一并感谢！

由于编者水平有限、参考资料难全，仍难免有谬误之处，欢迎读者批评指正。

作 者
2020 年 5 月

目　录

绪　论

总　论

各 论

绪　论

一、园林树木及园林树木栽植的定义

随着生态学、环境学的进步，对园林绿化风景建设、保持国土生态环境、促进城市可持续发展及带来的商业利益等方面的作用而言，都离不开园林树木这一重要因素。

园林树木指在园林中栽植应用的木本植物，又可说成是适于在城市园林绿地及风景区栽植应用的木本植物，包括各种乔木、灌木和藤木。很多园林树木是花、果、叶、枝或树形美丽的观赏树木。园林树木也包括那些虽不以美观见长，但在城市与工矿区绿化及风景区建设中能起卫生防护和改善环境作用的树种。因此，园林树木所包括的范围要比观赏树木更为宽广。

园林树木栽植是指根据园林设计所选定的树种，由苗圃地起（掘）苗开始，经过包裹、运输、假植等环节最终定植到栽植地，包括栽植后树体防护，土、肥、水管理，整形修剪及各种灾害防治等树木的养护措施，直至苗木恢复正常的生长发育，在这一过程中人们所进行的实践活动。

河南省地域广阔，园林树木种类繁多，形态、习性各有不同。在城市园林绿化中，树木的配植应用，绝不是外行人所认为的只是在图纸上点树圈的问题，也不是仅画出一张风景画的问题。园林师在应用树木时，实际上需要预见十几年甚至更长时间以后各种树木将表现的效果，而且在这期间还须园林师按照设计意图进行精心的栽培和管理，才能最后展现出植物景观的理想效果。因此，掌握园林树木习性，在栽植过程中注意理论联系实际，多做分析、比较和归纳，善于总结经验和抓住要点，定会在园林绿化工作中有较大的收获。

二、园林树木及其栽植在园林建设中的作用和意义

园林树木是构成我们这个世界的基本要素，自从有人类以来，树木一直是人类的亲密伙伴。树木是强大生命力的象征，甚至还赋有特有的个性。远古时代的人类和自然界的接触远比现代人要多，人类认为树木是一种不可理解的超越自然的物体，据《付洲远古文集》任曲如记载，树木根深达地狱，绿色树冠伸入天堂，因此它把天堂、人间和地狱联结在一起。同时，自有人类文明以来，就产生了环境污染与环境的破坏。因为人是自然的产物，同时人类也在改变着环境，人类一方面不断从自然界获取资源，另一方面在改造自然界的进程中，造成了对环境的污染和破坏。如今沙尘和雾霾天气常常笼罩着我们的城市，呼吸到新鲜健康的空气已经成为城市人最简单的渴望。

全世界都在重视环境建设和环境保护工作，园林事业的各个环节，从苗木育种、苗木生产、园林设计到绿化工程都需要进一步的发展和推动，但这一切都离不开园林树木。从

园林建设的趋势来讲,园林造(园)景必定以植物为主流,从宏观上来讲,园林绿化工作的主体是园林植物,其中又以园林树木所占比重最大。由于树木是活的机体,树木本身就是大自然生命的艺术品,叶、花、果、姿均随着一年四季的变化而展现不同的魅力,即使在同一地点也会表现出不同的景色。

园林树木不仅有美化环境的作用,对改善环境生态因子,尤其对局部小气候的改善作用极大,对恶劣的环境因子能起到防护作用。不同品种的树木和不同的绿化方式不仅能软化钢筋混凝土建筑,营造出一种美丽舒适的环境,还能赋予城市生命力,为人们提供洁净健康的空气。

园林树木的栽植在园林建设中起到重大的作用,近年来,随着城市绿化进程的不断深入和发展,园林绿化工程已经成了城市建设进程中无处不在的风景线。尤其河南省地域广阔,属北亚热带与暖温带过渡区气候,南北气候交错,具有四季分明、雨热同期、复杂多样的特点,拥有南北区域兼容、极为丰富的园林绿化树木资源。特殊的地理气候条件形成了河南宽松、良好的绿化环境,除常规的春、秋季为最佳植树季节外,一年四季均有可栽种的园林树木。现代城市园林绿化工程塑造物种、生态和景观多样性,大树移栽施工的情况也越来越普遍,每个绿化工程项目中都要设计几十种甚至几百种绿化树木,种类繁多但品性多样,每个树种有着各自特有的生理习性和生长规律。许多绿化工程常常为了节省开支,缩短施工期限,赶工程,抢工期,造成所有绿化树木不论品种、规格进行地毯式的铺植,甚至为了尽快达到绿化效果,出现反季节栽植的情况,忽视了根据树木选择栽植季节、栽植天气、栽植方式和方法等基本的栽植技术,结果往往欲速而不达,大批绿化树木死亡或生存状态欠佳。

在园林绿化工程中,树木栽植技术是影响树木成活率及成活质量的关键。为了保质保量、省时省力地完成园林树木的栽植,对栽植的绿化树木暂时采用假植、寄植等技术措施进行合理的配植调运,既有利于提高园林树木栽种成活率,又能节省树木调运的时间和开支。因此,掌握园林树木的生态习性和科学的栽植技术,对园林规划设计、绿化施工以及园林的养护管理等实践工作都有着切实的意义。

根据多年的生产实践和施工经验,总结出园林树木栽植技术,包括栽植苗木选择、栽植时间、前期准备、起挖(掘)、包裹、运输、栽植技术(假植、寄植和定植)和植后养护管理(水肥管理、整形修剪和病虫害防治)等方面。在各论中对北方常用园林绿化树木的形态特征、生态习性、栽植技术和植后养护管理等方面进行详细阐述,包括不同树形、不同规格树木的假植、寄植和定植等关键技术,以期为提高园林树木栽植成活率提供技术支持。

本书的编写宗旨是:以总论为理论指导,各论为主体。各论中以形态特征为基础,习性为中心,栽植养护管理为目的。

总　论

第一章　园林树木的生长发育规律

每种园林树木从繁殖(如种子萌发、扦插)开始,经幼年、生长、性成熟、开花或结果、衰老直至树体死亡的全过程称为“生命周期”。它反映了树木个体成长的全过程。树木在其生命过程中,始终存在着地上部分与地下部分、生长与发育、衰老与更新、整体与局部之间的矛盾。由于树木是多年生的木本植物,有的可活上千年,因此无论是实生苗还是营养繁殖苗,从繁殖开始,都要年复一年地经过多年的生长发育、开花结实并完成其生命过程,其各个阶段的长短和对环境条件的要求因植物种类而异。由此可见,树木的发育存在着“年周期”和“生命周期”两个生长发育周期。

研究园林树木的“生命周期”和“年周期”,目的在于了解树木的各个生长阶段的特点。树木在其生命全过程中,始终存在着地上部与地下部、生长与发育、衰老与更新、整体与局部之间等矛盾,栽培工作者根据树木不同时期,正确选用树种和采取相应的栽植与养护措施来调节这些矛盾,创造条件以满足树木生长发育的要求,有预见性地调节和控制树木的生长发育,使其在栽植成活后能长期地健壮生长,并达到延长观赏期、延长寿命的目的,充分发挥园林绿化功能和生态效益。

第一节　园林树木的生命周期

园林树木的生命周期是指从繁殖定植开始,经生长到衰老死亡的全部生活史过程。

一、树木生命周期中的主要变化规律

(一)离心生长与离心秃裸

树木自繁殖(播种或营养繁殖)成活后,以根颈为中心生长,根和茎均以离心的方式进行向外生长。即根具有向地性,在土中逐年发生并形成各级骨干根和侧生根,向纵深发展;地上芽则具背地性萌发,向空中发展成枝,并逐年形成各级骨干枝和侧生枝。这种由根颈向外不断延伸其空间的生长,称为“离心生长”。树木因受遗传、生理和生命周期的限制及其所处土壤等外在条件的影响,其离心生长是有限度的,也就是说,根系和树冠只能达到一定的大小和范围。

树木根系在离心生长过程中,随着年龄的增长,骨干根上早年形成的须根,一部分成长为粗壮的侧根,而大部分由基部向根端方向出现衰亡,这种现象称为"自疏"。同样,树体的茎枝在不断离心生长过程中,伸展到外围的壮枝竞争养分能力较强,外围生长点不断辐射增多,枝叶茂密,造成树木内膛光照恶化。而内膛骨干枝上早年形成的侧生小枝,由于所处位置不利于向外伸展,得到的养分逐渐减少、长势变弱。侧生小枝在树木生长早期有利于积累营养,开花结实较早,但随着生长环境恶化,寿命短,逐年由骨干枝基部向枝端方向出现枯落,这种现象称为"自然打枝"。这种在树体离心生长过程中,以离心方式出现的根系"自疏"和树冠的"自然打枝",统称为"离心秃裸"。

(二)向心更新与向心枯亡

当离心生长到达某一年龄阶段时则生长势逐渐衰弱,具长寿潜伏芽的树种,常于主枝弯曲高位处,萌生直立旺盛的徒长枝,开始进行树冠的更新,称"向心更新"。徒长枝仍按离心生长和离心秃裸的规律形成新的小树冠,也就是俗称的"树上长树"。

随着向心更新徒长枝的扩展,这些徒长枝会吸收和消耗更多的营养与水分,加速主枝和中心干的先端出现枯梢,全树由许多徒长枝形成新的树冠,逐渐代替原来衰亡的树冠,由下而上直至根颈的枯亡现象称"向心枯亡"。

树木离心生长的持续时间、离心秃裸的快慢及向心更心的形式与树种、环境及栽培技术均有很大关系。

(三)不同分类树木的更新特点

1. 乔木类

由于乔木地上部分寿命相对较长,不同的树种更新方式和能力大小也很不相同。有些树种具有潜伏芽,有些树种无潜伏芽。潜伏芽又分为长寿潜伏芽和短寿潜伏芽两种。具有长寿潜伏芽的树木,可在原有母体上靠潜伏芽的萌生进行多次主侧枝的更新;潜伏芽寿命较短的,难以自行向心更新,即使人工更新,锯除衰老树枝,会于树下部无规则发出新枝,树冠多不理想。

无潜伏芽的树种,只有离心生长和离心秃裸,而无向心更新。如松属的许多种。

2. 灌木类

灌木一般离心生长时间较短,地上枝条的衰亡较快,树木寿命多不长。有些灌木的干和枝也可向心更新,但多以茎枝基部及根上发生萌蘖更新为主。

3. 藤木类

藤木的先端(藤尖)离心生长均比较快,具有较强的顶端优势,而主蔓基部容易光秃。其更新方式和方法多样,有类似乔木的向心更新,也有类似灌木的萌蘖更新,还有介于二者之间的。

二、树木生命周期划分及特点

树木的生命周期具有一定的规律,但园林树木实生苗和营养繁殖苗的生命周期还是有一些差别的。

(一)实生树的生命周期

采用种子播种繁殖的树木的生命周期称为实生树生命周期,是从种子播种到植株死亡的全过程。实生树一生的生长发育是有阶段性的。苏联的米丘林学派把实生树的个体发育阶段分为胚胎、幼年、性成熟(或青年)、繁殖、衰老五个阶段。但世界多数学者认为实生树的生命周期主要是由幼年和成(熟)年这两个明显的发育阶段组成。其实无论如何划分,均为体现树木的生命从起始到终止的过程,目的在于了解树木的各个生长阶段的特点,有利于在不同的阶段采取相应的栽植和养护措施。

1. 幼苗期

从种子萌发到开始形成树体雏形为幼苗期。其特点是树冠、根系快速形成,向外扩展较迅速,同化产物积累逐渐增多。这一时期是树木一生中最短的阶段,要加强苗圃的田间管理,及时定干去蘖。

2. 幼年期(营养生长旺盛期)

从树木幼苗到开第一朵花为止,是形成树体骨架的主要时期,也是树冠、根系扩展生长的最盛时期。植株在高度、冠幅、根系长度、根幅等方面离心生长很快,体内逐渐积累大量的营养物质,为营养生长向生殖生长转变做好了形态和物质上的准备。

3. 青年期

从第一次开花结果起至盛花、盛果前,树木由营养生长占优势转化到生长与生殖发育趋于平衡的过渡时期。树冠逐渐扩大,树木的可塑性低。

幼年阶段达到一定的生理状态后,就获得了形成花芽的能力。这一动态过程叫“性成熟”。开花是树木进入性成熟的最明显的特征。也有一些树木存在实际已具有开花潜能而尚未真正诱导成花的一段时期,称为“过渡时期”。对观花、观果类园林树木,应要求加快转化速度,使盛花、盛果期及早到来。而对观叶、遮阴类树木,则希望尽量放慢转化速度。

4. 成年期

树冠及开化结实最盛的稳定时期。这一时期的特点是花芽发育完全,开花结果部位扩大,数量多,开花繁茂。树木骨干枝扩张生长缓慢或停止。叶片、芽和花等形态均逐渐定型。开花、结实消耗大量的营养,使枝条和根系的生长受到抑制,地下部分的须根大量死亡,树冠内部发生少量生长旺盛的更新枝,开始出现向心更新。这个时期维持越长,观花、观果树木的观赏效果越好。但观叶、遮阴为主的树木进入此期后树冠和枝叶的观赏价值会逐年降低。

5. 老年期

骨干枝与根系逐步衰亡,生长显著减弱到植株死亡为止。这一时期树体输导组织开始老化,土壤肥力片面地消耗,根系吸收能力和叶片光合能力降低,开花、结实消耗大量营养,树体生长失衡、衰老。所发新枝(梢)纤细而且生长量较小,一般第一层主枝基部以下及根颈部这一部分,年龄虽最大,但其上所萌发的枝却为幼年阶段;而树冠的外围枝,枝龄虽小,但已处于成熟阶段,所谓“干龄老,阶段幼;枝龄小,阶段老”。树体抗逆性明显降低,受外界不良环境影响较大,病虫害滋生。

(二)营养繁殖树的生命周期

利用树木的营养器官如芽、茎(枝条)、叶、根等繁殖的树木,它们从新植的植株成活开始到全株死亡的全过程称为营养繁殖树木的生命周期。

营养繁殖树一般在母体内都已经度过了幼年阶段，只要生长正常，具备成花诱导条件，随时就可形成花芽及开花。如嫁接成活的苗木可当年开花。这类营养繁殖树从定植起，也经过生长、多年开花结实、衰老、死亡的过程，可见其生命周期没有性成熟的过程，只有成熟和老化过程，这是与实生树木的主要区别。

因此，如何缩短苗木幼年阶段，加速成熟过程，延长成年阶段和延缓衰老进程，是园林树木栽培和育种工作的重要任务。

第二节　园林树木的年生长周期

一、树木的年生长周期

树木的年生长周期是指树木在一年之中随着四季和昼夜周期性变化的环境而发生许多变化，特别是气温、光照等季节性变化，在形态和生理机能上形成与之相适应的生长和发育的规律性变化，称为年周期，又称生物气候学时期，简称“物候期”。如：萌芽、抽枝展叶或开花、结实及落叶并转入休眠等。

树木的物候特征是栽培树种的地理气候研究、区域规划及制定科学栽培措施的重要依据。不同树种和品种的物候期不同，尤其是落叶树木和常绿树木的物候有很大的差别。树木随季节呈现的季相变化，也为园林种植设计提供更多艺术创作角度。落叶树种和常绿树种年生长周期明显区别在于，落叶树种秋冬季落叶，有明显的休眠期；而常绿树种周年持有叶片绿色，冬季没有休眠或休眠不明显。

树木树种和品种之间年周期差异较大，主要原因是为适应其长期生存的原产地气候条件而获得的遗传习性。

绝大多数园林树木每年的物候期变化有其基本规律，在同一生命周期阶段年份间呈现重演。但每年外界环境条件的周期变化也不尽相同，因此随气象因子，如温度、雨量等在每年不同季节的波动和采取不同的栽培措施，在一定范围内能改变树木物候的进程。另外，也可以通过设施栽培、植物生长调节剂处理、施肥、整形修剪、人为改变生育环境条件等手段使物候期提早或推迟。树龄越小可调性越大，容器栽植比露地栽植可调性大。

二、落叶树木的年周期

落叶树木的年生长周期可明显地分为生长期和休眠期，即从春季树木开始萌芽至秋季落叶前为生长期。成年树的生长期包括营养生长和生殖生长两个方面。秋季落叶后至翌年萌芽前，树木为适应冬季低温等不利的环境条件，而处于休眠状态，为休眠期。在生长期和休眠期之间，又各有一个过渡期，即从生长转入休眠期和从休眠转入生长期。这两个过渡期历时虽短，却是树木栽植的重要时期，也对栽植树木的生长很重要。在这两个时期，大陆性气候地区的某些树木，尤其是移栽后的树木的抗逆能力和变动较大的外界条件之间，常出现不相适应而发生危害的情况。

（一）休眠期转入生长期

这一时期从开春后树液开始流动，到芽膨大萌动，初叶展开为止。通常以芽的萌动，芽磷片的开绽作为树木解除休眠的形态标志，而生理活动则会更早。树木从休眠转入生长，要求有一定的温度、水分和营养物质。不同地区不同树种对温度的反应和要求不一样。原产温带地区的树木，其芽膨大所需的积温高于北方树种。花芽膨大所需积温比叶芽低。树体储存养分充足，芽膨大较早，且整齐，进入生长期也快。解除休眠后，树液开始流动，树木的抗冻能力显著降低，在气温多变的春季，如遇突然降温或晚霜，易使萌动的花芽和枝干受冻害，如加上干旱环境，还易出现枯梢现象。

（二）生长期

从树木萌芽生长到秋后落叶，为树木的生长期，是树木年周期中所占时间最长的一个时期。在此期间，树木随季节气温的升降而发生一系列极为明显的生理活动现象，如萌芽、抽枝展叶、开花结实等。萌芽、展叶常作为树木生长开始的标志，其实根的生长要早于萌芽。

生长期是树木营养生长和生殖生长的主要时期，不同树木在不同条件下每年萌芽次数不同。其中以越冬后的萌芽最为整齐，这是上一年积累的营养物质的储藏和转化提供了充足的物质准备。因此，这个时期不仅体现树木当年的生长发育、开花结实情况，也对树木体内养分的储存及下一年的生长等生命活动有着持续性的影响。这个时期也是树木发挥绿化作用的主要时期，是栽培养护管理工作的重要时期。

（三）生长转入休眠期的过渡期

秋季叶片自然脱落标志着落叶树木开始转入休眠期。在正常落叶前，新梢必须经过组织成熟过程，才能保证树木在休眠中顺利越冬。其实早在新梢自下而上加粗生长时，就相应逐渐开始木质化，并在组织内储藏营养物质。新梢停止生长后这种积累过程继续加强，有利于花芽的分化和枝干的加粗等。结有果实的树木，在果实成熟后，养分积累更为积极，一直持续到落叶前。

（四）相对休眠期

秋末冬初树木正常落叶后到翌春树液开始流动前（通常以芽萌动为准）为止，是落叶树木的休眠期。局部的枝芽休眠出现则更早。树木的休眠是相对的概念，在树木休眠期枝条变色成熟，冬芽成熟，绝大部分落叶树地上部分叶片全部脱落，虽没有明显的生长发育现象，但体内进行着各种生命活动，如呼吸、蒸腾、芽的分化、根的吸收、养分合成和转化等，这些活动只是进行得较微弱和缓慢而已。树木正常的休眠有冬季休眠、旱季休眠和夏季休眠。夏季休眠一般只是某些器官的活动被迫休止，而不表现出落叶。

落叶休眠是温带树木在进化过程中对冬季低温环境形成的一种适应性，能使树木安全度过低温的冬季和免受早霜的危害，以保证下一年进行正常的生命活动。

根据休眠状态，又可分为自然休眠和被迫休眠。

（1）自然休眠，又称深休眠和熟休眠，是由于树木生理过程所引起的或由树木遗传性所决定的。即使给予适当的生长环境条件仍不能萌芽生长，需要经过一定的低温环境条件，解除休眠后才能正常萌芽生长的休眠。

有些树种冬季低温不足，会引起萌芽或开花参差不齐。如北树南移的树木常因冬季低温不足，表现为花芽少、易脱落，新梢节间短或叶片变形等现象。

（2）被迫休眠。落叶树木在通过自然休眠后，已经完成了生长发育所需要的自身条件,但由于外界环境条件不适宜(低温、高温或干旱等),被迫暂时停止萌发生长而呈现的休眠状态称为被迫休眠。一旦逆境消除,条件合适,即打破休眠恢复生长。

三、常绿树的年周期

常绿树并不是树上的叶片常年不落,而是叶的寿命相对较长,每年仅有一部分老叶脱落并能陆续增生新叶,因而全年保持树冠常绿。在常绿针叶树种中,松叶可存活 2 ~5 年,冷杉叶可存活 3 ~10 年,它们的老叶多在冬春间脱落。常绿阔叶树的老叶多在萌芽展叶前后集中脱落,热带、亚热带常绿阔叶树各器官的物候动态表现极为复杂,物候差别很大。在赤道附近的树木虽全年可生长而无休眠期,但也有生长节奏表现;在离赤道稍远的季雨林地区有明显的干、湿季,多数树木在雨季生长和开花,在干季因高温干旱而被迫落叶休眠。在热带高海拔地区的常绿阔叶树,也受低温影响而被迫休眠。

四、园林树木的物候观测

为了掌握园林树木的生长发育规律,科学地进行种植设计和树种选配,需要进行园林树木的物候观测。在树木品种选育、培育和引种试验中也需要进行物候观测,以评价和分析其生态习性和适应性。

园林树木的物候观测,可根据绿化目的、要求和内容,确定观测项目。观测点应选在平坦开阔的地方,详细记录树木周围的环境,选取 3 ~5 株生长发育正常并已开花结实 3 年以上的树木作为观测样株,统一标记,选择向阳的枝条,进行常年固定观测,观测时间一般在下午,直到冬季深休眠期停止观测。

(一)树液流动期

以树体新伤口出现水滴状分泌液为准。伤一般在胸径位置的向阳面,深及木质部,观测后涂保护剂保护伤口。

(二)萌芽期

萌芽是树木由休眠期转入生长期的标志。

1. 芽膨大始期

鳞芽的芽鳞开始分离,侧面显露出浅色条纹或角时为芽膨大始期。不同树种叶芽和花芽萌动时间先后不一,应分别进行记录。

2. 芽开放期

鳞片裂开,芽顶部出现新鲜颜色的幼叶或花蕾顶部时,进入芽开放期。此时树木已有一定的观赏价值。

(三)展叶期

1. 展叶始期

当卷曲的叶从芽苞里长出后,有一两片叶伸长平展时,即为展叶始期。针叶树以幼叶从叶鞘中开始出现为准;具复叶的树木,以其中 1 ~2 片小叶平展为准。

2. 展叶盛期

阔叶树有半数以上枝条上的小叶平展,针叶树新叶长度达老叶的一半为展叶盛期。

（四）开花期

1. 开花始期

在被观测树上，有5%的花瓣完全展开时，为开花始期。观测树木为多株时，一半的植株有5%花瓣完全展开时是开花始期。针叶树和其他风媒传粉为主的树木，以轻摇树枝见散出花粉为准。

2. 开花盛期

在观测树上有一半以上的花蕾展开花瓣或一半以上的葇荑花序松散下垂或散粉时，为开花盛期。针叶树不记开花盛期。

3. 开花末期

观测树上残留5%的花时，为开花末期。针叶树类和其他风媒传粉树种以散粉终止时或葇荑花序脱落时为准。

（五）果实生长发育时期

1. 幼果出现期

子房开始膨大时为幼果出现期。

2. 果实和种子成熟期

当观测树上有一半的果实或种子成熟时为成熟期。对于一些不是当年成熟的应明确记录。如有需要，还应细分为初熟期、全熟期、脱落期等。

（六）新梢生长期

新梢生长期即叶芽萌动到枝条停止生长的时期。新枝的生长分为一次梢（春梢）、二次梢（夏梢）和三次梢（秋梢）。可根据不同的树种和要求分别记录。

（七）叶秋季变色期

叶秋季变色期是指由于正常的季节变化，树木出现叶色变化，其颜色不再消失，并且新变色叶在不断增多至全部变色的时期。此时的变色叶与夏季干旱或其他原因引起的叶变色不同。常绿树多无叶变色期。全株叶片的5%开始呈现秋色叶特征时，为开始变色期。全株所有叶片完全变色时，为秋叶全部变色期。部分（30%～50%）叶片呈现秋色叶特征，有一定观赏效果的时期为可供观秋色叶期。

（八）落叶期

秋季观测从落叶树种开始落叶到树叶全部落尽为止。

第三节　园林树木主要器官的生长发育

一、根系生长

不同类型的树木各有一定的发根方式，常见的是侧生式和二叉式。树木的根系生长与地上部分生长密切相关，二者往往呈现出交错生长的特点，而且不同树种的表现也有所不同。掌握园林树木的根系生长动态规律，对于科学合理地进行树木栽培和管理有着重要意义。

（一）根系的年生长动态

一般来说，根系生长所要求的温度比地上部分萌芽所要求的温度低，因此根系在春季开始生长比地上部分早。有些亚热带树种的根系活动要求温度较高，如果引种到温带冬、春季较寒冷的地区，由于地温的上升还不能满足树木根系生长的要求，也会出现先萌芽后发根的情况，有时还会造成树木因地上部分活动强烈而地下部分的吸收功能不足导致树木死亡的现象。

树木根系一般在春季开始即进入第一个生长高峰，此期根系生长的长度和发根数量与上一生长季树体储藏的营养物质水平有关。树木根系年生长中出现高峰的次数、强度与树种、树龄有关，根系在年周期中的生长动态还受当年地上部分生长和结实的影响，同时还与土壤温度、水分、通气及营养状况等密切相关。

（二）根系的生命周期

幼年期树木的根系生长很快，其生长速度一般都超过地上部分；但随着年龄的增加，根系生长速度趋于缓慢，并逐渐与地上部分的生长形成一定的比例关系。当地上部分逐渐衰老、濒于死亡时，根系仍能保持一段时间的寿命，利用此特征可以进行部分老树复壮工程。树木根系在整个生命周期中始终有局部自疏和更新。

根系生长发育很大程度受地上部分生长状况和土壤环境的影响。根系生长的深度和广度是有限的，根幅达到最大极限后发生向心更新，并随着树体的衰老逐渐回缩；由于受土壤环境的影响常出现大根季节性间歇死亡，有些树种进入老年期后水平根基部会上抬隆起。

二、枝条生长与树木形态建成

通过整形修剪以建立和维护良好的树形，是园林树木栽培和管理过程中一项基本的也是极其重要的工作。树木的枝干系统及所形成的树形取决于各树种的枝芽特征，了解和掌握树木枝条和树体骨架形成的过程及基本规律是做好树木整形修剪与树形维护的基础。

（一）枝芽特征

芽是多年生植物为适应不良环境和延续生命活动而形成的重要器官，它是枝、叶、花的原始体，是树木生长、开花、结实和更新复壮、营养繁殖的基础。

1. 芽序

定芽在枝条上按一定规律排列的顺序称为芽序，因为大多数芽都着生在叶腋间，所以芽序与叶序一致。不同树种的芽序不同，多数树木的互生芽序为2/5式；有些树种的芽序为1/2式；有些树木的芽序，也因枝条类型、树龄和生长势而有所变化。枝条是由芽发育生长而成的，芽序对枝条的排列乃至树冠形态都有重要的决定性作用。

2. 芽的异质性

芽在形成过程中由于内部营养状况和外界环境条件的不同，处在同一枝上不同部位的芽可能在大小、质地和饱满程度上存在较大差异，这种现象称为芽的异质性。枝条基部的芽多在展叶时形成，由于这一时期叶面积小、气温低，因而芽一般比较瘦小且常成为隐芽。

3. 芽的萌发和生长

温带树木的芽多需经过一定的低温时期解除休眠，到第二年春季才能萌发，叫晚熟性芽。树木在生长季早期形成的芽当年就能萌发（如桃等），叫早熟性芽。

芽的萌发能力因树种、品种而异，如柳树、白蜡、黄杨、桃等的萌芽力和成枝力强，耐修剪、易成形，容易形成枝条密集的树冠，松类和杉类的多数树种以及梧桐、楸树、银杏等的萌芽力和成枝力较弱，树形的塑造比较困难，枝条受损后也不易恢复，要特别保护苗木的枝条和芽，许多树木枝条基部的隐芽或上部的副芽，一般情况下不萌发而呈潜伏状态。

（二）枝条生长

新梢生长包括加长生长和加粗生长两个方面，树木每年都通过新梢生长来不断扩大树冠。一年内枝条生长增加的粗度与长度，称为年生长量；枝条在一定时间内生长速度的快慢，称为生长势。生长量和生长势是衡量树木生长状况的常用指标，也是评价栽培措施是否合理的依据之一。

1. 枝条加长生长

新梢的加长生长并不是匀速的，一般都会表现出“慢—快—慢”的生长规律。多数树种的新梢生长可划分为以下三个时期。

（1）开始生长期。叶芽幼叶伸出芽外，随之节间伸长，幼叶分离。此期的新梢生长主要依靠树体在上一生长季节储藏的营养物质，新梢生长速度慢，节间较短；叶片由前期形成的芽内幼叶原始体发育而成，叶面积较小，叶形与后期叶有一定的差别；叶腋内的侧芽发育也较差，常成为潜伏芽。

（2）旺盛生长期。随着叶片数量的增加和叶面积的增大，枝条很快进入旺盛生长期。此期的枝条节间逐渐变长，叶片形态也具有了该树种的典型特征，叶片较大，叶绿素含量高，同化能力强，侧芽较饱满。此期枝条生长由利用上年的储藏物质转为利用当年的同化物质，上一生长季的营养储藏水平和本期肥水供应对新梢生长势的强弱有决定性影响。

（3）停止生长期。旺盛生长期过后，新梢生长量减小，生长速度变缓，节间缩短，新生叶片变小；新梢从基部开始逐渐木质化，最后形成饱满顶芽或顶端枯死而停止生长。

2. 枝条加粗生长

加粗生长是形成层细胞分裂、增大的结果，新梢加粗生长的次序也是由基部到梢部。新梢在加长生长的同时也进行加粗生长，但加粗生长高峰稍晚于加长生长，停止也较晚。形成层活动的时期和强度，依枝的生长周期、树龄、生理状况、部位及外界温度、水分等条件而异。

3. 年轮及其形成

在树干和枝条的增粗生长过程中，由于形成层随季节的活动周期性，树干横断面上出现因密度不同而形成的同心环带，即为树木年轮。确切地说，年轮是树木横断面上由春材和秋材形成的环带，在只有一个生长季的温带和寒温带，年轮就成为树木年龄和气候变化的历史记载。

由于气候的异常影响或树木本身的生长异常（如病害等），在树干横断面也会产生伪年轮。在根据年轮判断树木年龄时，伪年轮是引起误差的主要原因，只有剔除伪年轮的影响，才能正确判断树木的实际年龄。伪年轮一般具有以下特征：①宽度比正常年轮小；

②通常不会形成完整的闭合圈，而且有部分重合；③外侧轮廓不太明显；④不能贯穿全树干。

4. 枝条顶端优势

树木同一枝条上顶芽或位置高的芽比其下部芽饱满、充实，萌发力、成枝力强，抽生出的新枝生长旺盛，这种现象就是枝条的顶端优势。一般来说，顶端优势强的树种容易形成高大挺拔和较狭窄的树冠，而顶端优势弱的树种容易形成广阔圆形的树冠。顶端优势是乔木具有高大挺拔树干和树形的生理学基础，而灌木树种的顶端优势就弱得多。

一般来说，幼树、强树的顶端优势比老树、弱树明显，枝条在树体上的着生部位越高，枝条上顶端优势越强；枝条着生角度越小，顶端优势的表现越强，而下垂的枝条顶端优势弱。

5. 树冠形成

树冠的形成过程，是主梢不断延长、新枝条不断从老枝条上分生出来并延长和增粗的过程。乔木树种通过上部的分枝生长和更新以及枝条的离心式生长，中心干和主枝延长枝的优势随树龄的增长而转弱，树冠上部变得圆钝而宽广，逐渐表现出壮龄期的冠形，到达一定立地条件下的最大树高和冠幅后会逐步转入衰老更新阶段。丛生灌木类树种以下部芽更新为主，植株由许多粗细相似的丛状枝茎组成，枝条中下部的芽较饱满、抽枝较旺盛，单枝生长很快达到其最大值并很快出现衰老。藤本的主蔓生长势很强，幼时很少分枝，壮年后才会出现较多分枝，但多不形成冠形，而是随攀缘或附着物的形态而变化，这也给利用藤本植物进行园林造型提供了合适的条件。

三、叶片生长与叶幕形成

叶片是由叶芽的叶原基发育起来的，其大小与叶原基形成时的树体营养状况和当年叶片生长条件有关。叶幕是指树冠内叶片集中分布的区域，随树龄、整形方式不同，其形态和体积各异。幼树时期分枝尚少，树冠内部的小枝多，叶片分布均匀，树冠形状和体积与叶幕的形状和体积基本一致。

（一）叶片生长

不同树种、品种的树木，其叶片形态和大小差别明显，同一树体不同部位枝梢上的单叶形态和大小也不尽一样，旺盛生长期形成的叶片生长时间较长，单叶面积较大。

不同叶龄的叶片，在形态和功能上也有明显差别。幼嫩叶片的叶肉组织量少，叶绿素浓度低，光合功能较弱；随着叶龄的增大，单叶面积增大，生理活性增强，光合效能大大提高；叶片成熟并持续相当长时间后会逐步衰老，各种功能也会逐步衰退。由于叶片的发生时间有差别，同一树体上着生各种不同叶龄或不同发育时期的叶片，它们的功能也在新老更替。

（二）叶幕形成

没有中心主干成年树的自然冠形，小枝和叶多集中分布在树冠表面，叶幕仅限于树冠表面较薄的一层，多呈弯月形叶幕；有中心主干成年树的树冠多呈圆头形，老年期叶幕多钟形。成片栽植树木的叶幕顶部呈平面形或波浪形，藤本的叶幕随攀附物体的形状而变化。

叶幕形成的速度因树种、品种、环境条件和栽培技术的不同而不同。一般来说，树龄小、树势强、长枝型树种，其叶幕形成时期较长，出现高峰晚；而树势弱、树龄大、短枝型树种，其叶幕形成和高峰期来得早。落叶树木叶幕在年周期中有明显的季节变化，常表现为初期慢、中期快、后期又慢的曲线生长过程，从春天发叶到秋季落叶大致能保持5～10个生活期；而常绿树木，由于叶片的生存期多半可达1年以上，且老叶多在新叶形成之后逐渐脱落，叶幕比较稳定。

四、花芽分化与开花结果

园林中的花果木栽培，其观赏价值和美化效果的完美表现与花芽密切相关。掌握园林树木花芽分化条件、开花特点和果实生长发育规律，对于提高园林树木栽培和养护水平有重要意义。

（一）花芽分化

1. 花芽分化的概念

植物的生长点既可以分化为叶芽，也可以分化为花芽。生长点由芽状态向花芽状态转变的过程，称为花芽分化；从生长点顶端变得平坦、四周下陷开始，到逐渐分化为萼片、花瓣、雄蕊、雌蕊以及整个花蕾或花序原始体的全过程，称为花芽形成。生长点由叶芽生理状态（代谢方式）转向形成花芽生理状态的过程称为生理分化；生长点的细胞组织由叶芽形态转为花芽形态的过程，称为形态分化。因此，狭义的花芽分化仅指形态分化，广义的花芽分化包括生理分化、形态分化、花器形成直至性细胞的产生。

2. 花芽分化时期

花芽分化一般可分为生理分化期、形态分化期和性细胞形成期三个时期。但不同树种的花芽分化时期有很大差异。

（1）生理分化期。生理分化期指芽生长点的生理代谢方式转向花芽变化的时期，一般约在形态分化期前4周或更长。它是控制花芽分化的关键时期，因此也称花芽分化临界期。

（2）形态分化期。形态分化期指花或花序的各个花器原始体发育过程所经历的时期，一般又可分为分化初期、萼片原基形成期、花瓣原基形成期、雄蕊原基形成期、雌蕊原基形成期五个时期。

（3）性细胞形成期。当年进行一次或多次花芽分化并开花的树种，其花芽性细胞都在年内较高温度的时期形成，而于夏秋分化。

3. 花芽分化类别

花芽分化开始时期和延续时间的长短以及对环境条件的要求，因树种（品种）、地区、年龄等的不同而异。根据不同树种花芽分化的特点，可以分为夏秋分化型、冬春分化型、当年分化型和多次分化型四种类型。

（1）夏秋分化型。绝大多数早春和春夏开花的观花树种属于夏秋分化型，如海棠、榆叶梅、樱花等，此类树种花芽的进一步分化与完善还需经过一段低温，直到第二年春天才能进一步完成性器官的分化。

（2）冬春分化型。原产亚热带、热带地区的南方树种，一般于秋梢停长后至第二年春季萌芽前(11月至翌年4月)完成花芽的分化,此类型中有些延迟到第二年初才分化,而在浙江、四川等冬季较寒冷的地区有提前分化的趋势。

(3)当年分化型。木槿、槐树、紫薇、珍珠梅等夏秋开花的树种,不需要经过低温阶段即可完成花芽分化,在当年新梢上形成花芽并开花。

(4)多次分化型。茉莉、月季、葡萄、无花果、金柑和柠檬等在一年中能多次抽梢,且每抽一次梢就分化一次花芽,四季桂、四季橘等也属于此类。花芽多次分化型树种,春季第一次开花的花芽有些可能是去年形成的,各次分化交错发生,花芽分化节律不明显。

(二)开花

花芽的花萼和花冠展开的现象称为开花,不同树种的开花时期、异性花的开花顺序以及不同部位的开花顺序等都有很大差异。

1. 开花时期

(1)不同树种的开花时序。同一地区不同树种在一年中的开花时间早晚不同,除特殊小气候环境外,各种树木的开花先后有一定顺序。了解当地树种开花时序对于合理配置园林树木、保持四季开花具有重要的指导意义。

(2)不同品种的开花时序。同种树木的不同品种之间,开花时间也有早迟,并表现出一定的顺序性。通过合理配置,可以利用其花期的差异来延长和改善美化效果。

(3)同株树木上的开花时序。雌雄同株异花的树木,雌雄花的开放时间有的相同,也有的不同。同一树体上不同部位的开花早晚、同一花序上的不同部位开花早晚也可能不同,掌握这些特征也可以在园林树木栽培和应用中提高美化效果。

2. 开花类型

根据树木开花与展叶时间顺序上的特点,常分为先花后叶型、花叶同放型和先叶后花型三种,通过合理配置可有效提高总体景观效果。

(1)先花后叶型。在春季萌动前已完成花器分化,花芽萌动不久即开花,先开花后展叶,例如迎春、连翘、山桃、玉兰、梅、杏、李、紫荆等,常能形成满树繁花的艳丽景观。

(2)花叶同放型。花器也是在萌芽前完成分化,开花时间比前一类稍晚,开花和展叶几乎同时展现,如榆叶梅以及紫藤中开花较晚的品种与类型。

(3)先叶后花型。多数在当年生长的新梢上形成花器并完成分化,一般于夏秋开花,大树木中开花最迟的一类,有些甚至能延迟到初冬,如木槿、紫薇、凌霄、槐树、桂花、珍珠梅等。

3. 花期

花期即开花的延续时间。花期长短受树种、品种、外界环境以及树体营养状况的影响而有很大差异。

(1)树种和类型的遗传性状影响。早春开花的树木多在秋冬季节完成花芽分化,一旦温度合适就陆续开花,一般花期相对短而整齐;而夏秋季开花的树木,花芽多在当年生枝上分化,分化早晚不一致,开花时间也不一致,花期持续时间较长。

(2)树体营养状况和环境条件等栽培因子影响。花期的长短首先受树体发育状况影响,一般青壮年树比衰老树的花期长而整齐,树体营养状况好则花期延续时间长。花期的长短也因天气状况而异,遇冷凉潮湿天气时花期可以延长,而遇到干旱高温天气时花期则会缩短。

4. 开花次数

原产温带和亚热带地区的绝大多数树种每年只开一次花，但也有些树种或栽培品种一年内有多次开花的习性，如月季、柽柳、四季桂等，紫玉兰中也有多次开花的变异类型。

每年开花一次的树种一年出现第二次开花的现象，称为再度开花或二度开花，我国古代称作“重花”，常见再度开花的树种有桃树、杏树、连翘等，偶见玉兰、紫藤等出现再度开花现象，树木出现再度开花现象有两种情况：一种是花芽发育不完全或因树体营养不足，部分花芽延迟到夏初才开，这种现象常发生在某些树种的老树上。而秋季再次开花现象则属于典型的再度开花。

（三）果实生长发育

从花谢后至果实达到生理成熟时止，果实的生长发育过程需经过细胞分裂、组织分化、种胚发育、细胞膨大和细胞内营养物质的积累与转化过程。

1. 生长发育时间

果实成熟时外表会表现出成熟果实的颜色和形状特征，称为果实的形态成熟期。果熟期的长短因树种和品种而不同，榆树和柳树等树种的果熟期最短，桑、杏次之；松属树种因第一年春季传粉时球花还很小，第二年春季才能受精，种子发育成熟需要两个完整生长季，其果熟期要跨年度。果熟期的长短还受自然条件的影响，高温干燥时果熟期缩短，山地条件、排水好的地方果实成熟早些。

2. 生长过程

果实没有形成层，其生长活动通过果肉细胞的分裂与增大进行。果实生长的初期以伸长生长（纵向生长）为主，后期以横向生长为主。

果实生长一般都表现为慢—快—慢的“S”形曲线过程，有些树种的果实呈双“S”形生长过程，但其机制还不十分清楚，有些奇特果实的生长规律有待更多的观察和研究。

3. 着色

由于叶绿素的分解，果实细胞内原有的类胡萝卜素和黄酮等色素物质绝对量和相对量增加，使果实呈现出黄色、橙色。由叶中合成的色素原输送到果实，在光照、温度和充足氧气的共同作用下，经氧化酶的作用而产生花青苷，果实呈现出红色、紫色等鲜艳色彩。

4. 落果

从果实形成到果实成熟期间常会出现落果。有些树木由于果实大、果柄短，在结果量多时果实之间相互挤压，夏秋季节的暴风雨等外力作用常引起机械性落果；而由于非机械外力所造成的落花落果现象统称为生理落果，如授粉、受精不完全而引起的落果，尤其花器发育不完全导致不能授粉、受精。土壤水分过多造成树木根系缺氧、水分供应不足引起果柄形成离层，以及土壤缺锌也易引起生理性落果，这些都需要在栽培管护工作中采取措施加以避免和控制。

五、园林树木生长发育的相关性

树体某一部位或器官的生长发育常能影响另一部位或器官的形成和生长发育，这种表现为植物体各部器官之间在生长发育方面的相互关系，植物生理学上称为植物生长发育的相关性。植物各器官生长发育上这种既相互依赖又相互制约的关系，是植物有机体整体性的表现，也是制定合理的栽培措施的重要依据之一。

（一）地上部树冠与地下部根系之间的关系

“根深叶茂，本固枝荣。枝叶衰弱，孤根难长”。这充分说明了树木地上部树冠与地下根系之间相互联系和相互影响的辩证统一关系。地上部与地下部关系的实质是树体生长交互促进的动态平衡，是存在于树木体内相互依赖、相互促进和反馈控制机制决定的整体过程。枝叶是树木为生长发育制造有机营养物质、固定太阳能并为树体各部分的生长发育提供能源的主要器官。枝叶在生命活动及完成其生理功能的过程中需要大量的水分和营养元素，需要借助于根系强大的吸收功能。根系发达、生理活动旺盛，可以有效促进地上部分枝叶的生长发育，反过来又能为树体其他部分的生长提供能源和原材料。根系是树体吸收水分和营养元素的主要器官，它必须依靠叶片的光合作用提供有机营养与能源，才能实现自身的生长发育，并为树木地上部分生长发育提供必需的水分和营养元素；繁茂枝叶的强大光合作用可以促进根系的生长发育，提高根系的吸收功能。当枝叶受到严重的病虫危害后，光合作用功能下降，根系得不到充分的营养供应；根系的生长和吸收活动减弱，就会影响到枝叶的光合作用，使树木的生长势衰弱。

在园林树木栽培中，可以通过各种栽培措施，调整园林树木根系与树冠的结构比例，使树木保持良好的结构，进而调整其营养关系和生长速度，促进树木的整体协调，健康生长。

（二）消耗器官与生产器官之间的关系

树木有光合能力的绿色器官称为生产性器官，无光合能力的非绿色器官称为消耗性器官。实际上，有净光合积累的只有叶片，叶片承担着向树体的根、枝、花、果等所有器官供应有机养分的功能，是最重要的生产性器官。然而，叶片作为整个树体有机营养的供应源，不可能同时满足众多消耗性器官的生长发育对营养物质的要求，需要根据树木各器官在生长发育上的节律性，在不同时期首先满足某一个或某几个代谢旺盛中心对养分的需求，按一定优先次序将光合产物输送到生长发育最旺盛的消耗中心，以协调各部器官生长发育对养分的需求。因此，叶片向消耗性器官输送营养物质的流向，总是与树体生长发育中心的转移相一致。

（三）营养生长与生殖生长之间的关系

树木的根、枝、叶和叶芽为营养器官，花芽、花、果实和种子为生殖器官，营养器官和生殖器官的生长发育都需要光合产物的供应，营养生长与生殖生长之间需要保持合理的动态平衡。根据对不同园林树木的栽培目的和要求调节两者之间的关系，通过合理的栽培和修剪措施，使不同树木或树木的不同时期偏向于营养生长或生殖生长，达到更好的美化和绿化效果。

1. 根、枝、叶的生长与开花结果

根、枝、叶的良好营养生长是树体开花结果的基础。树木开花结果，需要一定的根、枝量和叶面积，才能完成由营养生长转向生殖生长的营养积累。进入成年阶段的树木，需要一定的枝、叶量才能保证生长与开花结果的平衡；如果树体生长过旺，消耗过大，减少树体储藏营养的积累，就会影响花芽分化和花器发育，影响树木的开花和结果。

2. 花芽发育与开花结果

结果明显受花芽形成质量的直接影响。一般来说，大而饱满的花芽开花质量高，坐果率高，果实发育也好；花芽瘦小而瘪，花朵小，花期短，容易落花落果。通过合理的栽培措施促进花芽的发育，合理控制树体总的开花结果数量，才能确保开花结果的均衡和稳定。

3. 根系活动强度与花芽分化

根系生长活动不仅可以为地上部枝叶制造成花物质提供无机养分，而且还能以叶片的光合产物为原料直接合成花芽分化所必需的一些结构物质和调节物质。所以，根系随着花芽分化的开始，由生长低峰转向生长高峰，一切有利于增强根系生理功能的管理措施均有利于促进花芽分化。

4. 枝条发育质量与花芽分化

叶芽能否发生质变形成花芽，首先与枝条本身的发育质量有直接关系。一般来说，在生长前期能及时停止生长，发育比较粗壮且姿势适当平斜的中、短枝，容易形成花芽；生长细弱和虚旺的直立性长枝，难以形成花芽。

第二章　园林树木的栽植技术

园林绿地是根据人们的需求设计安排，以施工形式将植物栽种形成的。因此，城市园林绿化中的树木栽植是每个园林工作者必须掌握的技能。由于园林绿化工程是一种以栽植有生命的绿色植物为主要对象的重要工程，与一般植物相比较，具有效率高、机械化程度高、技术严格的要求，因此植树成活原理、植树施工中的工序安排和技术措施，要求每一名园林工作者必须掌握。

第一节　园林树木栽植的概念

一、园林树木栽植的相关概念

栽植的概念被狭义地理解为植物的种植，但实际上广义的栽植应包括"起(掘)苗""搬运""种植"这样3个基本环节的作业。起苗是将植株从土中连根起出，称为"起(掘)苗"。"搬运"是指将挖(掘)出的苗木用一定的交通工具运至指定地点。"种植"是按要求将植株放入事先挖好的坑(或穴)中，使树木的根系与土壤密接。

园林树木在栽植的全过程中，仅是临时埋栽性质的种植称之为"假植"。如在晚秋，苗圃为了腾出土地进行整地作业或为防寒越冬便于管理，将苗木掘起，集中斜向全埋或仅埋根部于沟中，待春暖时再起出进行正式栽植。另外，在栽植时，由于苗的数量很大，一时栽不完，为保护根系不被风吹日晒，临时湿润土于根部进行保护，也称为假植。若在种植成活以后还需移动者，那么这次作业称为"栽植"。园林所用苗木规格较大，为使吸收根集中在所掘范围内，有利成活和恢复，根据树种特征，在苗圃中往往需要间隔一至数年栽植一次。植株若在种植之后直至砍伐或死亡不再移动者，那么这次种植称之为"定植"。建筑或园林基础工程尚未结束，一旦结束须及时进行绿化施工的情况下，为了储存苗木、促进生根，将植株临时种植在非定植地或容器中的方法称之为"寄植"。

二、园林树木栽植成活的原理

要保证栽植的树木成活，必须掌握树木栽植的成活原理。在栽植过程中，水分因子是影响栽植能否成活的最为关键的因素。

无论在什么环境条件下，一株正常生长的树木，在未移栽之前，地上的枝叶与地下的根系保持一定的比例(冠/根)，其地下部分与地上部分的生理代谢是平衡的，枝叶的蒸腾可得到根系吸收的及时补充，不会出现水分亏损。栽植树木时，首先要起苗，这样就或多或少会有吸收根断留在土壤中，地下部分与地上部分的生理平衡受到破坏，此时，树木就会因根系受伤，其所吸收的水分不能满足地上部分的需要而死亡，这就是所谓的"树挪死"。

由此可见，如何使树木在栽植过程中少伤根系和少受风干失水，使新栽的树木迅速与环境建立密切联系，树体迅速恢复生理平衡是栽植成活的关键。这种新的平衡建立的快慢与树种习性、年龄时期、物候状况以及影响生根和蒸腾外界因子都有着密切的关系，同时也不可忽视人的栽植技术和责任心。严格、科学的栽植技术和高度的责任心可以弥补许多不利客观因素而大大提高栽植的成活率。

三、影响树木栽植成活的因素

影响树木栽植成活的因素很多，其中主要因素有树木本身条件、栽植季节、栽植技术等。

（一）树种的影响

不同树种对于栽植反应有很大的差异。一般须根多而紧凑的侧根型或水平根型的树种比主根型或根系长而数量少的树种容易栽植成活。经过多次栽植的树木比未经过栽植的易栽植成活。

（二）树龄的影响

树木的年龄对栽植成活率的高低有很大影响。因为不同年龄时期的苗木生理活动的特点不同，对外界环境的适应性不同，对栽植技术的要求繁简也大不一样。

幼青年期的特点是地上、地下部分离心生长迅速，光合和吸收面积不断扩大，经一定年龄的养分积累，进入性成熟，对不良环境有较强的适应能力。由于个体小，根系分布范围也小，尤其经过栽植培育的苗木根系紧凑而不远离根颈，掘苗时根系损伤率低；伤根后伤口容易恢复，很快发挥吸收功能；枝条修剪后也有较强的再生能力，地上、地下部分的生理平衡容易维持，因而幼青年期苗木栽植的成活率较高。

壮年期是在正常的外界条件下树木从生长势自然减退到冠顶或外缘出现枯梢为止。此期的特点是营养生长趋于缓慢而稳定；有花果者，多为盛花果期，树木占据空间和体积最大。此期由于树体大，掘苗、运输、栽植操作困难，施工技术要求复杂，栽植修剪时，对原有树形破坏较大，栽植较难成活。

衰老更新期，从树梢出现干枯到根颈萌蘖更新或多次更新直至死亡为止。此期的特点是生长势显著衰退，骨干枝和骨干根大量衰亡，此时栽植最难成活。

根据城市绿化的需要和环境条件特点，一般绿化工程多需用较大规格的幼青年期苗木，移栽较易成活，绿化效果发挥也较快。为提高成活率，尤其选用在苗圃经多次栽植的大苗。园林植树工程选用的苗木规格，落叶乔木最小选用胸径 3 cm 以上，行道树和人流活动频繁之处还应更大些；常绿乔木最小应选树高 1.5 m 以上的苗木。

四、园林树木栽植施工原则

（一）必须按设计图纸施工

每个园林的规划设计都是设计者根据园林建设事业发展的需要与可能，按照科学、艺术的原则形成一定的构思，设计出来的某种美好的意境，融汇了诗情画意和形象、哲理等精神内容。所以，植树工程的施工人员必须通过设计人员充分了解设计意图，理解设计要求，熟悉设计图纸，严格按设计图纸进行施工。

（二）必须按树木的生长习性施工

各种树木都有它自身的生长习性。不同树种对环境条件的要求和适应能力表现出很大的差异，如再生力和发根力强的树种，栽植技术可以粗放些，可采用裸根栽植。而一些常绿树及发根、根再生力差的树种，栽植时必须带土球，栽植技术必须严格。面对不同生活习性的树木，施工人员必须了解其共性与特征，并采取相应的技术措施，才能保证植树成活和工程的高质量完成。

（三）适时植树

我国幅员辽阔，不同地区的树木适宜种植期也不同，即使是同一地区，不同树种由于其生长习性不同，每年的气候变化和物候期也有差别，因而每年的适宜植树时间也会有所变化。缩短栽植苗木根部离土时间，栽植后尽快恢复以水分代谢为主的生理平衡，是树木栽植成活的关键，这就要求施工时必须合理安排工期，抓住适宜的植树季节。具体作业时要认真做到"三随"：在最适宜的时期内，抓紧时间，随掘苗，随运苗，随栽苗，环环紧扣，再加上后期科学合理的养护管理工作，这样才可以提高栽植成活率。

在植树适期内，合理安排不同树种的种植顺序也十分重要，原则上应该是发芽早的树种应早栽植，发芽晚的可稍推迟；落叶树春栽宜早，常绿树移栽时间可晚些。

（四）加强经济核算讲求经济效益

植树工程与其他工程一样，必须以尽可能少的投入，换取最多的效益。要认真进行成本核算，增收节支；同时加强管理，调动全体施工人员的积极性，争取创造尽可能好的经济效益。再者要加强统计工作，认真收集、积累资料，总结管理经验和技术经验。

（五）严格执行植树工程的技术规范和操作规程

规范和操作规程是植树经验的总结，是指导植树施工技术方面的法规，各项操作程序的质量要求、安全作业等都必须符合技术规程的规定。

第二节　园林树木的栽植季节

我国地域辽阔、树种繁多，自然条件也有很大差异，只要措施得当，一年四季都有栽树的地方，一个地方一年四季也可以栽植。为了提高树木栽植的成活率，降低栽植成本，应根据当地气候和土壤条件的季节变化，以及栽植树木特征与状况，进行综合考虑，因地制宜地确定最适栽植的季节和时间。

一、树木的栽植季节

中国古书中说"移树无时，莫让树知"。也就是说，栽植树木没有固定的时间，只要不使树苗受太大的损伤，一年四季都可以进行栽植。苗木栽植后，根系受到一定的损伤，打破了地下部分和地上部分的水分供应平衡。因此，必须经历一段时间的缓苗期，使根系逐步得以继续生长，增强吸收水分的功能，苗木恢复正常生长。在苗圃中栽植苗木，常在春季树木萌芽时或秋季在苗木停止生长后进行，有时也在雨季栽植。

（一）春季栽植

在冬季严寒及春雨连绵的地方，春季栽植最为理想。这时气温回升，雨水较多，空气湿度较大,土壤水分条件好,地温转暖,有利于根系主动吸水,从而保持水分的平衡。春天的栽植应立足一个"早"字。只要没有冻害,便于施工,应及早开始,其中最好的时期是在新芽开始萌动之前的两周或数周。此时幼根开始活动,地上部分仍然处于休眠状态,先生根后发芽,树木容易恢复生长。尤其是落叶树种,必须在新芽开始膨大或新叶开放之前栽植。若延至新叶开放之后,常易枯萎或死亡,即使能够成活,也是由休眠芽再生新芽,当年生长多数不良。如果常绿树种植偏晚,萌芽后栽植的成活率反而要比同样情况下栽植的落叶树种高。虽然常绿树在新梢生长开始以后还可以栽植,但远不如萌动之前栽植好。一些具肉质根的树木,春天栽植比秋天好。

早春是我国多数地方栽植的适宜时间,但持续时间较短,一般为2~3周。

在春旱严重的地方,如西北、华北等地,春季风大,气温回升快,适栽时间短,栽后不久地上部分萌动,地温回升慢,根系活动难以及时恢复,成活率低。但冬季严寒的地方或不耐寒的树种,还是以春季栽植好。

(二)夏季栽植

夏季栽植最不保险。因为这时候,树木生长最旺,枝叶蒸腾量很大,根系需吸收大量的水分;而土壤的蒸发作用很强,容易缺水,易使新栽树木在数周内遭受旱害。但如果冬春雨水很少,夏季又恰逢雨季的地方,如华北、西北及西南等春季干旱的地区,应掌握有利时机进行栽植,可获得较高的成活率。近年来,由于园林事业的蓬勃发展,园林工程中的反季节即夏季栽植有逐渐发展的趋势,甚至有些大树,不论其常绿或落叶,都在夏季强行栽植,带来了巨大的经济损失。因此,夏季栽植,特别是非雨季的反季节栽植,应注意的第一个问题,是在一般情况下都要带好土球,使其有最大的田间持水量;第二是要抓住适栽时机,在下第一次透雨并有较多降雨天气时立即进行,不能强栽等雨;第三是要掌握好不同树种的适栽特征,重点放在某些常绿树种,如松、柏等和萌芽力较强的树种上,同时还要注意适当采取修枝、剪叶、遮阴、保持树体和土壤湿润的措施;第四是高温干旱栽植除一般水分与树体管理外,还要特别注意树冠喷水和树体遮阴。

(三)秋季栽植

秋季气温逐渐下降,土壤水分状况稳定,许多地区都可以进行栽植。特别是春季严重干旱和风沙大或春季较短的地区,秋季栽植比较适宜。但若在易发生冻害和兽害的地区不宜采用秋植。从树木生理来说,由落叶转入休眠,地上部的水分蒸散已达很低的程度,而根系在土壤中的活动仍在进行,甚至还有一次生长的小高峰,栽植以后根系的伤口容易愈合,甚至当年可发出少量新根,翌年春天发芽早,在干旱到来之前可完全恢复生长,增强对不利环境的抗性。

秋季栽植的时期较长,从落叶盛期以后至土壤冻结之前都可进行。近年来,许多地方提倡秋季带叶栽植,取得了栽后愈合发根快、第二年萌芽早的良好效果。但是带叶栽植不能太早, 而且要在大量落叶时开始,否则会降低成活率,甚至完全失败。

近年来的实践证明,部分常绿树在精心护理下,一年四季都可以栽植,甚至秋季和晚春栽植的成功率比同期栽植的落叶树还高。在夏季干旱的地区,常绿树根系的生长基本停止或生长量很小,随着夏末秋初降雨的到来,根系开始再次生长,有利于成活,更适于采用秋植;但在秋季多风、干燥或冬季寒冷的情况下,春植比秋植好。

(四)冬季栽植

在比较温暖,冬季土壤不结冻或结冻时间短,天气不太干燥的地区,可以进行冬季栽植。在北方或高海拔地区,土壤封冻,天气寒冷,一般不宜冬天栽植。但是,在冬季严寒的华北北部,土壤冻结较深,也可采用带冻土球的方法栽植。一般说来,冬季栽植主要适合于落叶树种,它们的根系冬季休眠时期很短,栽后仍能愈合生根,有利于第二年的萌芽和生长。

二、非适宜季节栽植的技术要点

绿化施工很少单独存在,往往与其他工程交错进行。有时,需要待建筑物、道路、管线工程建成后才能栽植,上述工程一般无季节性,按工程顺序进行,完工时不一定是植树的适宜季节。此外,对于一些重点工程,为了及时绿化、早见效果,往往也在非适宜季节栽植,为保证树木的成活,在非适宜季节栽植应掌握下述技术要点。

(一)有预先计划的栽植技术

如预先可知由于其他工程影响而不能及时栽植的,仍可于适合季节进行掘苗、包装,并运到施工现场假植养护,待其他工程完成后立即种植。

1. 落叶树的栽植

于早春树木未萌芽时带土球掘好苗木,并适当重剪树冠,所带土球的大小规格可仍按一般规定或稍大,但包装要比一般的加厚、加密。包装好后运至施工现场附近进行假植。如果只能提供苗圃已在去年秋季掘起后进行假植的裸根苗,应另造土球(称做"假坨"),即在地上挖一个与根系大小相应的、上大下小的圆形底穴,将蒲包等包装材料铺于穴内,将苗根放入,使根系舒展,干放于正中。分层填入湿润土并夯实(注意不要砸伤根系),直至与地面相平,将包裹材料收拢于树干,摇好。然后挖出假坨,再用草绳打包。为防暖天假植引起草包腐烂,还应装筐保护,可选比土球稍大、略高 20~30 cm 的箩筐,苗木规格较大的应改用木箱或桶。先填些土于筐底,放土球于正中,四周分层填土并夯实,至离筐沿还有 10 cm 高时为止,并在筐边沿加土拍实做灌水堰。同时在距施工现场较近、交通方便、有水源、地势较高、雨季不积水之地,按每双行为一组,每组间隔 6~8 m 做卡车道,挖深为筐高 1/3 的假植穴。将装筐苗运来,按树种与品种、大小规格分类放入假植穴中。筐外培土至筐高 1/2,并拍实,间隔数日连浇 3 次水。假植期间,对苗木进行正常管理。

待施工现场能够栽植时,提前将筐外所培之土扒开,停止浇水,风干土筐,发现已腐烂的应用草绳捆缚加固。吊栽时,吊绳与篮间应垫块木板,以免勒散土块。入穴后,尽量取出包装物,填土夯实。经多次灌水或结合遮阴保其成活后,酌情进行追肥等养护。

2. 常绿树的栽植

先于适宜季节将树苗带土球掘起包装好,提前运到施工地假植。先装入较大的箩筐中,土球直径超过 1 m 的应改用木桶或木箱。筐、箱外培土,进行养护待植。

(二)无预先准备、临时特需的栽植技术

因临时特殊需要,在不适合季节栽植树木,可按照不同类别树种采取不同的措施。

1. 常绿树的栽植

应选择春梢已停,二次梢未发的树种,起苗时应带较大的土球,对树冠进行疏剪或摘掉部分叶片。做到随掘、随运、随栽,及时多次灌水,并经常进行叶面喷水,晴热天气应结合遮阴。易日灼的地区,树干裸露者应用草绳进行卷干,入冬注意防寒。

2. 落叶树的栽植

选春梢已停长的树种,疏剪尚在生长的徒长枝以及花、果。对萌芽力强、生长快的乔、灌木可以进行重剪,最好带土球栽植。如果裸根栽植,应尽量保留中心部位的心土。尽量缩短起(掘)、运、栽的时间,保湿护根。为促发新根,可灌溉一定浓度(0.001%)的生长素。晴热天气,树冠枝叶应遮阴加喷水,易日灼地区应用草绳卷干。适当追肥,剥除蘖枝芽,应注意伤口防腐。剪后晚发的枝条越冬性能差,当年冬季应注意抗寒。

总之,栽植的关键要掌握一个"快"字,事先做好一切必要的准备工作,有利随掘、随运、随栽,环环相扣,争取在最短的时间内完成栽植工作。栽后应及时多次灌水,并经常进行叶面喷水。入冬加强防寒,方可保证成活。

第三节　园林树木栽植工程施工

一、施工前的准备工作

承担绿化施工的单位,在接受施工任务后、工程开工之前,必须做好绿化施工的一切准备工作,以确保施工高质量地按期完成。

(一)了解设计意图与工程概况

首先应了解设计意图,向设计人员了解设计思路,所达预想效果或意境,以及施工完成后的近期目标。通过向设计单位和工程主管部门了解工程的基本概况,包括:植树与其他有关工程(铺草坪,建花坛以及土方、道路,给排水,山石、园林设施等)的范围和工程量;施工期限(开始和竣工日期,其中栽植工程必须保证不同类别的树木在当地最适栽植期内进行);工程投资(设计预算、工程管理部门批准投资数);施工现场的地上(地物及处理要求)与地下(管线和电缆分布与走向)情况与定点放线的依据(以测定标高的水准基点和测定平面位置的导线点或与设计单位研究确定的地上永久性固定物作依据);工程材料来源和运输条件,尤其是苗木出圃地点、时间、质量和规格要求。

(二)现场踏勘与调查

在了解设计意图和工程概况之后,负责施工的主要人员必须亲自到现场进行细致的踏勘与调查。应了解以下情况:一是各种地上物的去留及须保护的地物,要拆迁的应如何办理有关手续与处理办法;二是现场内外交通、水源、电源情况,现场内外能否通行机械车辆,如果交通不便,则需确定开通道路的具体方案;三是施工期间生活设施的安排;四是施工地段的土壤调查,以确定是否换土,估算客土量及其来源等。

(三)编制施工组织方案

根据对设计意图的了解和对施工现场的踏勘,应组织有关技术人员研究制订出一个全面的施工安排计划(施工组织方案或施工组织计划),并由一名或几名经验丰富的工程技术人员执笔,负责编写初稿,再广泛征求意见,然后修改定稿。其内容包括:施工组织领导和机构;施工程序及进度;制定劳动定额;制订机械及运输车辆使用计划及进度表;制定工程所需的材料、工具及提供材料工具的进度表；制定栽植工程的技术措施和安全、质量要求；绘出施工现场平面图，在图上标出苗木假植、运输路线和灌溉设备等的具体位置；制定施工预算等。

（四）施工现场的准备

施工现场的准备是植树工程准备工作的重要内容，这项工作的进度和质量对完成绿化施工任务影响较大，必须加以重视，但现场准备的工作量随施工场地的不同而有很大差别，应因地制宜，区别对待。

1. 清理障碍物

绿化工程用地边界确定之后，凡地界之内有碍施工的市政设施、农田设施、房屋、树木、坟墓、堆放杂物、违章建筑等，一律应进行拆除和迁移。

2. 地形地势的整理

地形整理是指从土地的平面上，将绿化地区与其他用地区划分开来，根据绿化设计图纸的要求整理出一定的地形。此项工作可与清除地上障碍物相结合。地势整理主要指绿地的排水问题。

3. 地面土壤的整理

地形地势整理完毕之后，为了给植物创造良好的生长基地，必须在种植植物的范围内，对土壤进行整理。对于树木定植位置上的土壤改良，待定点刨坑后再行解决。

4. 接通电源、水源，修通道路

这是保证工程开工的必要条件，也是施工现场准备的重要内容。

5. 根据需要，搭盖临时工棚

如果附近没有可利用的房屋，应搭盖工棚、食堂等必要生活设施，安排好职工的生活。

（五）技术培训

开工之前，应该安排一定的时间，对参加施工的全体人员（或骨干）进行一次技术培训。学习本地区植树工程的有关技术规程和规范，贯彻落实施工方案，并结合重点项目进行技术练兵。

二、树木栽植的施工程序和技术

树木的栽植程序大致包括定点、放线、挖穴、换土、掘（起）苗、包装、运苗与假植、修剪与栽植、栽后养护与现场清理。

（一）定点、放线

1. 行道树的定点、放线

道路两侧成行列式栽植的树木称行道树。要求位置准确，尤其是行位必须绝对准确无误。

（1）确定行位的方法。行道树行位严格按横断面设计的位置放线，在有固定路牙的道路，以路牙内侧为准；在没有路牙的道路，以道路路面的平均中心线为准。用钢尺测准行位，并按设计图规定的株距，每10棵左右，钉一个行位控制桩。通直的道路，行位控制桩可钉稀一些，凡遇道路拐弯则必须测距钉桩。行位控制桩不要钉在植树刨坑的范围内，以免施工时挖掉木桩。道路笔直的路段，如有条件，最好首尾用钢尺量距，中间部位用经纬仪照准穿直的方法布置控制桩。这样可以保证速度快、行位准。

(2)确定点位的方法。行道树点位以行位控制桩为瞄准的依据,用皮尺或测绳按照设计确定株距,定出每棵树的株位。株位中心可用铁锹铲一小坑,内撒白灰,作为定位标记。

由于行道树位置与市政、交通、沿途单位、居民等关系密切,定点位置除应以设计图纸为依据外,还应注意以下情况:①遇道路急转弯时,在弯的内侧应留出50 m的空当不栽树,以免妨碍视线;②交叉路口各边30 m内不栽树;③公路与铁路交叉口50 m内不栽树;④高压输电线两侧15 m内不栽树;⑤公路桥头两侧8 m内不栽树;⑥遇有出入口、交通标志牌、涵洞、车站电线杆、消火栓、下水口等都应留出适当距离,并尽量注意左右对称。

点位定好后,必须请设计人员以及有关的市政单位派人验点之后,方可进行下一步的施工作业。

2. 成片绿地的定点、放线

自然式成片绿地的树木种植方式,不外乎有两种,一为单株,即在设计图上标出单株的位置,另一种是图上标明范围而无固定单株位置的树丛片林。其定点、放线方法有以下三种:

(1)平板仪定点法。依据基点将单株位置及片林的范围线按设计图依次定出,并钉木桩标明,木桩上应写清树种、棵数。

(2)坐标定点(网格)法。适用范围大、地势平坦的公园绿地,按比例在设计图上和现场分别找出距离相等的方格(20 m×20 m最好),定点时先在设计图上量好树木对其方格的纵横坐标距离,再按比例定出现场相应方格的位置,钉木桩或撒灰线标明。

(3)交会法。由两个地上物或建筑物平面边上的两个点到种植点的距离,以直线相交的方法定出种植点。此方法通常用于范围较小、现场建筑物或其他标记与设计图相符的绿地。位置确定后必须作明显标志,孤立树可钉木桩,写明树种、刨坑规格。树丛界限要用白灰线标明范围,线圈内钉一个木桩,写明树种、数量、坑号。

定点时,对孤植树、列植树,应定出单株种植位置,并用石灰标记,钉好木桩,写明树种及刨坑规格;对树丛和自然式片林定点,应依图按比例测出范围,并用石灰标明范围的边界,精确标出主景树的位置;其他次要的树木可用目测定点,但要注意自然,切忌呆板、平直,可统一写明树种、株数和刨坑规格等。

(二)刨坑(挖穴)

刨坑(挖穴)的质量好坏,对植株以后的生长有很大的影响。城市绿化植树必须保证植树位置准确、符合设计意图。

1. 刨坑规格

栽种苗木用的土坑一般为圆筒状,绿篱栽种所用的为长方形槽,成片密植的小株灌木,则采用几何形大块浅坑。

确定刨坑规格,必须考虑不同树种的根系分布形态和土球规格。平生根系的土坑要适当加大直径,直生根系的土坑要适当加大深度。同时要调查刨坑地点的土壤情况,如为农田耕地土壤,排水良好,则可按规定规格刨坑;如为城市渣土或板结黏土,则要加大刨坑规格。

2. 刨坑操作规范

(1)掌握好坑形和地点。以定植点为圆心,按规格在地面画一圆圈,从周边向下刨坑,按深度垂直刨挖到底,不能刨成上大下小的锅底形,否则栽植踩实时会使根系劈裂卷曲或上翘,造成不舒展而影响树木生长。在高地、土埂上刨坑,要平整植树点地面后适当深刨;在斜坡、山地上刨坑,要外堆土、里削土,坑面要平整;在低洼地坡底刨坑,要适当填土深刨。

(2)土壤堆放。刨坑时,对质地良好的土壤,要将上部表层土和下部底层土分开堆放,表层土壤在栽种时要填在根部。杂层土壤中的部分好土,也要和其他石渣土分开堆放。同时,土壤的堆放要有利于栽种操作,便于换土、运土和行人通行。

(3)地下物处理。刨坑时发现电缆、管道等,应停止操作,及时找有关部门配合解决;绿地内挖自然式树木栽植穴时,如发现有严重影响操作的地下障碍物,应与设计人员协商,适当改动位置。

(三)苗木的选择

由于苗木的质量好坏直接影响栽植成活和以后的绿化效果,所以在施工中必须十分重视对苗木的选择。在确保树种符合设计要求的前提下,对苗木选择有下述要求。

1. 对苗木质量的要求

(1)植株健壮。苗木通直圆满,枝条茁壮,组织充实,不徒长,木质化程度高。相同树龄和高度条件下,干径越粗苗木的质量越好,高径比值差距越小越好。无病虫害和机械损伤。

(2)根系发达。根系发达而完整,主根短直,接近根颈一定范围内有较多的侧根和须根,起苗后大根系无劈裂。

(3)顶芽健壮。具有完整健壮的顶芽(顶芽自剪的树种除外),主侧枝分布均匀,能构成完美树冠,要求丰满。其中干性强并无潜伏芽的某些针叶树,中央领导枝要有较强优势,侧芽发育饱满,顶芽占有优势。

(4)无病虫害和机械损伤。园林绿化用苗,多以应用经多次栽植的大规格苗木为宜。由于经几次移苗断根,再生后所形成的根系较紧凑丰满,移栽容易成活。一般不宜用未经栽植过的实生苗和野生苗,因其吸收根系远离根颈,较粗的长根多,掘苗损伤了较多的吸收根,因此难以成活;需经1~2次“断根缩坨”处理或移至圃地培养才能应用。生长健壮的苗木,有利栽植成活和具有适应新环境的能力;供氮肥和水过多的苗木地上部徒长,茎根比值大,也不利于移栽成活和日后的适应。

2. 对苗木冠形和规格的要求

根据城市绿化的需要和环境条件的特点,一般绿化工程多需用较大规格的幼青年苗木,栽植成活率高,绿化效果发挥也较快。通常选择如下:

(1)行道树苗木。树干高度合适。杨、柳等快长树胸径应在4~6 cm,国槐、银杏、三角枫等慢长树胸径在5~8 cm(大规格苗木除外)。分枝点高度一致,具有3~5个分布均匀、角度适宜的主枝,分枝点高不小于2.8 m(特殊情况下可另行掌握);常绿乔木树高4.0 m以上,且大小、高度基本一致,枝叶茂密,树冠完整。

(2)花灌木。丛生型灌木要求灌丛丰满,主侧枝分布均匀,主枝数不少于5个,主枝平均高度达到1.0 m以上。单干型灌木要求具主干，且分枝均匀，基径在2.0 cm以上，树高1.2 m以上。匍匐型灌木要求应有3个以上主枝，且主枝平均高度达到0.5 m以上。

（3）观赏树（孤植树）。个体姿态优美，有特点。庭荫树干高2 m以上；常绿树枝叶茂密，有新枝生长，不烧膛；中轴明显的针叶树基部枝条不干枯，圆满端庄。

（4）绿篱。株高大于50 cm，个体一致，下部不秃裸；球形苗木枝叶茂密。

（5）藤本。有2～3个多年生主蔓，无枯枝现象。

3. 苗木来源

栽植的苗（树）木，一般有三种来源，即当地培育、外地购进及从园林绿地和野外搜集的苗（树）木。当地苗圃培育的苗木，种源及历史清楚，不论什么树种，一般对栽植地气候与土壤条件都有较强的适应能力，可随起（挖）苗随栽植。这不仅可以避免长途运输对苗木的损害和降低运输费用，而且可以避免病虫害的传播。当本地培育的苗木供不应求，不得不从外地购进时，必须在栽植前数月从相似气候区内订购。在提货之前应该对欲购树木的种源、起源、年龄、栽植次数、生长及健康状况等进行详细的调查。要把好起（挖）苗、包装的质量关，按照规定进行苗木检疫，防止将严重的病虫害带入当地；在运输装卸中，要注意洒水保湿，防止机械损伤和尽可能地缩短运输时间。

（四）起掘苗木

起掘苗木是植树工程的关键工序之一，掘苗质量好坏直接影响植树成活率和最终的绿化成果。苗木原生长品质好坏是保证掘苗质量的基础，但正确合理的掘苗方法和时间、认真负责的组织操作，却是保证苗木质量的关键。掘苗质量同时与土壤含水情况、工具锋利程度、包装材料适用与否有关，故应于事前做好充分的准备工作。

1. 主要掘苗方法

（1）露根掘苗法（裸根掘苗）。绝大部分落叶树种可进行裸根起挖。挖掘沟应离主干稍远一些（不得小于树干胸径的6～8倍），挖掘深度应较根系主要分布区稍深一些，以尽可能多地保留根系，特别是具吸收功能的根系。对规格较大的树木，当挖掘到较粗的骨干根时，应用手锯锯断，并保持切口平整，坚决禁止用铁锹硬铲。对有主根的树木，在最后切断时要做到操作干净利落，防止发生主根劈裂。根系的完整和受损程度是决定挖掘质量的关键，树木的良好有效根系，是指在地表附近形成的由主根、侧根和须根所构成的根系集体。一般情况下，经栽植养根的树木挖掘过程中所能携带的有效根系，水平分布幅度通常为主干直径的6～8倍；垂直分布深度为主干直径的4～6倍，一般多在60～80 cm，浅根系树种多在30～40 cm。绿篱用扦插苗木的挖掘，有效根系的携带量，通常为水平幅度20～30 cm、垂直深度15～20 cm。起苗前如天气干燥，应提前2～3天对起苗地灌水，使土质变软，便于操作，多带根系；根系充分吸水后，也便于储运，利于成活。而野生和直播实生树的有效根系分布范围，距主干较远，故在计划挖掘前，应提前1～2年挖沟盘根，以培养可挖掘携带的有效根系，提高移栽成活率。树木起出后要注意保持根部湿润，避免因日晒风吹而失水干枯，并做到及时装运、及时种植。运距较远时，根系应打浆保护。

（2）带土球掘苗法。一般常绿树、名贵树和花灌木的起挖要带土球，土球直径不小于树干胸径的6～8倍，土球纵径通常为横径的2/3；灌木的土球直径为冠幅的1/2～1/3。为防止挖掘时土球松散，如遇干燥天气，可提前一二天浇以透水，以增加土壤的黏结力，便于操作。挖树时先将树木周围无根生长的表层土壤铲去，在应带土球直径的外侧挖一条操作沟，沟深与土球高度相等，沟壁应垂直；遇到细根用铁锹斩断，胸径 3 cm 以上的粗根，则须用手锯断根，不能用锹斩，以免震裂土球。挖至规定深度，用锹将土球表面及周边修平，使土球上大下小，呈苹果形；主根较深的树种土球呈倒卵形。土球的上表面，宜中部稍高、逐渐向外倾斜，其肩部应圆滑、不留棱角，这样包扎时比较牢固，扎绳不易滑脱。土球的下部直径一般不应超过土球直径的 2/3。自上而下修整土球至一半高时，应逐渐向内缩小至规定的标准。最后用利铲从土球底部斜着向内切断主根，使土球与地底分开。在土球下部主根未切断前，不得扳动树干、硬推土球，以免土球破裂和根系裂损。如土球底部已松散，必须及时堵塞泥土或干草，并包扎紧实。

2. 掘苗规格

掘取苗木时根部或土球的规格一般参照苗木的干径和高度来确定。可参照下式计算：

$$土球直径(cm)=5\times(树木地径-4)+45$$

落叶乔木掘取根部的直径，常为乔木树干胸径的 9～12 倍。落叶花灌木，如珍珠梅、木槿、碧桃、紫叶李等，掘取根部的直径为苗木高度的 1/3 左右。分枝点高的常绿树，掘取的土球直径为胸径的 7～10 倍，分枝点低的常绿苗木，掘取的土球直径为苗高的 1/2～1/3。攀缘类苗木的掘取规格，可参照灌木的掘取规格，也可以根据苗木的根际直径和苗木的年龄来确定。

掘苗规格是根据一般苗木在正常生长状态下确定的，但苗木的具体掘取规格要根据不同树种和根系的生长形态而定。苗木根系的分布形态，基本上可分为三类：

平生根系的树木的根系向四周横向分布，临近地面，如毛白杨、雪松等。在掘苗时，应将这类树木的土球或根系直径适当放大，高度适当减小。

斜生根系的这类树木根系斜行生长，与地面呈一定角度，如栾树、柳树等。

直生根系的这类树木的主根较发达，或侧根向地下深度发展，如松柏、白皮松、侧柏等，掘苗时，要相应减小土球直径而加大土球高度。

3. 掘前准备

(1)选苗号苗。树苗质量的好坏是影响成活的重要因素之一。为提高栽植成活率、最大限度地满足设计要求，栽植前必须对苗木进行严格的选择，这种选择树苗的工作称“选苗”。在选好的苗木上用涂颜色、挂牌拴绳等方法做出明显的标记，以免误掘，此工作称“号苗”。

(2)土地准备。掘苗前要调整好土壤的干湿情况，如果土质过于干燥，应提前灌水浸地；反之，土壤过湿，影响掘苗操作，则应设法排水。

(3)拢冠。常绿树尤其是分枝低、侧枝分叉角度大的树种，如松柏、龙柏、雪松等，掘前要用草绳将树冠松紧适度地围拢。这样，既可避免在掘取、运输、栽植过程中损伤树冠，又便于掘苗操作。

(4)工具、材料准备。备好适用的掘苗工具和材料。工具要锋利适用，材料要对路。带土球掘苗用的蒲包、草绳等要用水浸泡湿透待用。

4. 露根手工掘苗法及质量要求

(1)操作规范。掘苗前要先以树干为圆心按规定直径在树木周围画一圆圈,然后在圆圈以外动手下锹,挖够深度后再往里掏底,在往深处挖的过程中,遇到根系可以切断,圆圈内的土壤可边挖边轻轻搬动,不能用锹向圆内根系砍掘。挖至规定深度和掏底后,轻放植株倒地,不能在根部未挖好时就硬推生拔树干,以免拉裂根部和损伤树冠。根部的土壤绝大部分可去掉,但如根系稠密,带有护心土,则不要打除,而应尽量保存。

(2)质量要求。所带根系规格大小应按规定挖掘,如遇大根则应酌情保留;苗木要保持根系丰满、不劈不裂,对病伤劈裂及过长的主侧根都需进行适当修剪;苗木掘完后应及时装车运走,如一时不能运完,可在原坑埋土假植。若假植时间较长,还要设法灌水,保持土壤及树根的适度潮湿;掘出的土不要乱扔,以便掘苗后用原土将掘苗坑(穴)填平。

裸根苗还有机械掘苗法,主要用于大面积整行区域树木出园,要组织好拔苗的劳动力,随起、随拔、随运、随假植,做到起净、拔净,不丢失苗木。

5. 带土球苗的手工掘苗法及质量要求

(1)画线。以树干为圆心,按规定的土球直径在地面上画一圆圈。标明土球直径的尺寸,一般要比规定规格稍大一些,作为向下挖掘土球的依据。

(2)去表土。表层土中根系密度很低,一般无利用价值。为减轻土球重量,多带有用根系,挖掘前应将表土去掉一层,其厚度以见有较多的侧生根为准。

(3)挖坨。沿地面上所画圆的外缘,向下垂直挖沟,沟宽以便于操作为度,宽 50 ~ 80 cm,所挖之沟上下宽度要基本一致。随挖随修整土球表面,一直挖掘到规定的土球高度。

(4)修平。挖掘到规定深度后,球底暂不挖通。用圆锹将土球表面轻轻铲平,上口稍大,下部渐小,呈红星苹果状。

(5)掏底。土球四周修整完好以后,再慢慢由底圈向内掏挖(见图 2-1)。直径小于 50 cm 的土球,可以直接将底土掏空,以便将土球抱到坑外包装;而大于 5 cm 的土球,则应将底土中心保留一部分,支住土球,以便在坑内进行包装。

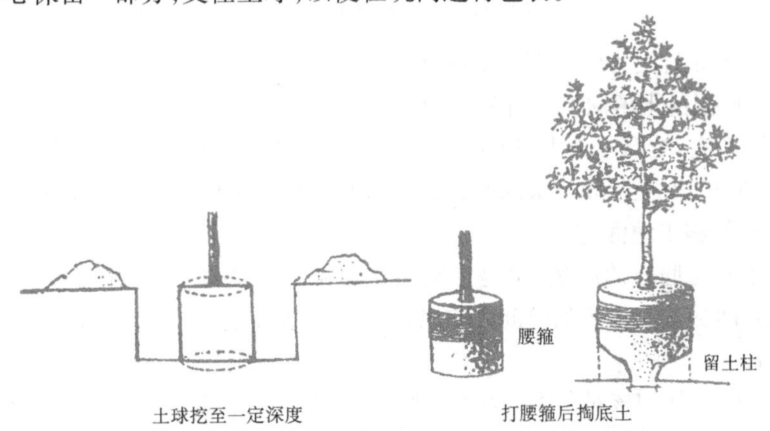

图 2-1　土球的挖掘与打腰箍

(仿陈有民《园林树木学》,2011)

(6)打包。各地土质情况不同,打包工序操作繁简不一。现以沙壤土为例讲述:

①打内腰绳。所掘土球土质松散时，应在土球修平时拦腰横捆几道草绳（见图 2-1）。若土质坚硬，则可以不打内腰绳。

②包装。取适宜的蒲包和蒲包片，用水浸湿后将土球覆盖，中腰用草绳拴好。

③摆纵向草绳。用浸湿的草绳，先在树干基部横向紧绕几圈并固定牢稳，然后沿土球更直方向倾斜 30°左右缠捆纵向草绳，随拉随捆，同时用事先准备好的木锤、砖石块敲打草绳，使草绳稍嵌入土，捆得更加牢固，每道草绳间相隔 8 cm 左右，直至把整个土球捆完。土球直径小于 40 cm 者，用一道草绳捆一遍，称"单股单轴"；土球较大者，用一道草绳沿同一方向捆两道，称"单股双轴"；必要时用两根草绳并排捆两道的，称"双股双轴"。

④打外腰绳。规格较大的土球，于纵向草绳捆好后，还应在土球中腰横向并排捆 3～10 道草绳。操作方法是：用一整根草绳在土球中腰部位排紧横绕几道，随绕随用砖头顺势砸紧，然后将腰绳与纵向草绳交插联接，不使腰绳脱落。

⑤封底。凡在坑内打包的土球，于草绳捆好后将树苗顺势推倒，用蒲包将土球底部堵严，并用草绳捆牢（见图 2-2）。

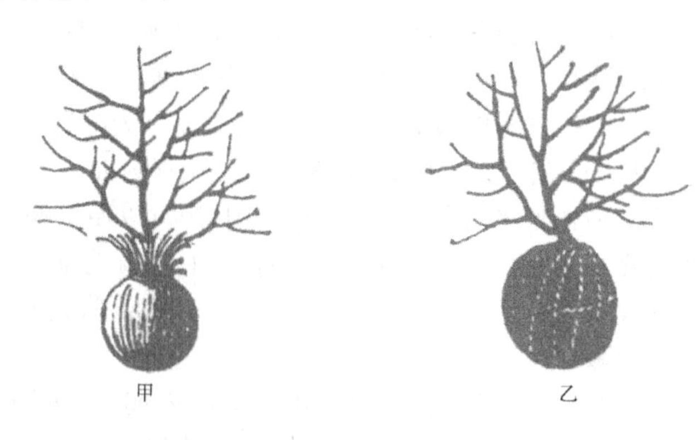

图 2-2　土球简易包装法

（仿陈有民《园林树木学》，2011）

⑥出坑。土球封底后应立即抬出坑外，集中待运。

⑦平坑。将掘苗土填回坑内，待整地时一并填平。

如果土壤紧实、土球不太大、根系盘结较紧、运输距离较近，可以不进行包装或只进行简易包装，在北方，当土球冻结很深时，可不用包装；棕榈类树木一般也不用包装。

（五）装运与施工地假植

树木的运输与假植的质量，也是影响植树成活的重要环节，实践证明，"随掘、随运、随栽"的原则，即尽量在最短的时间内将其运至目的地栽植。

1. 树木装车

运苗装车前须仔细核对苗木的品种、规格、质量等，凡不符合要求的，应由苗圃方面予以更换。必要时贴上标签，写明树种、树龄、产地等。

装运裸根苗时，乔木应树根朝前、树梢向后，顺序排码；车箱内应铺垫草袋、蒲包等物，以防碰伤树皮；树梢不得拖地，必要时要用绳子围拢吊起来，捆绳子的地方需用蒲包垫上；装车不要超高，不要压得太紧。装完后用苫布将树根盖严捆好，以防树根失水。

带土球苗装运时,1.5 m 以下苗木可以立装,高大的苗木必须放倒,土球向前、树梢向后并用木架将树冠架稳;土球直径大于 60 cm 的苗木只装一层,小土球可以码放 2 ~3 层,土球之间必须排码紧密以防摇摆;土球上不准站人和放置重物。

花灌木(苗木高度在 2 m 以下的)运输时可将苗木直立装车。装运竹类苗木时,不得损伤竹竿与竹鞭之间的着生点和鞭芽。

2. 包装运输

运距较远或有特殊要求的树木,运输时宜用包装,包装方法如下:

(1)卷包。适宜规格较小的裸根树木远途运输时使用。将枝梢向外、根部向内,并互相错行重叠摆放,以蒲包片或草席等为包装材料,再用湿润的苔藓或锯末填充树木根部空隙。将树木卷起捆好后,再用冷水浸渍卷包,然后启运。使用此法时需注意:卷包内的树木数量不可过多,叠压不能过实,以免途中卷包内生热。打包时必须捆扎得法,以免在运输中途散包造成树木损失。卷包打好后,用标签注明树种、数量,以及发运地点和收货单位地址等。

(2)装箱。若运距较远、运输条件较差,或规格较小、树体需特殊保护的珍贵树木,使用此法较为适宜。在定制好的木箱内,先铺好一层湿润苔藓或湿锯末,再把待运送的树木分层放好,在每一层树木根部中间,需放湿润苔藓以作保护。为了提高包装箱内保存湿度的能力,可在箱底铺以塑料薄膜。使用此法时需注意:不可为了多装树木而过分压紧挤实;苔藓不可过湿,以免腐烂发热。目前,在远距离、大规格裸根苗的运送中,已采用集装箱运输,简便而安全。

3. 树木卸车

卸车时要爱护苗木,轻拿轻放,裸根苗要顺序拿取,不准乱抽,更不可整车推下。带土球苗卸车时不得提拉树干,而应双手抱土球轻轻放下,较大的土球最好用起重机卸车,若没有条件,应事先准备好一块长木板,从车厢上斜放至地,将土球自木板上顺势慢慢滑下,但绝不可滚动土球,以免散球。苗木运到工地指定位置后,应立即卸苗。苗木卸车要从上往下按顺序操作,不得乱抽,更不能整车往下推。卸后将树苗立直放稳。

4. 树木的施工地假植

树木运到施工现场,如不能及时栽完,裸根苗 1 ~2 m 以上不能栽植者应先用湿土将苗根埋严,称"假植"。裸根苗短期假植,可在栽植处附近选择合适地点,先挖一浅横沟,2 ~3 m 长,然后立排一行苗木,紧靠苗根再挖一同样的横沟,并用挖出来的土将第一行树根埋严,挖完后再码一行苗,如此循环,直至将全部苗木假植完。

裸根苗较长时间假植,可事先在不影响施工的地方挖好 30 ~40 cm 深、1.5 ~3 m 宽、长度视需要而定的假植沟,将苗木分类排码,码一层苗木,根部埋一层土,全部假植完毕以后,还要仔细检查,一定要将根部埋严,不得裸露。若土质干燥,还应适量灌水,保证树根潮湿。

带土球的苗木,如 1 ~2 天内不能栽完,应将苗木码放整齐,四周培土,树冠之间用草绳围拢。假植时间较长者,土球间隔也应填土,并根据需要经常给苗木进行叶面喷水。

(六)园林树木修剪

详见第四章。

（七）园林树木的栽植

种植树木，以阴而无风天最佳；晴天宜 11:00 时前或 15:00 时以后进行为好。先检查树穴，土有塌落的坑穴应适当清理。

1. 配苗或散苗

对行道树和绿篱苗，栽前应再进一步按大小进行分级，以使所配相邻近的苗木保持栽后大小趋近一致。尤其是行道树，相邻同种苗的高度要求相差不超过 50 cm，干径差不超过 1 cm。按穴边木桩写明的树种配苗，做到"对号入座"。应边散边栽。对常绿树，应把树形最好的一面朝向主要观赏面。树皮薄、干外露的孤植树，最好保持原来的阴阳面，以免引起日灼。配苗后还应及时按图核对，检查调正。

2. 栽植

栽植因裸根苗和带土球苗而不同。

（1）裸根苗的栽植。一般 2 人为一组，先填些表土于穴底，堆成小丘状，放苗入穴，比试根幅与穴的大小和深浅是否合适，并进行适当修理。行列式栽植，应每隔 10 ~ 20 株先栽好对齐用的"标杆树"。如有弯干之苗，应弯向行内，并与"标杆树"对齐，左右相差不超过树干的一半，这样才能整齐美观。具体栽植时，一人扶正苗木，一人先填入拍碎的湿润表层土，约达穴的 1/2 时，轻提苗，使根呈自然向下舒展，不卷曲。然后踩实（黏土不可重踩），继续填满穴后，再踩实一次，最后盖上一层土与地相平，使填之土与原根颈痕相平或略高 3 ~ 5 cm；灌木应与原根颈痕相平。然后用剩下的底土在穴外缘筑灌水堰，俗称"三埋、两踩、一提苗"。对密度较大的丛植地，可按片筑堰。

（2）带土球苗的栽植。先量好已挖坑穴的深度与土球高度是否一致，对坑穴做适当填挖调正后，再放苗入穴。在土球四周下部垫入少量的土，使树直立稳定，然后剪开包装材料，将不易腐烂的材料一律取出。为防栽后灌水土塌树斜，填入表土至一半时，应用木棍将土球四周砸实，再填至满穴并砸实（注意不要弄碎土球），做好灌水堰，最后把捆拢树冠的草绳等解开取下。

3. 树体裹干与树盘覆盖

（1）裹干。常绿乔木和干径较大的落叶乔木，定植后需进行裹干，即用草绳、蒲包、苔藓等具有一定保湿性和保温性的材料，严密包裹主干和比较粗壮的一、二级分枝。经裹干处理后，一可避免强光直射和干风吹袭，减少干、枝的水分蒸腾；二可保存一定量的水分，使枝干经常保持湿润；三可调节枝干温度，减少夏季高温和冬季低温对枝干的伤害。目前，亦有附加塑料薄膜裹干，此法在树体休眠阶段使用效果较好，但在树体萌芽前应及时撤除。因为塑料薄膜透气性能差，不利于被包裹枝干的呼吸作用，尤其是高温季节，内部热量难以及时散发而引起的高温，会灼伤枝干、嫩芽或隐芽，对树体造成伤害。树干皮孔较大而蒸腾量显著的树种如樱花、鸡爪槭等，以及香樟、广玉兰等大多数常绿阔叶树种，定植后枝干包裹强度要大些，以提高栽植成活率。

（2）树盘覆盖。在移栽树木过程中，对于特别有价值的树木，尤其是在秋季栽植的常绿树，用稻草、腐叶土或充分腐熟的肥料覆盖树盘，沿街树池也可用沙覆盖，这样可提高树木移栽的成活率。因为适当的覆盖可以减少地表蒸发，保持土壤湿润和防止土温变幅过大。覆盖物的厚度以全部遮蔽覆盖区而见不到土壤为准。覆盖物一般应保留越冬，到春天揭除或埋入土中，也可栽种一些地被植物覆盖树盘。

4. 固定支撑

定植灌水后，因土壤松软沉降，树体极易发生倾斜倒伏现象，一经发现，需立即扶正。扶树时，可先将树体根部背斜一侧的填土挖开，将树体扶正后还土踏实。特别对带土球树体，切不可强推猛拉、来回晃动，以致土球松裂，影响树体成活。对新植树木，在下过一场透雨后，必须进行一次全面的检查，发现树体已经晃动的，应紧土夯实；树盘泥土下沉空缺的，应及时覆土填充，防止雨后积水引起烂根。此项工作在树木成活前要经常检查，及时采取措施。

对已成活树木，如发现有倾斜歪倒的，也要视情况扶正，扶正时期以选择树体休眠期进行为宜。若在生长期进行树体扶正，极易因根系断折引发水分代谢失衡，导致树体生长受阻甚至死亡，必须按新植树的要求加强管理措施。新植区，在平整树盘的同时，应结合垄道园路的整理，使其整齐划一、美观清洁。

栽植胸径 5 cm 以上树木时，特别是在栽植季节有大风的地区，植后应立支架固定，以防冠动根摇，影响根系恢复生长。但要注意，支架不能打在土球或骨干根系上。裸根树木栽植常采用标杆式支架，即在树干旁打一杆桩，用绳索将树干缚扎在杆桩上，缚扎位置宜在树高 1/3 或 2/3 处，支架与树干间应衬垫软物。带土球树木常采用扁担式支架，即在树木两侧各打入一杆桩，杆桩上端用一横担缚连，将树干缚扎在横担上完成固定。三角桩或井字桩的固定作用最好，且有良好的装饰效果，在人流量较大的市区绿地中多用。

5. 搭架遮阴

大规格树木栽植初期或高温干燥季节栽植，要搭建荫棚遮阴，以降低树冠温度，减少树体的水分蒸腾。在体量较大的乔、灌木树种，要求全冠遮阴，荫棚上方及四周与树冠保持 30 ~ 50 cm 间距，以保证棚内有一定的空气流动空间，防止树冠日灼危害。遮阴度为 70% 左右，让树体接受一定的散射光，以保证树体光合作用的进行。成片栽植的低矮灌木，可打地桩拉网遮阴，网高距树木顶部 20 cm 左右。树木成活后，视生长情况和季节变化，逐步去除遮阴物。

（八）栽植注意事项和质量要求

（1）规则式栽植应保持对称平衡，行道树或行列栽植树木应在一条线上，保持横平竖直。相邻树木规格应合理搭配，高度、干径和树形相似。栽植的树木应保持直立，不得倾斜。应注意观赏面的合理朝向，树形好的一面要朝向主要的方向。

（2）栽植绿篱的株行距应均匀。树形丰满的一面应向外，按苗木高度、树干大小搭配均匀。在苗圃修剪成型的绿篱，栽植时应按造型拼栽，深浅一致。绿篱成块栽植或群植时，应由中心向外顺序退植。坡式栽植时应由上向下栽植。大型块植或不同彩色丛植时，宜分区分块栽植。

（3）栽植带土球树木时，不易腐烂的包装物必须拆除。树苗栽完后，应将捆绑树冠的草绳解开取下，使树木枝条舒展。

（4）苗木栽植深度应与原种植深度一致，竹类可比原种植深度深 5 ~ 10 cm。

（5）栽植珍贵树种应采取树冠喷雾、树干保湿和树根喷布生根激素等措施。

（6）对排水不良的种植穴（坑），可在穴（坑）底铺 10 ~ 15 cm 厚的沙砾或铺设渗水管、盲沟，以利排水。

(7)假山或岩缝间栽植，应在种植土中掺入苔藓、泥炭等保湿透气材料。

(8)绿化施工人员为抢时间、抓进度，头顶大雨栽植苗木，这种行为似乎可减少浇水一环，实则两败俱伤，一是施工人员易感冒生病，二是根部被糊状泥土埋压，通透性极差，不利于苗木的成活、生长。

(9)绿化施工人员为了省工，常将苗木连同塑料营养袋一同埋入土中，这种省工的行为虽然能保证苗木栽后短时间内的成活，但由于塑料袋较难腐烂，限制了苗木根系向土壤四周生长，从而易形成“老小株”；同时，塑料袋经长时间腐烂后对土壤的理化性状会造成一定的破坏。建议对袋苗必须先除去塑料营养袋后再栽植为宜。

(10)绿化施工人员开穴栽苗时，对穴内的垃圾诸如塑料袋、石灰渣、砖石块等不予清除，将苗木直接栽植，苗木在这种恶劣的小环境中成活率无疑极低，建议在开穴时遇到建筑垃圾或生活垃圾等杂物时，一定要清理彻底，然后再栽植，以确保建植绿地的质量。

(11)绿化施工人员易忽视苗木土球的大小和苗木根系的深浅而将苗木放入穴中覆土而成，这样对小苗和浅根性苗木易造成栽植过深埋没了根颈部，苗木生长极度困难，甚至因根部积水过多而窒息；对大苗木和深根性苗木易造成栽植过浅，根部易受冻害和日灼伤，风吹易倒伏等。建议要视苗木的大小和苗木根系的深浅来确定栽植深度，以苗木根颈部露于表土层为宜。

(九)验收前成活期的养护管理

园林树木绿化工程按设计要求定植完毕后，为了巩固绿化成果，提高树木成活率，还必须加强后期养护管理工作。

1. 立支柱

栽植较大的树苗时，为了防止树苗倾斜或倒伏(特别是多风地区为防止树苗被风吹倒)，应对树苗立支柱支撑，支柱的多少应根据树苗的大小设1～4根。支柱的材料有竹竿、木柱等，在台风大的地区也有用钢筋水泥柱的。立支柱时，为防止磨破树皮，支柱和树干之间应用草绳隔开(在树干与支柱接触的部位缠上草绳)。

立柱绑扎的方法有直接捆绑和间接加固两种。直接捆绑就是将立柱一端直接与树干捆在一起(一般捆在树干的1/3～1/2处)，一端埋于地下(埋入30 cm以上)，一般可在下风向支一根，也可双柱加横梁及三角架形式等。若支柱一年后不能撤除，要重新捆绑，以免影响树液流通和树干发育。间接加固主要是用粗橡胶皮带将树干与水泥杆连接牢固，水泥杆应位于上风方向。绑扎后的树干应保持直立。

2. 浇水

水是保证植树成活的重要条件，农谚道“活不活在水，长不长在肥”。因此，水要浇足、浇透。可用河水、地下水、自来水，不宜用被污染的水源。定植后必须连续浇灌几次水，尤其是气候干旱、蒸发量大的华北地区更为重要。

(1)开堰、做畦。

①开堰。单株树木定植埋土后，在植树坑(穴)的外缘用细土培起15～20 cm高的土埂称开堰。浇水堰应拍平踏实，防止漏水。

②做畦。株距很近、连片栽植的树木，如绿篱、色块、灌木丛等可将几棵树或呈条、块

栽植的树木联合起来集体围堰称“做畦”。做时必须保证畦内地势水平，确保浇水时树木吃水均匀，畦壁牢固不跑水。

(2)灌水。树木定植后必须连续浇灌3次水，以后视情况而定。

第一次灌水应于定植后24小时之内，水量不宜过大，浸入坑土30 cm上下即可，主要目的是通过灌水使土壤缝隙填实，保证树根与土壤紧密结合。在第一次灌水后，应检查一次，发现树身倒歪，应及时扶正，树堰被冲刷损坏之处及时修整。然后再浇第二次水，水量仍以压土填缝为主要目的。二水距头水时间为3～5天，浇水后仍应扶直整堰。第三次水距二水7～10天，此次要浇透灌足，即水分渗透到全坑土壤和坑周围土壤内水浸透后应及时扶直。

黏性土壤，宜适量浇水，根系不发达树种，浇水量宜较多；肉质根系树种，浇水量宜少。土虽不干，但气温较高，水分蒸腾较大，应对地上部分树干、树冠包扎物及周围环境喷雾，时间早晚各一次，在10:00前和15:00后进行。灌溉要一次浇透。如有需要，可覆盖根部，向树冠喷施抗蒸腾剂等方法降低蒸腾强度。严寒的冬季中午浇水为宜。久雨或暴雨时造成根部积水，必须立即开沟排水。

3. 肥分补充

施肥可促进新植树木地下部分根系的生长恢复和地上部分枝叶的萌发生长，有计划地合理追施一些有机肥料，更是改良土壤结构、提高土壤有机质含量、增进土壤肥力的最有效措施。新植树的基肥补给，应在树体确定成活后进行，用量一次不可太多，以免烧伤新根，事与愿违。施用的有机肥料必须充分腐熟，并用水稀释后才可施用。

树木栽植初期，根系处于恢复生长阶段，吸肥能力低，宜采用根外追肥；也可采用叶面营养补给的方法，如喷施易吸收的有机液肥或尿素等速效无机肥，促进枝叶生长，有利光合作用进行。一般半个月左右一次，可用尿素、硫酸铵、磷酸二氢钾等速效性肥料配制成浓度为0.5%～1%的肥液，选早晚或阴天进行叶面喷洒，遇降雨应重喷一次。

4. 松土除草

因浇水、降雨以及行人走动或其他原因，常导致树木根际土壤硬结，影响树体生长。根部土壤经常保持疏松，有利于土壤空气流通，可促进树木根系的生长发育。同时，要经常检查根部土壤通气设施（通气管或竹笼），发现有堵塞或积水的，要及时清除，以保持其经常良好的通气性能。

夏季杂草生长很快，同时土壤干燥、坚硬，浇水不易渗入土中，这时进行松土除草更有必要。树盘附近的杂草，特别是蔓藤植物，严重影响树木生长，更要及时铲除。松土除草从4月开始，一直到9～10月为止。在生长旺季可结合松土进行除草，一般20～30天一次。除草深度以掌握在3～5 cm为宜，可将除下的枯草覆盖在树干周围的土面上，以降低土壤辐射热，有较好的保墒作用。

若采用化学除草，一年进行2次，一次是4月下旬至5月上旬，一次是6月底至7月初。化学除草具有高效、省工的优点，尤适于大面积使用。但操作过程中，喷洒要均匀，不要触及树木新展开的嫩叶和萌动的幼芽。除草剂用量不得随意增加或减少，除草后应加强肥水和土壤管理，以免引起树体早衰。使用新型除草剂，应先行小面积试验后再扩大施用。

5. 调整补缺

园林树木栽植后,因树木质量、栽植技术、养护措施及各种外界条件的影响,难免发生死树缺株的现象,对此应适时进行补植。补植的树木在规格和形态上应与已成活株相协调,以免干扰设计景观效果。对已经死亡的植株,应认真调查研究,如土壤质地、树木习性、种植深浅、地下水位高低、病虫为害、有害气体、人为损伤或其他情况,分析原因,采取改进措施,再行补植。

(十)验收、移交

植树工程竣工后,即可请上级领导单位或有关部门检查验收,交付使用。验收的主要内容为是否符合设计意图和植树成活率的高低。

设计意图是通过设计图纸直接表达的,施工人员必须按图施工,若有变动,应查清原因,成活率是验收合格的另一重要指标。所谓"成活率",就是定植后成活树木的株数与定植总株数的比例,其计算公式为:

$$成活率(\%)=\frac{定期内定核苗发芽林数}{定植总株数}\times 100\%$$

对成活率的要求各地区不尽相同,一般不低于95%。

这里必须说明,当时发芽了的苗木绝不等于已成活,还必须加强后期养护管理,争取最大的存活率。珍贵树种和孤植树应保证全树冠成活。苗木的保活期是2年以上。

树木的整形修剪应符合设计要求。经过验收合格后,签订正式验收证书,即移交给使用单位或养护单位进行正式的养护管理工作。至此,一项植树工程宣告竣工。

第四节　大树栽植技术

城市园林化是衡量城市现代化文明程度的重要标志,是提升城市品位、满足人民群众物质文化生活水平的需要。目前,大树移栽已成为城镇园林绿化施工中的一项重要内容。大树移栽施工的成败优劣直接影响到绿化工程的效果和效益。因此,必须进行精心策划和准确掌握大树移栽的配套技术,以及加强栽后的精细管理,以确保大树移栽成功。

一、大树栽植的特点

大树一般指树体胸径在15~20 cm以上的落叶乔木和胸径15 cm(或高度6 m)以上的常绿乔木,或树龄在20年左右的树木,在园林工程中均可称之为"大树"。大树栽植可以迅速达到绿化、美化的园林效果,是园林城市绿化、美化不可缺少的手段和措施,也是保护在城市改建扩建工程中已成林的古树和各种树木的有效手段。根据大树栽植树木来源,可分为人工培育大树栽植木和天然生长大树栽植木两类。人工培育的栽植木是经过各种技术措施培育的树木,栽植后的树木能够适应各种生态环境,成活率较高。天然生长的栽植木大部分生长在大森林生态环境中,栽植后不适应小气候生态环境,成活率较低。从大树栽植多年的实践中观察到,不论是人工培育的还是天然生长的大树栽植木,只要遵循自然生长规律进行栽植,就可以收到较好的成活效果。

(一)栽植成活困难

首先,树龄大、阶段发育程度深,细胞的再生能力下降,在栽植过程中被损伤的根系恢复慢。其次，树体在生长发育过程中，根系扩展范围不仅远超出树冠水平投影范围，而且扎入土层较深，挖掘后的树体根系在一般带土范围内可包含的吸收根较少，近干的粗大骨干根木栓化程度高，萌生新根能力差，栽植后新根形成缓慢。再次，大树形体高大，根系距树冠距离长，水分的输送有一定困难；而低上部的枝叶蒸腾面积大，栽植后根系水分吸收与树冠水分消耗之间的平衡失调，如不能采取有效措施，极易造成树体失水枯亡。最后，大树栽植需带的土球重，土球在起挖、搬运、栽植过程中易造成破裂，这也是影响大树栽植成活的重要因素。

（二）移栽周期长

为有效保证大树栽植的成活率，一般要求在栽植前的一段时间就做必要的栽植处理，从断根缩坨到起苗、运输、栽植以及后期的养护管理，移栽周期少则几个月，多则几年，每一个步骤都不容被忽视。

（三）工程量大、费用高

由于树体规格大、栽植的技术要求高，单纯依靠人力无法解决，往往需要动用多种机械。另外，为了确保栽植成活率，栽植后必须采用一些特殊的养护管理技术与措施，因此在人力、物力、财力上都是巨大的耗费。

（四）绿化效果快速、显著

尽管大树栽植有诸多困难，但如能科学规划、合理运用，则可在较短的时间内迅速显现绿化效果，较快发挥城市绿地的景观功能，在城市绿地建设中应用广泛。

二、大树栽植的树种选择原则

（一）树种选择原则

1. 移栽成活难易

大树栽植的成功与否首先取决于树种选择是否得当。美国树艺学家 Himelick 认为，大树栽植比较容易的树种有杨属、柳属、榆属、朴树属、悬铃木、棕榈、刺槐、梨等，而核桃、山核桃等则十分困难。我国的大树栽植经验也表明，不同树种间在栽植成活难易上有明显的差异，最易成活者有杨树、柳树、梧桐、悬铃木、榆树、朴树、银杏、臭椿、楝树、槐树、木兰等，较易成活者有香樟、女贞、桂花、广玉兰、七叶树、槭树、榉树等，较难成活者有马尾松、白皮松、雪松、侧柏、龙柏等，最难成活者有云杉、胡桃、桦木等。

2. 生命周期长短

由于大树栽植的成本较高，栽植后总希望能够在较长时间内尽可能保持大树的飒爽英姿。如果选择寿命较短的树种进行大树栽植，无论从生态效应还是景观效果上，树体不久就进入“老龄化阶段”，栽植时耗费的人力、物力、财力会得不偿失。

而对那些生命周期长的树种，即使选用较大规格的树木，仍可经历较长年代的生长并充分发挥其较好的绿化功能和艺术效果。

（二）树体选择原则

1. 树体规格适中

大树栽植并非树体规格越大越好，规格越大的树木，栽植难度越大、成本越高。特别是古树，由于已长久依赖于某一特定生境，环境一旦改变，就可能导致树体死亡，栽植成活率更低。研究表明，即便采用特殊的管护措施，胸径 15 cm 的树木在栽植后 3 ~ 5 年根系才能恢复到栽植前的水平，而胸径 25 cm 树木栽植后的根系恢复则需 5 ~ 8 年。一般乔木树种以树高 4 m 以上、胸径 15 ~ 25 cm 最为合适。

2. 树体年龄轻壮

大树栽植的最佳时期是壮年期。一般来说，壮年期的树木正处于树体生长发育的旺盛时期，树体适应能力和再生能力都强，栽植后树体恢复快、成活率高。壮年期树木的树冠发育成熟且较稳定，最能体现景观设计的要求。慢生树种 20 ~ 30 年生、速生树种 10 ~ 20 年生、中生树种 15 年生较为适宜。

3. 就近选择、生境近似

远距离运输大树受道路通行条件限制的概率高，树木失水时间长，土球容易碎裂，这都增加了栽植的风险。因此，要坚持就近选择优先的原则，尽量避免远距离调运大树。另外，要以乡土树种为主、外来树种为辅，栽植地的立地条件要能满足树种的特征需求并与原生地的立地条件尽可能相似，使其在新的生长环境中发挥最大优势。

4. 科技领先原则

为有效利用大树资源，确保栽植成功，应充分掌握树种的生物学特征和生态习性，根据不同的树种和树体规格，制订相应的栽植与养护方案，选择在当地有成熟栽植技术和经验的树种，并充分应用现有的先进技术，降低树体水分蒸腾、促进根系萌生、恢复树冠生长，最大限度地提高栽植成活率，尽快、尽好地发挥大树栽植的生态和景观效果。

5. 严格控制原则

大树栽植，对技术、人力、物力的要求高、费用大。栽植一株大树的费用比种植同种类中小规格树的费用要高十几倍甚至几十倍，栽植后的养护难度更大。大树栽植时，要对栽植地点和栽植方案进行严格的科学论证，移什么树、栽植多少，必须精心规划设计。一般而言，大树的栽植数量最好控制在绿地树种种植总量的 5% ~ 10%。大树来源更需严格控制，必须以不破坏森林自然生态为前提，最好从苗圃中采购，或从近郊林地中抽稀调整。因城市建设而需搬迁的大树，应妥善安置，以作备用。

三、大树栽植的操作技术

（一）带土球栽植技术

1. 栽植时间

严格地讲，如果掘起的大树带有大而完整的土球，在栽植过程中严格执行操作规程，栽植后又精心养护，那么在任何时期都可以进行大树栽植。但在实际中，最佳栽植时间的选择，不仅可以提高栽植成活率，而且可以有效降低栽植成本，方便日后的正常养护管理。一般情况下以春秋季为宜，早春是大树栽植的最佳时期，特殊情况下也可以在生长季节移栽。

大树栽植的最佳适期，还因树种而异，故需区别对待、灵活掌握，分期分批有计划地进行。确定了栽植计划以后，具体栽植时，还要注意天气状况，避免在极端的天气情况下进行，最好选择阴而无雨或晴而无风的天气进行。

2. 大树移栽前的准备工作

大树移栽前除要做好大树树苗的调查及选择工作外，还要做好其他相应的准备工作，以保证大树移栽的顺利进行及移栽的成活。

在挖苗前要准备好各种移栽大树的工具、材料（木箱包装起苗法要根据土台的规格大小，准备好包装木箱板）、机械、运输车辆以及运输通行证等。

当移栽成批大树时，为使施工有计划顺利地进行，可把栽植坑及移栽的大树编上一一对应的号码，使移栽时能对号入座，提高工作效率。

为了防止在起挖树木时由于树身重心不稳引起树木倒伏，在挖苗前应对需移栽的大树（特别是一些树冠面积大的常绿树）进行支撑。立支柱的方法，一般是用 3 根直径在 15 cm 以上的戗木，分立在树冠分枝点下方，然后再用粗绳将 3 根戗木和树干一起捆扎紧，戗木另一端应牢固支持在地面，与地面呈 60°角左右。立支柱时应使 3 根戗木受力均匀，特别是避风向的一面。戗木的长度根据具体情况而定，下端应立在挖掘范围以外，以免影响挖苗操作。

在起苗前，首先，在起掘前 1～2 天，根据土壤干湿情况，适当浇水，以防挖掘时土壤过干而导致土球松散；其次，清理大树周围的环境，将树干周围 2～3 m 范围内的碎石、瓦砾、灌木地被等障碍物清除干净，将地面大致整平，为顺利起掘提供条件，并合理大树安排运输路线。再次，拢冠以缩小树冠伸展面积，便于挖掘和防止枝条折损。准备好挖掘工具、包扎材料、吊装机械以及运输车辆等。

清除树干周围 2～3 m 以内的碎石、瓦砾堆、灌木丛及其他的障碍物，并将地面大致整平，为顺利起苗创造条件，然后根据树木移栽的先后次序，合理安排好运输路线和顺序，以保证每棵大树苗都能顺利运出。

当需移栽大树时，移栽时间宜 1 年前确定，移栽前应对树木进行必要的修剪，对树木进行切根处理，以促进树木须根的生长。常见的大树切根处理措施有多次移栽法、回根法等。

树苗多次移栽法适用于苗圃地的树苗。操作方法是：对一些速生树种，从幼树开始，每隔 1～2 年移栽一次，待胸径长到 6 cm 以上，则每隔 3～4 年移栽一次；对慢生树种，开始也每隔 1～2 年移栽一次，待胸径达到 3 cm 以上时，每隔 3～4 年再移栽一次，以后胸径长到 6 cm，每隔 5～8 年移栽一次。采用此方法培育的大树苗，出圃时能带较多根系土球的根系也可缩小，移栽后不仅成活率高，而且生长健壮。

回根法（见图 2-3）又称预先断根法、分期断根法、缩垛断根。一般应在移栽前 2～3 年的春季或秋季，以树干为中心，以树干胸径的 2.5～4 倍为半径，在干基周围的地上挖一圆形或方形的沟（沟宽为 30～50 cm、深为 60～100 cm），然后将沟切成四等分。在实践当中，为了安全起见，切根挖沟要分数年完成，第一年挖 1、3 段，第二年再挖 2、4 段，在正常情况下，第三年沟中就会生满须根。以后挖掘大树时应从沟的外缘开挖，以尽量保护根系。

3. 修剪与扎蓬

大树的树冠一般较大，为了保持树体水分代谢平衡，必须对树冠实施重剪。修剪可结合树冠整形进行，原则上不要过分破坏树冠的形态结构，方法以疏剪和缩剪为主，一般情

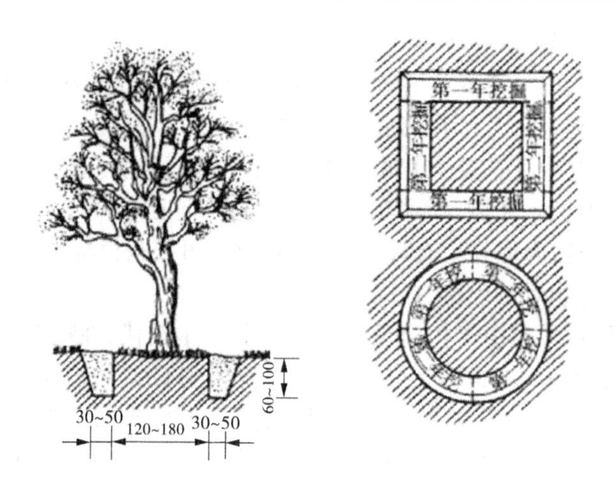

图 2-3　回根法挖掘示意图　(单位:cm)
(仿陈有民《园林树木学》,2011)

况可剪去 1/3 ~ 1/2 的树冠。另外,要将枯枝、病枝、纤弱枝、重叠枝、内向枝等无用枝剪除,用防腐剂或接蜡涂抹伤口,以防病菌感染。修剪后即可扎蓬,即对树冠进行包扎,以减小体积,方便挖掘、吊运、栽植等操作。扎蓬时可分枝进行,由上往下、由外向内,分层分片包扎,这样既便于收缩扎紧,又不易折断树枝。切忌贪图省事,简单绕树圈扎,既不能有效收缩树冠,又易折断树枝。

4. 挖穴

大树起挖前,栽植穴应预先按照规格要求挖好,并准备好充足的回填土和适量的有机肥。挖掘方法同一般树木移栽,但要注意现场回填土堆放不要影响机械操作,必要时,为便于大型机械进入作业现场,须将地面做适当处理,以防车辆陷入。

5. 挖掘和包装

(1)球形挖掘及其包装。落叶和常绿树种都可用,一般针对树木胸径 10 ~ 15 cm 或稍大一些的树木及土壤结构密度高的树木或运输距离相对较近的树木栽植;一般土球直径为树木胸径的 7 ~ 10 倍,土球过大,容易散球且会增加运输困难;土球过小,又会伤害过多的根系,难以成活。因此,确定土球的大小不仅应考虑树木胸径的大小,还应考虑不同的树种及当地的土壤条件。起掘时要用绳索固定好树木,以防在起掘过程中发生猝倒而折断枝丫或土球散裂。土球包装常采用草席和草绳为包装材料,包扎方式有三种。

第一种是橘子(网格)式(见图 2-4),先将草绳一头系在树干上,呈稍倾斜经土球底沿绕过对面,向上约到土球面一半处绕经树干折回,顺同一方向按一定间隔缠绕,直至满球。然后再绕第 2 遍,与第 1 遍的每道在肩沿处的草绳整齐相压,到满球后系牢。再在内腰箍绳稍下部捆十几道外腰箍绳,并将内外腰箍绳呈锯齿状穿连绑紧。最后再在计划将树推倒的方向沿土球外挖一道弧形沟,解开牵引麻绳并用之控制树倒的方向和力度,将树轻轻推倒,这样可避免树干碰到穴沿而损伤。

第二种是井字(古钱)式(见图 2-5),先将草绳一端系于腰箍上,然后按图 2-5(a)所示数字顺序,由 1 拉到 2,绕过土球的下面拉至 3,经 4 绕过土球下拉至 5,再经 6 绕过土球

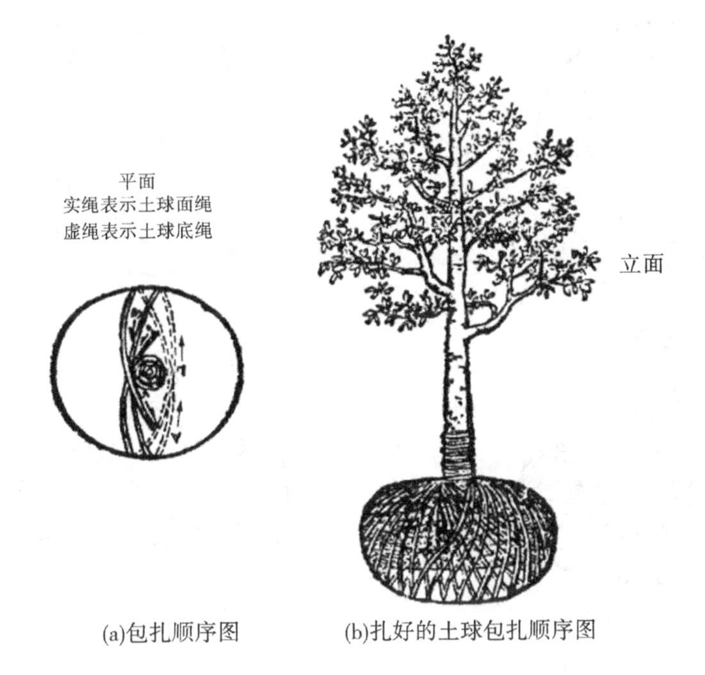

图 2-4　橘子式包扎法示意

（仿陈有民《园林树木学》,2011）

下面拉至 7,经 8 与 1 挨紧平行拉扎。按如此顺序包扎满 6 ~ 7 道井字形为止,扎成如图 2-5(b)的状态。

第三种是五角式(见图 2-6),先将草绳的一端系在腰箍上,然后按图 2-6(a)所示的数字顺序包扎,先由 1 拉到 2,绕过土球底,经 3 过土球面到 4,绕过土球底经 5 拉过土球面到 6,绕过土球底,由 7 过土球面到 8,绕过土球底,由 9 过土球面到 10,绕过土球底回到 1。按如此顺序紧挨平扎 6 ~ 7 道五角星形。

井字式和五角式适用于黏性土和运距不远的落叶树或 1 t 以下的常绿树,否则宜用橘子式或在橘子式基础上再外加井字式和五角式。

(2)方形土台挖掘及包装。通常用于树木胸径 15 ~ 25 cm 的常绿乔木或土壤结构密度较低的树木栽植,把树木根部挖掘为方形土台。包装方法通常采用木箱包装法,即制作为大小相等的四块等腰梯形木板(底角 60° ~ 70°)和两块中部带半圆(直径约 40 cm)缺口的木板,准备部分铁条和粗铁丝。挖掘好土台后,掏挖土台底部保留 30 ~ 40 cm 的圆柱截断根系,然后将木板下小上大四面夹住土台,用铁条钉紧四周棱角,用粗铁丝平行捆扎固定,把带半圆缺口的木板从底部对口塞进,再从木板下每面穿两道铁丝将底板和侧面木板捆扎固定在一起,以备起吊。

(3)裸根软材包扎。此法只适用于落叶乔木和萌芽力强的常绿树种,如悬铃木、柳树、银杏和香樟、女贞等。大树裸根栽植,所带根系的挖掘直径范围一般是树木胸径的8 ~ 12 倍,然后顺着根系将土挖散敲脱,注意保护好细根。然后在裸露的根系空隙里填入湿苔藓,再用湿草袋、蒲包等软材将根部包缚。软材包扎法简便易行,运输和装卸也容易,但

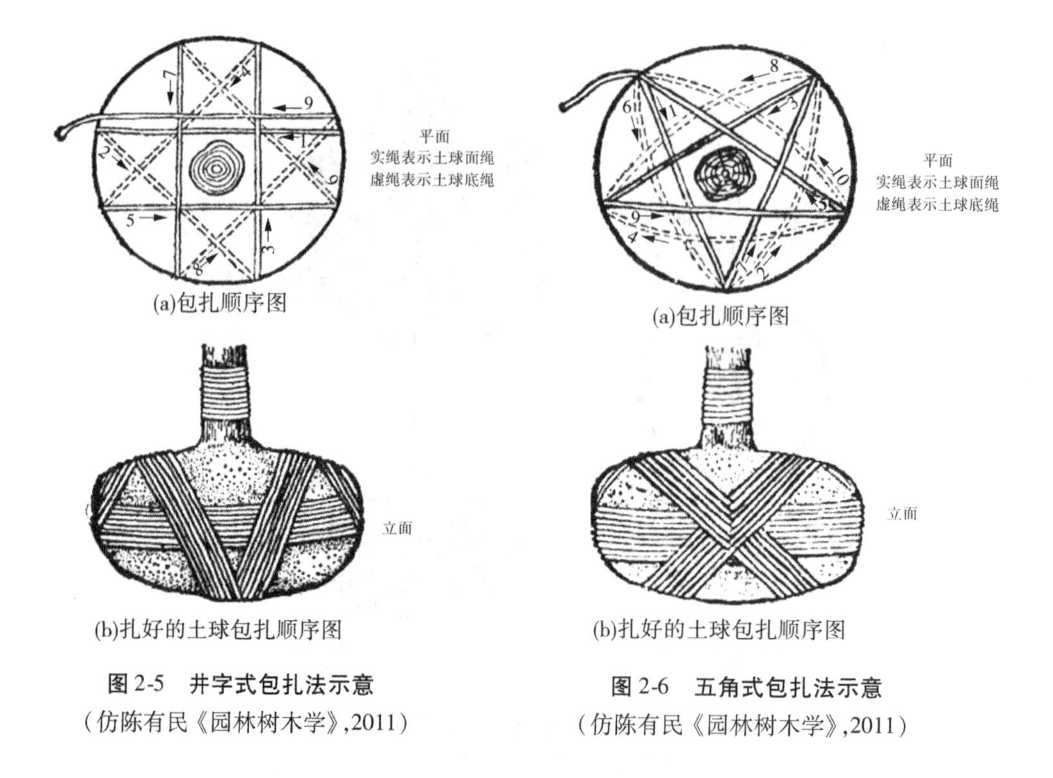

图 2-5　井字式包扎法示意
（仿陈有民《园林树木学》,2011）

图 2-6　五角式包扎法示意
（仿陈有民《园林树木学》,2011）

对树冠需采用强度修剪,一般仅选留 1 ~ 2 级主枝缩剪。栽植时期一定要选在枝条萌发前进行,并加强栽植后的养护管理,方可确保成活。

（4）裸根栽植。一般情况下,裸根栽植只适用于胸径小于 5 cm 的落叶树种,但是在气候适宜、湿度较大,大树生长地的土壤沙性较重,运输距离又短的情况下,也可采用。具体做法是:在用起重机吊住树干的同时挖根掘树,逐渐暴露全部根系。挖掘结束后,需随即覆盖暴露的根系,并不断往根系上喷洒水分,以避免根系干燥。有条件时,可使用生根粉或保水剂,以提高栽植成活率。

大树起苗除以上方法外,还有栽植机起苗栽植法、冻土起苗栽植法等。栽植机起苗栽植法是指用专门的树木栽植机进行大树栽植,它的优点是机械化程度高、工作效率高,能循环有序地进行起苗、运输、定植的一条龙系统作业,适宜栽植胸径为 25 cm 以下的乔木。树木栽植机按底盘结构可分成车载式、特殊车载式、拖拉机悬挂式、自装式等几种类型。冻土起苗栽植法适用于我国北方寒冷地区,是指利用冻土期挖掘冻土球栽植,有的还可利用结冰河道及雪地滑动运输,此方法可以免去包装材料和大型机械运输,大大降低施工成本。

6. 装卸与运输

树木的装卸与运输是大树栽植的重要环节之一。一般单株树木的质量超过 2 t 时（含土台或土球的质量）,需要用起重机吊装,用大型汽车运输。

大树吊装时,要保证起重机具备相应的承载能力。吊装带木箱的大树时,先用一根钢丝绳横着将木箱捆扎好（钢丝绳的两端扣放在木箱的一侧）,然后用起重机吊钩钩住钢丝绳;吊装带土球的大树时,用事先打好结的粗绳（最好不用钢丝绳,因钢丝绳又硬又细,容易勒伤土球),将两股分开,捆在土球腰下部(约在由上向下 3/5 处),土球捆扎绳子的地方应垫上蒲包或木板,捆好后将绳子两端挂在起重机吊钩上。捆好木箱(土球)后,开动起重机向上慢慢起吊,当木箱(土球)尚未离开地面,树身成倾斜姿势时,停止起吊,将树干围上蒲包或草袋,捆上一定粗细的绳子,绳子的另一端也套在吊钩上(捆绳子时要注意树体的倾斜度,应使树梢略微向上斜),并同时在树干分枝点上绑一根一定长度的绳子,以便在吊装时人为控制方向。以上工作做完后,即可在专人的指挥下进行吊起装车。为安全起见,在起吊时起重臂下不能站人。树木吊起后通过起重机的移动及人工控制树木的方向将树木放入车厢。树木装入车厢时,要使树冠向着汽车尾部,木箱(土球)靠近司机室,土台上口(土球上部)应与车辆后轴在一条直线上,在车厢底板与木箱之间垫两块 10 cm×10 cm 的方木板,方木板分放在钢丝绳的前后。木箱(土球)垫平放稳后,再用两根较粗的木棍,或竹棍交叉做成支架,放在树干下面,将树干用蒲包、草袋等柔软材料包好放在支架上,用绳子扎紧固定。待树完全放稳后,要用木板将土球(木箱)夹住,或用绳子将土球(木箱)缚紧在车厢两侧固定。对一些树冠较大的树木,树冠要用草绳围拢,以防拖地。

装好车后,即可将树木运走,在运输前,先进行行车路线的调查工作,要了解运输沿路的路面宽度、路面质量、横架空线、桥梁及其负载情况、人流量等,以免中途遇故障无法通过。行车过程中,押运人员不可坐在树箱及土球上,应站在车厢尾部,负责检查树箱(土球)是否松动、树冠是否拖地、左右是否因为树冠超宽而影响其他车辆及行人,同时,还应准备一根长竹竿,以备遇到较低架空线将其挑高。

树木运到栽植地后即应卸车栽植,卸车与装车方法大体相同,卸车前应将围拢树冠的草绳解开,当大树被缓缓吊起离开车厢时,应将汽车立刻开走,以免影响树木的摆放。卸车时,应将树木的主要观赏面摆放好,把木箱(土球)直接放入种植穴内进行栽植。对卸车后不能直接放入种植穴内栽植的,应将树木直立、支稳摆放,不可将树木斜放或平倒在地。卸木箱树木时,应在木箱落地处按 80~100 cm 的间距放两根规格为 10 cm × 10 cm、长度稍比木箱宽一点的方木,将木箱放于方木上,以便栽植时穿捆钢丝绳搬动木箱。

7. 大树的假植

和其他树苗移栽一样,大树起苗后,如在短时间内不能栽植,也应进行假植处理。大树假植有原坑假植和栽植地假植两种。

(1)原坑假植。大树起苗后,如在短时间内不能起运,应在原坑进行临时假植。在假植期间,应进行浇水、打药等必要的养护管理。如在秋末起苗第二年春季起运的,应将原土回填,并加强浇水、病虫害防治、防止包装材料腐烂、防止树木倒伏、防止人为破坏等养护管理措施。

(2)栽植地假植。树木运到栽植地后,在短时间内不能栽植的,应进行假植。假植地点应选择光照条件好、水源充足、交通方便、距栽植地较近、能容纳全部需假植树木的地方。大批树木假植,应尽量顺序排列,株行距以树冠互不干扰、便于取用及装车运输方便为准。树木假植时应在木箱(土球)栽植下垫土,木箱(土球)周围培土至高度的 1/3 处左右,用铁锹将土拍实。对假植的树木,必要时还应立支柱进行支撑,以防树木歪斜、倒伏。假植树木应根据季节气候、树木特征、环境条件等情况,进行必要的浇水、排水、病虫害防治、防止包装材料腐烂、防止树木倒伏、防止人为破坏等养护管理措施。

8. 大树的栽植

大树栽植要掌握“随挖、随包、随运、随栽”的原则，栽植前应根据设计要求定点、定树、定位。栽植大树的坑穴，应比土球（台）直径大 40 ~ 50 cm，比方箱尺寸大 50 ~ 60 cm，比土球或方箱高度深 20 ~ 30 cm，并更换适于树木根系生长的腐殖土或培养土。吊装入穴时，与一般树木的栽植要求相同，应将树冠最丰满面朝向主观赏方向，并考虑树木在原生长地的朝向。栽植深度以土球（台）或木箱表层高于地表 20 ~ 30 cm 为标准；特别是不耐水湿的树种（如雪松）和规格过大的树木，宜采用浅穴堆土栽植，即土球高度的 4/5 ~ 3/5 入穴，然后围球堆土成丘状，根际土壤透气性好，有利于根系伤口的愈合和新根的萌发。树木栽植入穴后，尽量拆除草绳、蒲包等包扎材料，填土时每填 20 ~ 30 cm 即夯实一次，但应注意不得损伤土球。栽植完毕后，在树穴外缘筑一个高 30 cm 的围堰，浇透定植水。

（二）灌根栽植技术

1. 灌根栽植原理

利用水作润滑剂和疏松剂，使树根与土壤结合的牢固程度降低，然后用吊车把大树连根拔起，移栽到新的栽植地。这样可做到不伤根，即栽即活，成活率高，根扎得牢，树冠保持原状，保持树木本身最基本的生态功能。如松树，这种不易移栽成活的树能用该方法移栽成功，快速丰富城市树种构成。

2. 灌根栽植方法

此方法是在要栽植的大树根分布的土壤周围打孔，树大多打，树小少打，然后用水灌根，使根周围的土壤成浆状。同时在大树的分枝处做好衬垫，外捆铁链，与吊机连接，把大树连根拔起。有三点值得注意：一是灌根要充分，即要求充分浸透，否则在吊机起吊时可能拉断主杆；二是起吊的分枝处一定要衬均匀，使受力部分均匀分布，以免在起吊时勒伤树木的韧皮部；三是起吊的用力方向一定要与树干方向保持一致，减少分力，以免折断树干，因为树木的径向抗拉强度远远大于树木横向的抗折强度。

四、大树移栽后的养护

大树因为受树龄长、树冠面积大，根系恢复对水分、养分的吸收时间较长，树体恢复生长的时间比幼树长等原因的影响，移栽相对较难成活。因此，为保证大树移栽成活，其栽后的养护管理措施更显得尤为重要。一般大树移栽后，两年内应配备专业技术人员做好修剪、剥芽、喷雾、叶面施肥、浇水、排水、设置风障（以防大风将树木吹歪及吹倒）、搭荫棚、包裹树干、防寒、病虫害防治等一系列的养护管理工作，在确认大树已成活后，方可进入正常的养护管理。

一般大树移栽后，养护管理应采取的主要措施主要如下：

（一）支撑树干

大树移栽后必须进行树体固定，以防风吹树冠歪斜，同时固定根系利于根系生长。一般采用三柱支架固定法，将树牢固支撑，确保大树稳固。一般一年后大树根系恢复好方可撤除。

（二）裹干

为防止树体水分蒸腾过多，可用草绳、无纺布等具有一定的保湿、保温性能的软材包裹全部的树干或至一级分枝。每天早晚对裹干处喷水一次，喷水时只要包裹物湿润即可，水滴要细，喷水时间不可过长，以免造成根际土壤过湿，而影响根系呼吸、新根再生。包裹物阻挡阳光直射木质部，可使叶片温度降低1～2 ℃，并可减少树木的蒸腾。

实际应用当中，还可以使用塑料薄膜等作为裹干材料。薄膜裹干在树体休眠阶段使用效果较好，但薄膜透气性差，不利于被裹枝干的呼吸作用，尤其是高温季节的内部，热量难以及时散发，会对树体枝干造成灼伤，在树体萌芽前应及时解除。

（三）搭棚遮阳

生长季栽植应搭建荫棚，防止树冠经受过于强烈的日晒，减少树体蒸腾量。全冠搭建时，要求荫棚上方及四周与树冠间至少保持50 cm的间距，以利棚内空气流通，防止树冠遭受日灼危害；特别是在成行、成片较大栽植密度时，宜搭建大棚，遮阳度为70%左右，让树体接受一定的散射光，以保证光合作用的正常进行。

（四）水肥

大树定植后，应立即围堰浇水，定植水采取小水浸灌方法，一般是第一次搭棚遮阳定植水浇透水后，间隔2～3天后浇第二次水，隔一周后浇第三次水。新栽植大树根系吸水能力弱，对土壤水分需求量较小，只要保持土壤适当湿润即可。为此，一方面要严格控制土壤浇水量，视天气情况、土壤质地谨慎浇水，但夏季必须保证每10～15天浇一次水；另一方面，要防止围堰内积水，在地势低洼易积水处要开排水沟，保证雨天能及时排水。除根部浇水外，树冠适量喷水（喷雾）能够保湿、降温，进而降低树木蒸腾失水量，有利于树木成活。可以采用高压水枪喷水或者利用微喷系统对栽植大树的树冠进行多次、少量的间歇微灌，不仅可以保证充分的水分供给，又不会造成地面径流导致土壤板结，有利于维持根基土壤的水、气结构。结合树冠水分管理，每隔20～30天用尿素（100 mg/L）和磷酸二氢钾（150 mg/L）喷洒叶面，有利于维持树体养分平衡。入秋前要控施氮肥，增施磷、钾肥，以提高新枝的木质化程度，增强自身抗寒能力。

（五）树盘处理

浇完第三次水后即可撤除浇水围堰，并将土壤堆积到树下呈小丘状，以免根际积水，并经常疏松树盘表层土壤，以改善土壤的通透性。也可在根际周围种植地被植物或铺上一层石子、碎树皮、木屑等覆盖物，既美观又可减少地表蒸发。在人流比较集中或其他易受人为、禽畜损坏的区域，要设置围栏等加以保护。

（六）树体保护

新植大树的枝梢萌发迟、根系活动弱、养分积累少、组织发育不充实，易受低温危害。需在入冬寒潮来临之前做好树体保温工作，可采取覆土、裹干、设立风障等方法加以保护。

（七）防病防虫

坚持以防为主，根据树种特征和病虫害发生发展规律，勤检查，一旦发生病情、虫害，要对症下药，及时防治。树木通过锯截、移栽，伤口多，萌芽的树叶嫩，树体的抵抗力弱，容易遭受病害、虫害，如不注意防范，造成虫灾或树木染病后可能会迅速死亡，所以要加强预防。可用多菌灵或托布津、敌杀死等农药混合喷施。

五、提高大树栽植成活率的措施

（一）ABT生根粉的使用

采用软材包装栽植大树时，可选用ABT生根粉处理树体根部，可有利于树木在栽植和养护过程中损伤根系的快速恢复，促进树体的水分平衡，栽植成活率达90.8%以上。掘树时，对直径大于3 cm的短根伤口喷涂150 mg/L的ABT-1号生根粉，以促进伤口愈合。修根时，若遇土球掉土过多，可用拌有生根粉的黄泥浆涂刷。

（二）保水剂的使用

主要应用的保水剂为聚丙乙烯酰胺和淀粉接枝型，拌土使用的大多选择0.5~3 mm粒径的剂型，可节水50%~70%，只要不翻土，水质不是特别差，保水剂寿命可超过4年。保水剂的使用，除提高土壤的通透性，还具有一定的保墒效果，提高树体抗逆性，另外可节肥30%以上，尤其适用于北方以及干旱地区大树栽植时使用。以有效根层干土中加入0.1%拌匀，再浇透水；或让保水剂吸足水成饱和凝胶，以10%~15%比例加入与土拌匀。北方地区大树栽植时拌土使用，一般在树冠垂直位置挖2~4个坑，长：宽：高为1.2 m：0.5 m：0.6 m，分三层放入保水剂，分层夯实并铺上干草。用量根据树木规格和品种而定，一般用量150~300 g/株。为提高保水剂的吸水效果，在拌土前先让其吸足水分成饱和凝胶，均匀拌土后再拌肥使用；采用此法，只要有300 mm的年降水量，大树栽植后可不必再浇水，并可以做到秋水来年春用。

（三）输液促活技术

栽植大树时尽管可带土球，但仍然会失去许多吸收根系，而留下的老根再生能力差、新根发生慢，吸收能力难以满足树体生长需要。截枝去叶虽可降低树体水分蒸腾，但当供应（吸收水分）小于消耗（蒸腾水分）时，仍会导致树体脱水死亡。为了维持大树栽植后的水分平衡，通常采用外部补水（土壤浇水和树体喷水）的措施，但有时效果并不理想，灌溉方法不当时还易造成渍水烂根。采用向树体内输液给水的方法，即用特定的器械把水分直接输入树体木质部，可确保树体获得及时、必要的水分，从而有效提高大树栽植的成活率。

1. 液体配制

输入的液体以水分为主，并可配入微量的植物生长激素和磷钾矿质元素。为了增强水的活性，可以使用磁化水或冷开水，同时每千克水中可溶入ABT-5号生根粉0.1 g、磷酸二氢钾0.5 g。生根粉可以激发细胞原生质体的活力，以促进生根，磷钾元素能促进树体生活力的恢复。

2. 注孔准备

用木工钻在树体的基部钻洞孔数个，孔向朝下与树干呈30°夹角，深至髓心为度。洞孔数量的多少和孔径的大小应与树体大小和输液插头的直径相匹配。采用树干注射器和喷雾器输液时，需钻输液孔1~2个；挂瓶输液时，需钻输液孔洞2~4个。输液洞孔的水平分布要均匀，纵向错开，不宜处于同一垂直线方向。

3. 输液方法

（1）注射器注射。将树干注射器针头拧入输液孔中，把储液瓶倒挂于高处，拉直输液管，打开开关，液体即可输入，输液体结束，拔出针头，用胶布封住孔口。

(2)喷雾器压输。将喷雾器装好配液，喷管头安装锥形空心插头，并把它紧插于输液孔中，拉动手柄打气加压，打开开关即可输液，当手柄打气费力时即可停止输液，并封好孔口。

(3)挂液瓶导输。将装好配液的储液瓶钉挂在孔洞上方，把棉芯线的两头分别伸入储液瓶底和输液洞孔底，外露棉芯线应套上塑管，防止污染，配液可通过棉芯线输入树体。

使用树干注射器和喷雾注射器输液时，其次数和时间应根据树体需水情况而定；挂瓶输液时，可根据需要增加储液瓶内的配液。当树体抽梢后即可停止输液，并涂浆封死孔口。有冰冻的天气不宜输液，以免树体受冻害。

(四)抗蒸腾剂的应用

大树栽植过程中，打破了树木原有的代谢平衡，使水分和有机营养物质大量消耗，造成树木栽植后不易成活或成活率低。控制叶片蒸腾是减少植物失水的重要途径。

植物抗蒸腾剂是指作用于植物叶表面，能降低蒸腾作用、减少水分散失的一类化学物质。依据不同抗蒸腾剂的作用方式和特点，可将其分为三类：

(1)代谢型。也称气孔抑制剂，其作用于气孔保卫细胞后，可使气孔开度减小或关闭气孔，增大气孔蒸腾阻力，从而降低水分蒸腾量。

(2)成膜型。成分为一些有机高分子化合物，喷布于叶表面后形成一层很薄的膜，覆盖在叶表面，降低水分蒸腾量。

(3)反射型。此类物质喷施到叶片的上表面后，能够反射部分太阳辐射，减少叶片吸收的太阳辐射，从而降低叶片温度，减少蒸腾量。

由于植物之间的差异性，不同植物对抗蒸腾剂的反应也不尽相同，最好是通过一定的试验得出最佳的施用方案。另外，在使用抗蒸腾剂时必须注意，尽早喷洒抗蒸腾剂，在土壤有效水分很低时，抗蒸腾剂的效果较差，对已萎蔫的植物，使用抗蒸腾剂无任何效果；在喷洒抗蒸腾剂时，一定要喷均匀，重点喷到叶子背面。

(五)大树降温微灌系统

1. 系统组成

大树降温系统通常由首部枢纽、输水管网和灌水器三部分组成。

(1)首部枢纽。有压洁净水源在水源压力和水质符合要求的情况下，首部枢纽只需要一个主阀门即可，主阀门可采用球阀或闸阀。如果水源压力不能满足最远端灌水器的工作要求，则需要增加一台管道增压泵及相应的电气控制装置，水泵选型必须根据灌区的流量、最远端灌水器的工作压力及系统水压损失、现场供电情况等确定。

敞开式水源在利用河塘、沟渠等作为水源时，由于这类水源一般含有泥沙、有机物等杂质，必须在取水口建造拦污栅、沉淀池，在管道中安装过滤装置，进行洁净处理。首部枢纽应包含水泵及附属设备、电气控制装置、过滤装置、主阀门等。

(2)输水管网。从主阀门出水口到灌水器进水口，均为系统输水管网。根据功能特征和位置的不同，一般可分为主管、支管和毛管。

(3)灌水器。灌水器是大树降温系统的关键部分，可选用工作压力低、流量小、雾化指数适中的微喷头。主要有折射式和旋转式两种。

微喷头的工作压力一般为 0.15 ~ 0.30 MPa，过水流道或孔口直径在 0.3 ~ 2.0 mm，流量介于 40 ~ 180 L/h，喷洒半径从 1.5 ~ 4.2 m 不等。选用微喷头时，应注意流道和孔口有无毛刺，转动部件是否灵活。一般而言，一株 8 m 高的广玉兰，采用 2 ~ 3 个微喷头即可满足工作要求。

2. 系统功效

大树降温系统利用微喷头，对移植的大树进行多次、少量的间歇微灌，不仅可以保证充分的水分供给，又不会造成地面径流导致土壤板结，有利于维持根基土壤的水、肥、气结构。而且笼罩整株大树的水雾，在部分蒸发时可有效降低树木周围的温度，减小树冠水分蒸腾，最大限度地提高大树移植的成活率。相对于传统的供水方式，大树降温系统可以大量节省劳动力、降低劳动强度，而且省水 50% ~ 80%。

第五节　竹类与棕榈类植物的栽植技术

竹类与棕榈类植物都是庭院及其他园林绿地中应用较广的观赏植物。严格地说，由于它们的茎只有不规则排列的散生维管束，没有周缘形成层，不能形成树皮，也无直径的增粗生长，不具备树木的基本特征。然而，由于它们的茎干木质化程度很高，且为多年生常绿观赏植物，在园林绿地，习惯将其作为园林树木对待。

一、竹类植物的栽植

园林绿地中移栽竹类植物，一般采用移竹栽植法。移栽竹类植物是否成功，不是看母竹是否成活，而是看母竹是否发笋长竹。如果移栽后 2 ~ 3 年还不发笋，则可判断是移栽失败。

（一）散生竹的栽植

散生竹在园林绿地中运用较广，通过栽植成片的竹林，可营造一种清新幽雅的山林环境。散生竹移栽成活的关键是保证母竹与竹鞭的密切联系，母竹所带竹鞭具有旺盛的孕笋和发鞭能力。由于散生竹的生长规律和繁殖特点大同小异，因而移栽技术也大同小异，下面以毛竹为代表加以介绍。

1. 栽培地的选择

毛竹生长快且生长量大，出笋后 50 天左右就可完全成形，长成其应有大小。毛竹在土层深厚、肥沃、湿润、排水和通气良好并呈微酸性反应的壤土上生长最好，沙壤土或黏壤土次之，重黏土和石砾土最差。过于干旱、贫瘠的土壤，含盐量在 0.1% 以上的盐渍土和 pH 值为 8.0 以上的钙质土以及低洼积水或地下水位过高的地方，都不宜栽种毛竹。

2. 栽植季节

在毛竹分布区，晚秋至早春，除天气过于严寒外，一般都可栽植。偏北地区以早春栽植为宜，偏南地区以冬季栽植效果较好。

3. 选母竹

毛竹的母竹一般应为 1 ~ 2 年生，其所连竹鞭处于壮龄阶段，鞭壮、芽肥、根密，抽鞭发笋能力强，只要枝叶繁茂、分枝较低、无病虫害、胸径 2 ~ 4 cm 的疏林或林缘竹都可选作母竹。竹秆过粗，挖、运、栽操作不便，分枝过高的，栽后易摇晃，影响成活，带鞭过老的，鞭芽已失去萌发能力，这些都不宜选作母竹。

4. 母竹的挖掘和运输

选定母竹后，首先应判断其鞭的走向。一般毛竹竹秆基部弯曲，鞭多分布于弓背内侧，分枝方向大致与竹鞭走向平行。根据竹鞭的位置和走向，在离母竹 30 cm 左右的地方破土找鞭，按来鞭（着生母竹的鞭的来向）20 ~ 30 cm，去鞭（着生母竹的鞭向前钻行，将来发新鞭长新竹的方向）40 ~ 50 cm 的长度将鞭截断，再沿鞭的两侧 20 ~ 35 cm 的地方开沟深挖，将母竹连同竹鞭一并挖出，带土 25 ~ 30 kg。毛竹无主根，干基及鞭节上的须根再生能力差，一经受伤或干燥萎缩便很难恢复，栽植不易成活。因此，挖母竹时要注意鞭不撕裂，保护好鞭芽，不摇竹秆、少伤鞭根，不伤母竹与竹鞭连接的"螺钉"。事实证明，凡是带土多，根幅大的母竹移栽成活率高，发笋发竹也快。母竹挖起后，留枝 4 ~ 6 盘，削去竹梢，但切口要光滑而整齐。

母竹挖出后，若就近栽植，不必包扎，但要保护宿土和"螺钉"，远距离运输必须将竹兜鞭根和宿土一起包好扎紧。包扎方法是在鞭的近圆柱形的土柱上下各垫一根竹竿，用草绳一圈一圈地横向绕紧，边绕边锤，使绳土密接，并在鞭竹连接（"螺钉"）着生处侧向交叉捆几道，完成"土球"包扎。在搬运和运输途中，要注意保护"土球"和"螺钉"，并保持"土球"湿润。

5. 栽植母竹

母竹栽植要做到深挖穴、浅栽竹、下紧围、高培蔸、宽松盖、稳立柱，注意掌握鞭平秆可斜的原则。栽植前先挖好栽植穴，栽植穴的规格一般为深 100 cm、宽 60 cm 左右，栽植时可根据竹蔸大小和竹蔸带土情况适当进行修整。栽植时，先将母竹放入栽植穴，然后解开其包装，顺应竹蔸形状，使鞭根自然舒展，不强求竹秆垂直，竹蔸下部要垫土密实，上部平于或稍低于地面，再回入表土，自下而上分层塞紧踩实，使鞭与土壤密接，完后浇足定根水，覆土培成馒头形，再盖上一层松土。毛竹若成片栽植，栽植密度可为每亩 20 ~ 25 株，3 ~ 5 年后可以满园成林。

6. 栽后管理

母竹栽植后的管理与一般树木移栽相同，但要注意发现有露根、露鞭或竹蔸松动的要及时培土填盖；松土除草时要注意不要伤到竹根、竹鞭及笋芽；栽后的 2 ~ 3 年为养竹期，除受病虫危害和过于瘦弱的笋外，一般不拔新发的笋。孕笋期间，即每年的 9 月以后应停止松土除草。

小型散生竹种，如紫竹、刚竹、罗汉竹等对土壤的要求不甚严格，可以单株或 2 ~ 3 株一丛移栽。挖母竹时来鞭留 20 cm，去鞭留 30 cm，竹蔸带 10 ~ 15 kg 的土球，竹秆留枝4 ~ 5 盘去梢，栽植穴长宽各 50 ~ 60 cm，深 30 ~ 40 cm。小型竹若成片栽植，其密度可为每亩 30 ~ 50 株。

（二）丛生竹的栽植

在我国，丛生竹主要分布于广东、广西、福建、云南、重庆和四川等地，以珠江流域较多，为其分布中心，河南省黄河以南地区有种植。我国丛生竹的种类很多，竹秆大小和高矮相差悬殊，但其繁殖特征和适生环境的差异一般不大，因而在栽培管理上也大致相同。

下面以青皮竹为例,将丛生竹的移栽技术介绍如下。

1. 栽植前的选地

丛生竹绝大多数分布在平原丘陵地区,尤其是在溪流两岸的冲积土地带。栽植青皮竹一般应选土层深厚、肥沃疏松、水分条件好、pH 值为 4.5 ~ 7.0 的土壤进行栽植。干旱瘠薄、石砾太多或过于黏重的土壤不宜种植青皮竹。

2. 栽植季节

青皮竹等丛生竹类无竹鞭,靠秆基芽眼出笋长竹,一般 5 ~ 9 月出笋,来年 3 ~ 5 月伸枝发叶,移栽时间最好在发叶之前进行,一般在 2 月中旬至 3 月下旬较为适宜。在此期间挖掘母竹、搬运、栽植等都比较方便,移栽成活率高,当年即可出笋。

3. 选母竹

丛生竹的移栽应选择生长健壮、枝叶繁茂、无病虫害、秆基芽眼肥大充实、须根发达的 1 ~2 年竹作为母竹,这种类型竹子发笋能力强, 栽后易成活。2 年生以上的竹秆,秆基芽眼已发笋长竹,残留芽眼多已老化,失去发芽能力,而且根系开始衰退,不宜选作母竹。母竹的粗度应大小适中,青皮竹属中型竹种,一般胸径以 2 ~ 3 cm 为宜。过于细小的,竹株生活能力差,影响成活;过于粗大的,挖、运、栽等都不方便,所以说竹秆过细、过粗的都不宜选作母竹。

4. 母竹的挖掘与运输

1 ~2 年生的健壮竹株,一般都着生于竹丛边缘,秆基入土较深,芽眼和根系发育较好,母竹应从这些竹株中挖取。挖掘时,先在离母竹 25 ~ 30 cm 处扒开土壤,由远至近,逐渐深挖,在挖的过程中要防止损伤秆基和芽眼,尽量少或不伤竹根,在靠近老竹一侧,找出母竹秆柄与老竹秆基的连接点,用利器将其切断,将母竹带土挖起。切断母竹与老竹的连接点时,切忌使母竹蔸破裂,否则容易导致根蔸腐烂,影响母竹成活。在挖掘母竹时,有时为了保护母竹,可连老竹一并挖起。母竹挖起后,保留 1.5 ~2.0 m 长的竹秆,用利器从节间中部成马耳形截去竹梢,适当疏除过密枝和截短过长枝,以便减少母竹蒸腾失水,便于搬运和栽植。母竹就近栽植可不必包装,若远距离运输,则应包装保护,并防止损伤芽眼。

5. 栽植母竹

丛生竹根据园林造景需要可单株(或单丛) 栽植,也可多丛配植。栽植穴的大小视母竹竹蔸或土球的大小而定,一般应大于土球或竹蔸 50% 或 100% ,直径为 50 ~ 70 cm,深约 30 cm。栽竹前,穴底应先填细碎表土, 最好能同时施入 15 ~ 25 kg 的腐熟有机肥,有机肥可与细表土混合拌匀后回填。在放入母竹时,若能判断秆基弯曲方向,最好将弓背朝下,这样有利于加大母竹出笋长竹的水平距离。母竹放好后,分层填土、踩实、灌水、覆土,覆土以高出母竹原土印 3 cm 左右为宜,最后培土成馒头形,以防积水烂蔸。

(三)混生竹的栽植

混生竹的种类很多,大多生长矮小,虽除茶秆竹外其经济价值多不大,但其中某些竹种(如方竹、菲白竹等)具有较高的观赏价值。混生竹既有横走地下茎 (鞭),又有秆基芽眼,都能出笋长竹,其生长繁殖特征位于散生竹与丛生竹之间,移栽方法可二者兼而有之。

二、棕榈类植物的栽植技术

棕榈科是具有独特造景功能(“棕榈景观”)的植物类群,也是世界上三个最重要的经济植物类群之一，包括被誉为世界上最重要的十种树木之一的椰子、被誉为生命之树的枣椰、在世界食用油贸易中荣居榜首的油椰。此外，桄榔和有些种类的茎内富含淀粉，可提取供食用；砂糖椰子和某些鱼尾葵种类的花序刈伤后可流出大量的汁液，蒸发后制成砂糖或经发酵后变成烧酒；有些种类的木材很硬，可为建筑材料；叶可为屋顶的遮盖物或织帽或编篮等；蒲葵的叶可为扇；叶鞘的纤维（棕衣）和椰子的果壳的纤维可编绳或编簑衣或为扫帚；棕榈科也是最为奇异的家族。

（一）形态特征

灌木、藤本或乔木，茎通常不分枝，单生或几丛生，表面平滑或粗糙，或有刺，或被残存老叶柄的基部或叶痕，稀被短柔毛。叶互生，在芽时折叠，羽状或掌状分裂，稀为全缘或近全缘；叶柄基部通常扩大成具纤维的鞘。花小，单性或两性，雌雄同株或异株，有时杂性，组成分枝或不分枝的佛焰花序（或肉穗花序），花序通常大型、多分枝，被一个或多个鞘状或管状的佛焰苞所包围；花萼和花瓣各 3 片，离生或合生，覆瓦状或镊合状排列；雄蕊通常 6 枚，2 轮排列，稀多数或更少，花药 2 室，纵裂，基着或背着；退化雄蕊通常存在或稀缺；子房 1 ~ 3 室或 3 个心皮离生或于基部合生，柱头 3 枚，通常无柄；每个心皮内有 1 ~ 2 个胚珠。果实为核果或硬浆果，1 ~ 3 室或具 1 ~ 3 个心皮；果皮光滑或有毛、有刺、粗糙或被以覆瓦状鳞片。种子通常 1 个，有时 2 ~ 3 个，胚顶生、侧生或基生。

（二）生态习性

棕榈是国内分布最广、分布纬度最高的棕榈科种类。喜温暖湿润气候，喜光。耐寒性极强，稍耐阴。适生于排水良好、湿润肥沃的中性、石灰性或微酸性土壤，耐轻盐碱，也耐一定的干旱与水湿。抗大气污染能力强。易风倒，生长慢。

（三）棕榈类栽植地的选择

棕榈又称棕树，无分枝，无萌发能力，喜温暖，不耐严寒（但棕榈又是棕榈类植物中最耐低温的），喜湿润、肥沃的土壤；棕榈耐阴，尤以幼年更为突出，在树阴及林下更新良好；棕榈对烟尘、SO_2、HF 等有害气体的抗性较强，不易染病虫害。

（四）棕榈类的栽植季节

棕榈植物的种植宜在春季气温 18 ℃以上时进行，此后温度渐升，水分蒸发较小，有利于植株复壮生长。秋季种植要预留 2 个月以上的持续生长时间，才能进入冷冬季保暖，否则最终仍容易导致死亡。冬季忌移苗，移后若遇低温，景观树棕榈科植物茎干需用草袋或塑料薄膜包扎保温，使之顺利越冬，否则遇寒害生育受阻，恢复较困难，尤其是单干物种，如大王椰子、红棕榈、假槟榔等，栽植时要特别注意保护茎生长点，不可折断或受到伤害。夏季虽不是种植与栽植棕榈植物的最佳时期，但若苗木壮实，植后加强水肥管理，仍能取得良好的效果。

（五）栽植棕榈的选择

1. 幼苗栽植关键技术

棕榈类植物在其发芽生根后的一段时间内最适合栽植。此时苗木较小，可带种子栽植，加之须根少，移苗时不易损伤根系。采用营养袋育苗，大小视培育苗木时间而定，一般来说，1 年生苗采用 16 cm × 18 cm 容器为宜，2 年生苗用 19 cm × 20 cm，营养袋太小不利于苗木快速生长。营养土配制用疏松表土、火烧土和麦麸，按 5∶2∶1 比例加少量磷肥均匀混合后装袋。先装半袋混合土后再放苗,然后扶正苗木装满后压实,使苗木根系与混合土紧贴在一起,淋透水即可。棕榈类植物不能栽得太深,否则会影响苗木生长。过深时要把苗木向上提起,使苗木根系舒展开。

2. 大树栽植关键技术

选择棕榈科苗木时,以选生长旺盛的幼壮树为好,在路旁和其他游客较多的地方应栽高2.5 m左右的健壮植株,以免对游人造成影响。除选择生长健壮、无病虫害、姿态优美、适宜移栽的植株外,特别要注意两点,即"一头,一尾"。"一头"即植株根茎部,选择根茎部无明显损伤,其潜伏根的萌发点未受损的植株。"一尾"即新的尾梢,应选择尾梢尚未展开,成剑状的植株,尾梢越短越好,符合上述要求的植株移栽后,成活率相对较高,恢复快。

棕榈无主根,其须根集中分布范围为30~50 cm,有的也有到1.0~1.5 m,瓜状根分布紧密,多为30~40 cm,最深可达1.2~1.5 m。棕榈须根密集,土壤盘接带土容易。挖出土球大小多为40~60 cm,挖掘深度则视根系密集层而定。

棕榈科植物对水分反应极其灵敏,栽植时根系受损严重,吸收水分的能力减弱,植株水分供应失衡,会导致植株恢复缓慢,甚至死亡。因此,在条件允许的情况下,应提前1~2个月断根,减少根群的损伤。棕榈植物根系组织幼嫩。断根前,先对植株进行修剪,叶片修剪栽植时留叶量,应根据不同种类、栽植时的气候、栽植及养护条件等综合判定,一般应保留原叶片数的40%左右。留叶过多会因水分蒸发大造成叶片枯黄;留叶过少则植株恢复困难且周期长,初期景观效果也不好,剪口处喷洒多菌灵,并用石蜡封口。然后以植株干径的3倍为直径,沿植株挖环状沟,沟深度依植株根系分布深浅而定。截断横向生长的根,保留纵向生长的底根吸收水分与养料维持生长。沟内填沙土,浇入托布津等杀菌剂和水,待30天后即可移栽。这样可使植株侧根受损的情况下,靠底根吸收水分和养料,促发根茎部新根的萌发。在1个月内,新生根尚短,不会伸到挖掘成的沟圈外。

起苗前一周根据土壤干湿情况对苗木浇水,目的是使苗木吸收充足的水分,利于移栽后成活,同时挖掘时易形成土球。起苗时土球高度要比直径大,成圆柱形,景观树棕榈科植物移栽时要带土球,且土球要完好无损,挖掘后,只要土壤完整,由于有相当数量的完整根系保留在土球内,可有效提高成活率。保护植株的茎干及其假茎,在起挖、搬运、装卸植株过程中,应使茎干免受损伤,假茎部分不受挤压和弯曲,这是植株健康及尽快复壮的保证。

棕榈可孤植、对植、丛植或成片栽植。棕榈叶大柄长,成片栽植的间距不应小于3.0 m。栽植穴应大于土球的1/3,要深挖,以防伤害下胚轴入土较深的种类的根部,并注意客土置换和排水。穴挖好后先回填细土踩实,再放入植株,扶正后分批回土拍实。定植时通常土球面要比种植的低;但若种植地的地下水位较高,棕榈科植物种植时其土球面则要比种植穴高些,以防止基部积水多而烂根。四川西部及湖南宁乡等地群众有"栽棕垫瓦,三年可剐"的说法,也就是指在移栽棕榈树时先在穴底放入几片瓦片,便于排水,能够促进根系发育,有利于植株成活及生长。

3. 大型丛生苗栽植关键技术

棕榈科植物丛生种类具有多个生长点,长成多干丛生状态后,能在栽植后较快长出新根。但丛生棕榈也有因树干重、叶片面积大而引致水分蒸发量大，以及因透风性差易受强风吹袭危害等缺点。所以，在按照单干棕榈栽植施处置外，应增加下列技术措施：

一是实施毛根法栽植，即起挖好较大的土球后，用小铲沿土球外沿去掉部分泥土，保留较多的须根和适度的土球，并随即外包保湿轻质材料，以减轻土球重量，又确保成活。例如，对鱼骨葵、三药槟榔等恢复较慢的丛生棕榈的栽植可采用此法。

二是实施裸根假植或上盆栽植，集中养护至新根萌发、植株稳定后才正式定植。此法适于散尾葵、奇异皱子棕、夏威夷椰子等粗生的丛生棕榈，可减少运费，方便施工。

（六）栽植后养护管理

养护在植后一个月内，植株适应性差，应对苗木精心养护，栽植初期早晚各浇一次水，并且喷淋树身和树叶，以提高树体及周边的湿度。根据大树的恢复情况，逐渐减少浇水的次数，直到冒出新叶，一般栽植后 3～6 个月能保住大部分叶片并能萌生新叶。当萌生 3 片健康新叶时，表示栽植成活且达到相对稳定的状态。如果栽植地出现严重积水，必须做好挖沟排水工作。移栽后如遇上连续几天阴雨气候，棕榈苗木会恢复得较好，原因是阴雨天能够避免烈日暴晒等不利因素的影响。

栽植后除了采取补液措施，或用稻草包裹树干或搭棚遮阴等，可适当低浓度喷施叶面肥，加强植后的营养补充。勤检查植株根系的萌动状况，如果发现植株长出新根，可以考虑增加根部施肥，一般选在月平均气温高于 20 ℃的季节，尽量以施有机肥为主，适当加施磷、钾含量高的复合肥，以促进植株的营养均衡，保证其迅速恢复、健康成长。

棕榈大树种植初期易被大风刮斜，因此定植结束后，采用正三角桩支撑，支点以树高 2/3 处左右为好，加垫保护层，以防损伤树皮。在栽植 1 年后大树根系恢复良好时撤除。若在 9～11 月种植，则应在树干上缠稻草，再用塑料薄膜包裹，种植穴上覆盖稻草或薄膜保温保湿。因新移栽的植株抗逆能力差，北方地区冬季会出现 0 ℃以下的低温，给新栽植株造成冻害，导致次年树形恢复缓慢，甚至死亡。栽植当年 12 月下旬，用塑料薄膜制成大袋子覆盖在植株树冠部分，以防霜雪侵害，翌年 3 月底气温上升后，去除覆盖物。

棕榈栽植后除与其他树木一样要进行必要的常规管理外，还应及时剪除开始下垂变黄的叶片和定期剥除棕片。在群众中有“一年两剥其皮，每剥 5～6 片”的经验。第一次剥棕的时间为 3～4 月，第二次剥棕的时间为 9～10 月。剥棕时要特别注意“三伏不剥”和“三九不剥”，以免日灼和冻害。剥棕时要注意不能剥得太深，以免伤及树干，深度以茎不露白为度。在棕榈树的生长过程中，掌握适当的剥棕次数是棕榈树养护管理的关键措施，剥棕过度会影响植株生长，不剥棕又会影响观赏效果，还易酿成火灾。

棕榈大树病虫害较少，主要有干裂病。在栽植时防止对树干的机械损伤，对已发病的树木应加强水肥管理，多施有机肥，防止旱涝，并用小刀将病组织刮除干净，在切口上涂高锰酸钾消毒后，再涂上波尔多液处理 3～5 次，用玻璃胶或水泥浆封住伤口。

第六节　特殊立地环境的树木栽植

在城市绿地建设中，经常需要在一些特殊、极端的立地条件下栽植树木。所谓特殊的立地环境，是指具有大面积铺装表面的立地，如屋顶、盐碱地、干旱地、无土岩石地、环境污染地及容器栽植等。在特殊的立地环境条件下,影响树木生长的主要环境因素水分、养分、土壤、温度、光照等,常表现为其中一个或多个环境因子处于极端状态下,如干旱立地条件下水分极端缺少,无土岩石立地条件下基本无土或土壤极少,必须采取一些特殊的措施才能达到成功栽植树木的效果。

一、铺装地面的树木栽植

铺装地面是指城市中人行道、广场、停车场、屋顶等用建筑材料铺设的硬化地面。由于施工时只考虑硬化地面的质量而没有考虑树木种植问题,并且由于人流量大,因此铺装地面的树木栽植具有树盘土壤面积小、生长环境恶劣、易受机械损伤的特点,树木根系生长受范围限制,通气、透水性差,养分状况不良,地面辐射大,气温高,空气湿度低,造成树木生长不良。

在这种环境条件下,除一般树木栽植技术措施外,还要注意采取以下几个措施:首先,要选择根系发达,具有耐干旱、耐瘠薄特征,具有耐高温、耐日灼特点及能够在恶劣环境条件下生长的树种。其次,在种植穴有限的空间范围内,通过施肥、换土改善种植穴内土壤性状,栽植后加强水肥管理,保持充足的水肥供应。此外,还要为铺装地面种植的树木提供充足的根系分布空间;否则,铺装物与树木相接,随着树木加粗生长,铺装物嵌入树体,而且树木根系生长加粗造成地面抬升,使铺装地面破裂不平。

保留地面作为树盘是树木生长及土壤改良的基础,但裸露地表造成铺装地面景观效果不佳,而且无保护措施的地表易受到人为损害,因此树盘处理有利于树木生长。一种处理是栽植花草,既可以增加景观效果,也可以起到保墒、减少扬尘的作用;另一种处理是利用铸铁盖、水泥板盖住树盘,既有利于土壤通气透水,也可扩大游人活动范围。

二、干旱地的树木栽植

我国西北地区干旱缺水,形成干旱地区特有的生态环境。因为温度差异显著、降水不足,树木因供水不足而干旱死亡;因降水少且过于集中,多数树木要长年灌溉才能保持生长;因温差导致大风,增强蒸发、蒸腾量,并破坏土壤结构,造成风蚀现象;因蒸发量大于降水量,土壤盐分积聚地表而导致土壤次生盐渍化形成;因干旱,土壤中的生物数量减少,有机物与矿物质分解缓慢,造成土壤贫瘠;而且表层土壤温度升高,不利于树木根系生长。

正是由于干旱地区的上述环境特点,该地区园林绿化树木种植技术要考虑采取相应的措施,才能达到绿化、美化的目的。干旱地区树木栽种主要针对抗旱采取以下措施。

(一)选择树种

在不能保证灌水条件的情况下,应选择当地生长的耐旱、耐盐碱、耐贫瘠的树种,只有在一些特殊的有灌水条件的绿化地可以种植外来树种。

(二)栽植时间

干旱地区以春季植树为主,此时气温低,土壤较湿润,土壤蒸发和植物蒸腾作用也比较弱,根系此时生长旺盛,且经过一个生长季,植物抗寒力也增强。在春旱过于严重的地区,也可利用雨季植树,但雨季植树的措施要协调好。

(三)抗旱栽植措施

(1)利用坐浆栽植的方式,保持土壤水分,提高树木成活率。在提供水源的条件下,将细土填入种植穴,浇水混浆,用泥浆稳固树木,并以此为中心,培出直径 50 cm、高 50 cm 的土堆。此方法可以较长时间保持根系的土壤水分,减少树穴内土壤水分的蒸发,并且土堆包裹了树木茎干一部分,可以减少其水分蒸腾。

(2)利用土壤保水剂在土壤中持水的作用,减少土壤水分的蒸发,有助于提高土壤保水能力。开沟集水,减轻旱情。在干旱地区,降水集中,利用开沟集水,将降水集中于树木栽植地,能够起到缓解旱情的作用。

(3)树穴地表覆盖,延缓土壤水分蒸发。利用塑料布及树皮、石块等物覆盖地表,可以减少土壤蒸发量。在干旱条件下采取相应的抗旱措施,可提高栽植树木的成活率,有利于树木生长及后期的养护工作实施。

三、盐碱土的树木栽植

我国园林绿地中出现的盐碱地主要有几种类型:在滨海城市因海水的影响形成的沿海地区盐碱地,在内地由于江、河、湖的运动形成的低洼次生盐渍化土壤,在西北地区由于气候干燥、蒸发而形成的大面积碱土。

盐碱土形成的主要因素:沿海地区受海水、大气沉降、地下水矿化度大等因素影响;低洼次生盐渍化土壤因水流带来盐分,地下水顺土向上携带盐分以及土壤蒸发导致表层积盐;西北地区由于蒸发量大于降水量,造成土壤积盐;城市地区由于人类活动如工业、生活及农业等排放的一些盐分造成土壤盐分的增加。

土壤盐碱导致树木根系吸收养分、水分非常困难,破坏树体水分代谢平衡,造成树木生理干旱,破坏树体组织结构,影响树木的生理活动,导致树体萎蔫、生长停止甚至全株死亡。因此,在这种环境条件下,针对盐碱土采取相应的技术措施有利于提高植树成活率。

(一)选择耐盐碱性的树种

耐盐碱树种具有一定的耐盐碱能力,能在其他树种不能生长的盐渍土中正常生长。树种的耐盐碱能力高低不同,受树种的生态特征、土壤和环境因素相互作用的影响。耐盐碱树种如黑松、新疆杨、圆柏、胡杨、苦楝、合欢等,都有不同程度的耐盐碱能力。

(二)改良土壤

利用土壤改良剂(如石膏)中和土壤中的碱,此法只适用于小面积盐碱地改良,施用量为 3 ~4 t/hm^2。用有机肥及酸性化肥施入土壤,利用其对钠离子的吸附置换、对碱的中和、对盐类的转化,可以起到改良土壤结构、降低 pH 值、提高土壤肥力的效果。

(三)排水去盐

降水量比较充足的地方,可在地下设渗水管和暗管沟,根据盐坡降高于排水沟,收集渗入井内的水,并将其排出,如天津园林绿化研究所用渗水管埋设收水井,当年即使土壤脱盐 48.5%。也可在地下埋设暗管沟,此方法不受土地利用的影响。在重盐碱地区,在地下 2 m 处,每间隔 50 cm 铺设一道暗管沟,将渗入水沿管排出,使盐分从土壤中排出。

(四)整理地形,抬高地面

利用地形整理更换堆垫新土,抬高种植树木的地面,降低地下水位,并结合浇灌使盐溶于水后随水排出，即可种植一些耐盐碱能力较弱的树种，使成活率提高。如天津园林绿化研究所在土壤含盐量0.62%的地段上采取这种方法，使种植的油松、侧柏、龙爪、槐、合欢及碧桃、红叶李等成活率达72%～88%。

（五）避开土壤返盐期植树

土壤中的盐分受季节、降水量的影响。在北方干旱地区一些次生盐渍化土地，土壤返盐期在春季，风大、干旱，土壤的水分蒸发量大，造成土壤盐分在地表集聚，使地表含盐量提高，不利于栽植树木的成活，雨季、秋季由于降水作用，盐分随水下渗，地表土壤中含盐量下降，因此出现季节性土壤含盐量变化，可以在雨季、秋季栽植树木。树木经秋、冬季缓苗生根后容易成活。

在盐碱地种树绿化，后期养护是关键，仍须经常采取对盐分治理的技术措施，以利于树木的生长。

四、无土岩石地的树木栽植

在城市园林绿化中，无土岩石地这个环境类型主要出现在山区城镇基础建设过程中，自然灾害（滑坡、泥石流等）发生后形成的无土的岩地，以及人造岩石园、叠石假山等，这种环境条件缺少土壤和水分，很难固定树木的根系，树木的生存条件极为恶劣。由于岩石的风化、节理，使得岩石的一些部位出现裂缝，能够积蓄一些土壤和水分。一些风化程度高的岩石，其风化岩屑形成粗骨质土壤，虽然保水、保肥效果较差，但仍能维持一些树木的生长。为了更好地达到绿化、美化的效果，有必要在这种立地条件下种植树木。

在无土岩石地上绿化，要在采用园林树木种植技术的基础上，采取相应的措施。

（一）选用适生树种

在山地岩石裸露的区域，有很多自然生长的岩生树种，其特点是：植株矮小，生长缓慢，株形呈团丛状，多着生在峭壁上、岩石间，耐贫瘠，抗旱性强；枝叶细小，叶厚且有角质层、蜡质及其他覆盖物，蒸腾量小；由于生长在缺水的环境，此类树木的根系发达，可延长数十米寻找水分。这类树木有马尾松、油松、侧柏、杜鹃、锦带花、胡枝子、小叶白蜡等，全国各地均有不同的岩生植物。

（二）爆破开穴、客土栽植

在无土岩石地植树，有穴比无穴效果好，穴大比穴小效果好，土壤状况越好，树木成活率越高，生长越好。因此，在园林绿化范围内的无土岩石地，采取开穴、客土种植树木是最基本的技术措施。根据实践，采取爆破开穴，再配以客土种植树木，效果好、生长速度快。

（三）喷浆绿化

在大面积无土岩石地，利用喷浆绿化是效果较快、节省劳力的一种技术措施。一种方法是利用斯特比拉纸浆喷布，即用斯特比拉专用纸浆混入种子、泥土、肥料及黏合物，加水搅拌后，喷布在岩石地上，利用纸浆中纤维相互交错构成密密麻麻的孔隙，起到保温、保水、通气、固定种子的作用。另一种方法是水泥基质喷布，即由土壤颗粒、低碱性水泥（作为胶合体）、种子肥料、有机质（如其中可加稻草、秸秆类），使固体物质之间形成形状、大小不一的孔隙，以达到储水、透气的作用。施工前，先清理坡面，并打入锚杆，挂上尼龙高分子材料编织成的网布，再喷上3～10 cm厚的水泥基质，种子在基质内萌发后即能正常生长，在此基础上，根系逐渐穿入岩隙中，起到固定作用。这两种方法，能够迅速改变无土岩石的生态环境，起到绿化、美化作用，但只适于小灌木及地被树种栽植。

五、屋顶花园的树木栽植

（一）营建目的与特点

为了提高城市绿化面积，改善城市的生态环境，并给居民提供休闲场所，常在建筑屋顶上营建绿地。一些大城市，屋顶花园的营造已很普遍，不仅增加城市的绿地覆盖面积，使绿地覆盖率提高，而且在增加绿量的同时起到调节和改善城市生态环境的作用，并且可利用植物柔软的枝叶轮廓改善钢硬的水泥建筑外形、改变建筑体固有的形态，利用植物增加动态的景观效果，丰富城市风貌。同时，屋顶花园植物生长层的形成，改变阳光、气温对屋顶的影响，如夏季使屋顶免受阳光直接暴晒烘烤，而冬季起到隔层作用，既降低屋内热量的散失，也减少外部冷空气侵入。

屋顶花园的环境是人为制造的一种立地环境条件，即人们进行城市建设过程中在屋顶营造的一块绿地，并由人工提供土壤、水分、养分条件，一旦失去这些条件，植物无法生长。由于受屋顶荷载的限制，屋顶花园不可能有很厚的土壤，具有土层薄、营养物质少、水分不足的特点，且屋高风大，直射光充足，气流运动频繁，空气湿度低，夏天炎热干燥，冬天寒冷多风，昼夜温差变化很大，环境较为恶劣。屋顶花园的建设要针对这种环境特点来采取特殊的措施，才能达到设计预想的效果。

（二）树种选择

选择能适应屋顶花园特殊环境、能够抵抗极端气候的树种。树种选择要求：能耐空气干燥、潮湿积水；具有浅根系，耐土层薄、贫肥的土壤；栽植容易，耐修剪且生长缓慢；生长低矮、抗风的树种。一些深根性、钻透力强、生长快、树体高大的树种不宜在屋顶花园应用。楼体越高，对树种选择的限制越多。

常用的树木有罗汉松、圆柏、洒金柏、龙爪槐、紫薇、女贞、红叶李、桂花、山茶、紫荆、含笑、红枫、大叶黄杨、小叶黄杨、月季、蔷薇、紫藤、常春藤、竹类等，各地均有一些适于屋顶花园种植的树种，在选树种时尽量选择乡土树种。

（三）栽植类型的选择

针对屋顶的承重能力选择相应的栽植类型：

（1）地毯式。以草坪、宿根地被植物及低矮的团丛状、垫状木本植物营造屋顶花园，是主要针对屋顶承重比较小所采取的栽植类型。土壤厚度 15 ~ 20 cm，应选择耐旱、抗寒力强的攀缘或低矮植物，如常春藤、紫藤、凌霄、金银花、红叶小檗、迎春花、蔷薇等。此类植物屋顶种植的效果不明显。

（2）群落式。利用生长缓慢且耐修剪的小乔木、灌木、地被、草坪等不同层次的植物设计成立体栽植的植物群落，形成一定的景观效果，此种类型适宜用在承载力不小于 400 kg/m^2 的屋顶，土层厚度可达到 30 ~ 50 cm。此种类型是屋顶花园常用的类型。

（3）庭院式。在屋顶承载力大于 500 kg/m^2 的条件下，可将屋顶花园设计成露地庭院式绿地，既有树木、灌木、草坪，还有浅水池、假山、小品、亭、廊等建筑景观，但为了安全，应将其沿周边及有承重墙的地方安置。

采取哪种栽植类型，选择哪类树种，设计成哪种屋顶花园，关键要考虑屋顶的承重能力。应根据屋顶的承重能力确定基质的厚度、树木的种类及数量，树种选择注意树体大小、形态、色彩、季相变化，以常绿树种效果最好。

（四）屋顶防水、防腐处理

做屋顶花园的基础是做好防水处理，避免屋顶绿化之后出现渗漏现象。一旦漏水，即使屋顶绿化得再好，使用者也会产生排斥心理，从而造成施工前功尽弃。

防水处理主要有刚性防水层、柔性防水层、涂膜防水层等多种，各种防水层有着不同的特点。为提高防水作用，最好采取复合防水层，并做相应的防腐处理，以防止灌溉的水肥对防水层的腐蚀，提高屋面的防水性能和寿命。

（五）屋顶花园绿地底面处理品与基质选择

屋顶花园绿植生长的好坏，与水有密切关系，缺水时可以灌溉，但若水分过多，尤其是降水造成积水不利于树木生长且增加屋顶重量。底面处理就是设置排水系统，并与屋顶雨水管道相结合，将过多的水分排出以减少防水层尤其是屋顶的负担。底面处理主要有以下两种方式：

（1）直铺式种植。直接在屋顶上铺设排水层和种植层，排水层一般由碎石、粗砂、陶粒组成，其厚度以形成足够的水位差为准，以利于土壤中过多的水分顺排水层流向排水管口。直铺式种植养护时应注意经常清理杂物、落叶，避免堵塞总排水口。

（2）架空式种植。在距屋顶 10 cm 处设隔离层，在其上承载种植土层，其下设排水孔。此种排水效果好，但因下部隔层，植物生长效果不佳。

屋顶花园绿地基质的选择，既要考虑基质对树木生长所需的养分、水分的提供情况，又要考虑基质能否构成团粒结构，能否保水、通气，是否易排水，而且还要在保证成本的前提下，尽量采用轻质基质，以减少屋顶的负荷。常用的基质有田园土、草炭、木屑、蛭石、珍珠岩等，其物理性能差异很大。

（六）灌溉系统设置

屋顶花园绿化，关键在于水，灌溉设施必不可少，在进行底面处理的同时，须将灌溉系统安装好。简单的可用水管灌溉，一般 100 m^2 设一个，不宜控制面积过大，避免拖拉水管造成植物损伤。最好采取喷灌形式补充水分，既便利，又安全省水。

第三章　园林树木的养护管理技术

在城市人工化环境条件下栽植的园林树木，其土壤、水分和营养的获得均有别于自然生长的环境。就我国目前的社会发展和科学文明程度，大多园林树木的栽培尚处于人为干扰和自然胁迫之中，正常有效的土壤、水分和营养管理是一项非常重要的工作。

第一节　园林树木的土壤管理

土壤是树木生长的基础，它不仅支持、固定树木，而且还是树木生长发育所需矿质养分的主要供给者。园林树木土壤管理的任务就在于通过多种综合措施来提高土壤肥力、改善土壤结构和理化性质，保证园林树木的生长所需养分、水分、空气的不断有效供给。结合园林工程进行地形地貌改造利用的土壤管理，在防止和减少水土流失与尘土飞扬的同时，也有利于增强园林景观的艺术效果。

一、土壤需求特点

园林树木生长的土壤条件十分复杂，既有平原肥土，更有大量的水边低湿地、盐碱地等劣境土壤以及建筑废弃地、工矿污染地等人工土层，这些土壤大多需要经过适当调整改造才能适合园林树木的生长。

（一）肥沃土壤的基本特征

不同的园林树木对土壤的要求不同，但一般来说，良好的肥沃土壤应具备以下几个基本特征：

（1）土壤养分均衡。肥沃土壤的养分状况应该是缓效养分、速效养分相对均衡，大量中量和微量养分比例适宜。在树木根系生长的土层中应养分储量丰富、肥效长，有机质含量应在1.5%～2.0%以上，心土层、底土层也应有较高的养分含量。

（2）土体构造适宜。城市绿地的土壤大多经过人工改造，因而没有明显完好的垂直结构。有利于园林树木生长的土体构造应为：在1～1.5 m深度范围内为上松下实结构，特别是在吸收根集中分布的0.4～0.6 m表层区内，土层要疏松，质地较轻，既有利于通气、透水、增温，又有利于保水保肥。

（3）物理性质良好。土壤的固、液、气三相物质组成及其比例是土壤物理性质的物质基础。大多数园林树木要求土壤质地适中、耕性好，有较多的水稳性和临时性的团聚体，适宜的三相比例为固相物质40%～57%、液相物质20%～40%、气相物质15%～37%，土壤容重为1～1.3 g/cm^3。

（二）树木长势不良的土壤因素

1. 土壤通气性能差

土壤通气不良首先造成的是树木根部缺氧，进而出现根系吸收功能的降低，根系衰老速度加快甚至腐烂；当土壤容重大于 1.5 g/cm^3、通气孔隙度小于 10% 时，会严重妨碍微生物活动与树木根系伸展，导致树木生长不良。

2. 土壤贫瘠缺肥

填方地段或新做的地形土山，因土壤没有很好地风化，微生物活动弱或无，致使肥力极低。树木在其长期的持续生长过程中，根部周围土壤养分耗费殆尽，常造成长势不良。

二、常规土壤改良

（一）土壤耕作改良

合理耕作可以改善土壤水分和通气条件，促进微生物的活动，使难溶性营养物质转化为可溶性养分，从而加快土壤的熟化进程，提高土壤肥力。同时，由于大多数园林树木的根系分布深广，活动旺盛，通过土壤耕作可为根系提供更广的伸展空间，以满足树木随着年龄的增长对水、肥、气、热的不断需要。

1. 深翻熟化

深翻就是对树木根区范围内的土壤进行深度翻垦，其主要目的是加快土壤的熟化，使死土变活土，活土变细土，细土变肥土。深耕增加了土壤孔隙度，从而为树木根系向纵深伸展创造了有利条件，使树体生长健壮。

（1）深翻时期。树木栽植前的深翻可配合地形改造、杂物清除等工作，对栽植场地进行全面或局部的深翻，并暴晒土壤，打碎土块，填施有机肥。栽植后的深翻在树木生长过程中进行，主要有以下两个时期：秋末耕翻有利于损伤根系的恢复生长，秋耕结合灌水有利于根系与土壤密接。早春耕翻应在土壤解冻后及时进行，深度较秋耕浅；春耕土壤蒸发量大，在早春多风地区，耕后需及时灌水或采取根部保水措施。

（2）深翻次数与深度。深翻作用持续时间的长短与土壤特征有关。黏土、涝洼地深翻后容易恢复紧实，因而保持年限较短，可每 1 ~ 2 年深翻一次；地下水位低、排水良好、疏松透气的沙壤土，保持时间较长，可每 3 ~ 4 年深翻一次。具体的深翻深度与土壤结构、土质状况以及树种特征等有关，一般以稍深于树木主要根系垂直分布层为度。地下水位较低的土壤以及深根性树种，深翻可达 50 ~ 70 cm，反之则可适当浅些。

深翻应结合施肥和灌溉进行，将上层肥沃土壤与腐熟有机肥拌和后填入沟底部以提高根层附近的土壤肥力，将心土放在上面以促进熟化。

2. 中耕通气

中耕可以切断土壤表层的毛细管，减少土壤水分蒸发，改良土壤通气状况，防止返碱；中耕结合清除杂草，可有效阻止病虫害的滋生蔓延，并可清理园容、洁净环境。早春进行中耕能明显提高土壤温度，使树木根系尽快开始生长并及早进入吸收功能状态，以满足地上部树冠生长对水分、养分的需求。

中耕是一项经常性工作，应根据当地的气候条件、树种特征以及杂草生长状况而定，一般每年 2 ~ 3 次，大多在生长季节进行；中耕深度一般为大苗 6 ~ 9 cm、小苗 2 ~ 3 cm，过深伤根，过浅起不到中耕作用。中耕时尽量不要碰伤树皮，对生长在土壤表层的树木须根则可适当截断。

（二）客土、培土改良

1. 客土

在树木栽植时对根际土壤实行局部换土，通常在土壤完全不适宜树木生长的情况下进行。如在我国北方种植杜鹃花、山茶等酸性土植物时，常采取将栽植坑的土壤换成山泥、泥炭土、腐叶土等酸性土壤，以符合树种生长要求。

2. 培土

在树木生长过程中，根据需要在生长地添加部分土壤基质，以增加土层厚度，保护根系，补充营养，改良土壤结构。

培土是一项经常性的土壤管理工作，应根据土质确定培土方案。如土质黏重的应培含沙质较多的疏松肥土，含沙质较多的可培塘泥、河泥等较黏重的肥土以及腐殖土；培土量视植株的大小、土源、成本等条件而定，但一次培土不宜太厚，特别注意不可埋没树木根颈部，以免影响树木正常生长。

（三）土壤化学改良

1. 施肥改良

土壤的施肥改良以有机肥为主。一方面，有机肥所含营养元素全面，除含有各种大量元素外，还含有微量元素和多种生理活性物质；另一方面，有机肥还能增加土壤的腐殖质，其有机胶体又可增加土壤的孔隙度，缓冲土壤的酸碱度，提高土壤的保水保肥能力，从而改善土壤的水、肥、气、热状况。生产上常用的有机肥料有厩肥、堆肥、禽肥、饼肥、人粪尿、土杂肥、绿肥等，但均需经过腐熟发酵才可使用，可结合土壤深翻时将有机肥和土壤以分层的方式填入。

2. 土壤酸碱度调节

土壤酸碱度主要影响土壤养分物质的转化、土壤微生物的活动和土壤的理化性质，与园林树木的生长发育密切相关。当土壤 pH 过低时，土壤中活性铁、铝增多，磷酸根易与它们结合形成不溶性的沉淀，容易造成磷素养分的无效化，不利于良好土壤结构的形成；当土壤 pH 过高时，则发生明显的钙对磷酸的固定，致使土粒分散、结构被破坏。

（1）土壤酸化处理。土壤酸化是指对偏碱性的土壤进行必要处理，使土壤 pH 有所降低，符合酸性树种生长需要。目前主要通过施用有机肥料、生理酸性肥料、硫黄等释酸物质进行调节，通过在土壤中的转化，产生酸性物质，降低土壤 pH。

（2）土壤碱化处理。土壤碱化是指对偏酸的土壤进行必要处理，使土壤 pH 有所提高，适应喜碱性土壤树种的生长需要。目前常用方法是施加石灰、草木灰等碱性物质。调节土壤酸度的石灰是农业上用的农业石灰（碳酸钙粉）而并非建筑用石灰，使用效果以 300～450 目细度的较为经济适宜，施用量根据土壤中交换性酸的数量确定，理论值可按下列公式计算：

石灰施用量理论值 = 土壤体积 × 土壤容重 × 阳离子交换量 ×（1 － 盐基饱和度）

在实际应用中还应根据石灰的化学形态乘以 1.3～1.5 的经验系数。

三、土壤疏松剂改良

近年来，有不少国家已开始大量使用疏松剂来改良土壤结构，增大生物活性，调节土壤酸碱度,提高土壤肥力。栽培上广泛使用的聚丙烯酰胺为人工合成的高分子化合物,使用时先把干粉溶于80 ℃以上的热水制成2%的母液,再稀释10倍浇灌至5 cm深土层中,通过离子键、氢键的吸引使土壤连接形成团粒结构,从而优化土壤水、肥、气、热条件,其效果可达3年以上。

土壤疏松剂大致可分为有机、无机和高分子三种类型,它们的功能分别表现在膨松土壤,使土壤粒子团粒化;提高置换容量,促进微生物活动;增多孔穴,协调保水与通气、透水性。

四、土壤生物改良

(一)植物改良

在城市园林中,植物改良是指通过有计划地种植地被植物来达到改良土壤的目的。所谓地被植物,是指那些低矮的,通常高度在50 cm以内,铺展能力强,能生长在城市园林绿地植物群落底层的一类植物。土壤管理包括松土透气、控制杂草及地面覆盖等工作。

地被植物在园林绿地中的应用,一方面能改善土壤结构,降低蒸发,控制杂草丛生,减少水、土、肥流失与土温的日变幅,有利于园林树木根系生长;另一方面,地面有地被植物覆盖,避免地表裸露,防止尘土飞扬,丰富园林景观。因此,地被植物覆盖地面,是一项行之有效的生物改良土壤措施,效果显著。

(二)动物改良

在自然土壤中,常常有大量的昆虫、软体动物、节肢动物、细菌、真菌、放线菌等生存,它们对土壤改良具有积极意义。例如土壤中的蚯蚓,对土壤混合、团粒结构的形成及土壤通气状况的改善都有很大益处;又如,一些微生物,它们数量大、繁殖快、活动性强,能促进岩石风化和养分释放,加快动植物残体的分解,有助于土壤的形成和营养物质的转化。所以,利用有益动物种类也不失为一种改良土壤的好办法。

利用动物改良土壤,可以从以下两方面入手:一方面,加强土壤中现有有益动物种类的保护,对土壤施肥、农药使用、土壤与水体污染等进行严格控制,为动物创造一个良好的生存环境;另一方面,推广使用根瘤菌、固氮菌、磷细菌、钾细菌等生物肥料,这些生物肥料含有多种微生物,它们生命活动的分泌物与代谢产物,既能直接给园林树木提供某些营养元素、激素类物质、各种酶等,刺激树木根系生长,又能改善土壤的理化性能。

第二节　园林树木的水分管理

园林树木的水分管理,包括灌溉与排水两方面的内容。实际上就是根据各类树木自身的习性差异,通过多种技术措施和管理手段满足树木对水分的需求,达到健康生长和节约水资源的目的。

一、园林树木的水分需求

正确全面认识树木的需水特征,是制订科学水分管理方案、合理安排灌排工作、确保树木健康生长、充分有效利用水资源的重要依据。园林树木需水特点主要与以下因素有关。

（一）生物特征需求

1. 树木种类、品种与需水

一般说来，生长速度快、生长量大、生长期长的种类需水量较大，通常乔木比灌木、常绿树种比落叶树种、阳性树种比阴性树种、浅根性树种比深根性树种、湿生树种比旱生树种需要更多的水分。但值得注意的是，需水量大的种类不一定需常湿，而且园林树木的耐旱力与耐湿力并不完全呈负相关。

2. 生长发育阶段与需水

就生命周期而言，种子在萌发时必须吸足水分，以便种皮膨胀软化，需水量较大；幼苗时期，植株个体较小，总需水量不大，根系弱小、分布较浅、抗旱力差，以保持表土适度湿润为宜；随着植株体量的增大、根系的发达，总需水量有所增加，个体对水分的适应能力也有所增强。在年生长周期中，生长季的需水量大于休眠期。秋冬季气温降低，大多数园林树木处于休眠或半休眠状态，即使常绿树种的生长也极为缓慢，这时应少浇或不浇水，以防烂根；春季气温上升，树木需水量随着大量的抽枝展叶也逐渐增大，即使在树木根系尚处于休眠状态的早春，由于地上部分已开始蒸腾耗水，对于一些常绿树种也应进行适当的叶面喷雾。由于相对干旱有助于树木枝条停止加长生长，使营养物质向花芽转移，因而在栽培上常采用减水、断水等措施来促进花芽分化；如在营养生长期即将结束时对梅花、桃花、榆叶梅等花灌木适当扣水，能提早并促进花芽的形成和发育，从而使其开花繁茂。

3. 需水临界期

许多树木在生长过程中都有一个对水分需求特别敏感的时期，即需水临界期，此期缺水将严重影响树木枝叶生长和花的发育，以后即使再多的水分供给也难以补偿。需水临界期因各地气候及树木种类而不同，但就目前研究的结果来看，呼吸、蒸腾作用最旺盛时期以及观果类树种果实迅速生长期都要求充足的水分。

（二）栽培管理需求

1. 生长立地条件与需水

在土壤缺水的情况下，土壤溶液浓度增高，根系不能正常吸水，反而产生外渗现象，更加剧干枯程度，如果土壤水分补给上升或水分蒸腾速率降低，树体会恢复原状，但当土壤水分进一步降低时，则达永久萎蔫系数，树体萎蔫将难以恢复，并导致器官或树体最终死亡。在气温高、日照强、空气干燥、风大的地区，叶面蒸腾和土壤蒸发均会加重，树木的需水量就大。土壤质地、结构与灌水密切相关，如沙土保水性较差，应小水勤浇，黏重土壤保水力强，灌溉次数和灌水量均应适当减少。经过铺装的地面或游人践踏严重的栽植地，地表降水容易流失，应给予经常性的树冠喷雾，以补充土壤水分供应的不足。合理深翻、中耕以及施用有机肥料的土壤结构性能好、土壤水分有效性高，故能及时满足树木对水分的需求，因而灌水量较小。

2. 栽植培育时期与需水

新栽植的树木，由于根系损伤大，吸收功能弱，定植后需要连续多次反复灌水；如果是常绿树种，还有必要对枝叶进行喷雾，方能保证成活。树木定植 2 ~ 3 年后，树势逐渐恢复，地上部树冠与地下部根系逐渐建立起新的水分平衡，地面灌溉的迫切性会逐渐下降。

幼苗期移栽,树体的水分平衡能力较弱,灌水次数要多些;树体展叶后的生长季栽植,因叶面蒸腾量增大,必须加强树冠喷水保湿。

二、园林树木灌溉

在城市化进程不断加速、水资源日益紧缺的境况下,园林树木栽培管理更加讲求科学灌溉,也就是说,在树木生长最需要水的时候适时灌溉,采用先进的科学技术节水灌溉。

(一)管理性灌溉

管理性灌溉的时间主要根据树种自身的生长发育规律而定,不能等到树木已从形态上显露出缺水受害症状时才灌溉,而是要在树木从生理上受到缺水影响时就开始灌水。

1. 灌水时间确定

根据土壤含水量确定具体的灌水时间是较可靠的方法,当土壤含水量低于田间最大持水量的 50% 以下时就需要灌水;土壤水分张力计可以简便、快速、准确地反映土壤水分状况,从而确定科学的灌水时间。通过栽培观察试验测定各种树木的萎蔫系数,即因干旱而导致树木外观出现明显伤害症状时的树木体内含水量,可以为确定灌水时间提供依据。夏季灌溉应在清晨和傍晚,此时水温与地温接近,对根系生长影响小;冬季因晨夕气温较低,灌溉宜在中午前后。

2. 灌水定额

灌水定额指一次灌水的水层深度(mm)或一次灌水单位面积的用水量(m^3/hm^2)。

目前,大多根据土壤田间持水量来计算灌水定额,计算公式为:

$$m = 0.1 \times rh(P_1 - P_2)/\eta$$

式中:m 为设计灌水定额,mm;r 为土壤容重,g/cm^3;h 为植物主要根系活动层深度,树木一般取 40 ~ 100 cm;P_1 为适宜的土壤含水率上限(质量分数),可取田间持水量的 80% ~ 100%;P_2 为适宜的土壤含水率下限(质量分数),可取田间持水量的 60% ~ 70%;η 为喷灌水的利用系数,一般为 0.7 ~ 0.9。

应用此公式计算出的灌水定额,还可根据树种、品种、生命周期、物候期以及气候、土壤等因素酌情增减,以符合实际需要。

(二)灌水方法

正确的灌水方法,要有利于水分在土壤中均匀分布,充分发挥水效,节约用水量,降低灌水成本,减少土壤冲刷,保持土壤的良好结构。根据供水方式的不同,园林树木的灌水方法有以下三种。

1. 穴灌

采用树穴灌水形式,以单株树干为圆心开一个单堰,人工浇水灌溉,可以保证每株树都能均匀地浇足水,适用于株行距较远、地势不平坦、人流较多的行道树、园景等。

2. 管灌

管灌又称低压管道输水灌溉,是以低压输水管道代替明渠输水灌溉的一种工程形式。通过一定的压力将灌溉水由低压管道系统输送到栽植地,再由管道分水口分水或外接软管输水进入沟、穴的地面进行灌溉。管灌适用于多种地形条件,具有省工省时、节水、出水流量大、灌溉效率高、出水口工作压力较低(平原地区管道系统设计工作压力一般小于

0.1 MPa,丘陵地区一般不超过0.2 MPa)、管道不会发生堵塞等优点,应用普遍。

3. 喷灌

喷灌是利用水泵加压或自然水源(落差)加压将水通过压力管道输送,经喷头喷射到空中形成细小的水滴均匀喷洒在树体上,常用于灌木、地被及新植乔木的树冠保湿灌溉。

喷灌适用于地形复杂、进行地面灌溉有困难的岗地和缓坡地以及透水性强的沙土。雾化状的灌溉水避免了深层渗漏和地面径流,并能迅速提高周围的空气湿度,调节绿地小气候。喷灌机械化程度高,具有高效、节水和省工的特点;其缺点是受风的影响大,喷雾容易随风飘移流失,且设备投资和能耗较高。

喷灌系统一般由水源、水泵及动力设备、输水管道和喷头组成。水源提供的水质在满足树木要求的前提下,还必须符合喷灌设备的要求,既要有充足的水量,又不能夹杂太多泥沙,以免堵塞喷头。水泵有离心泵、长轴井泵、潜水泵等,可用电动机作为水泵的动力设备,也可用柴油机、汽油机等带动,功率的大小根据水泵的配套要求而定。输水管道的作用是完成压力水输送、分配,多使用PVC管材,通常由干、支两级管道组成,干管起输配水作用,支管是工作管道,支管上按一定间距装有用于安装喷头的竖管。喷头安装在竖管上,将压力水通过喷嘴喷射到空中形成细小的水滴,均匀地洒落在土壤和树体表面。

4. 滴灌

利用安装在末级管道(称为毛管)上的滴头,将压力水以水滴或细小水流形式湿润土壤的灌水方法。常用于无土岩石地、铺装地、容器种植、屋顶花园等特殊立地条件下及苗圃地树木的灌溉,多使用PVC管材。滴灌的优点是适用于各种地形条件,只需要较低的水压即可将水灌溉到每株树木附近的土壤中,且节水、节能、省工,灌溉均匀;其缺点是投资高,滴头容易被水中矿物质或有机物质堵塞。

滴灌系统一般由水源、水泵及动力设备、过滤器、控制阀、压力及流量仪表、输水管道、滴头组成。水源、水泵及动力设备与喷灌系统相同,过滤器用于滤除掉水中过多的杂质以免堵塞滴头,控制阀、压力及流量仪表用于控制滴灌水流速度,滴头的作用是削减压力、将水流转换成水滴或细流湿润土壤。

5. 浸灌

借助于地下的管道系统,使灌溉水在土壤毛细管作用下向周围扩散浸润植物根区土壤,具有地表蒸发小、节水等优点,地下管道系统在雨季还可用于排水。浸灌包括输水管道和渗水管道两大部分,输水管道两端分别与水源和渗水管道连接,将灌溉水输送至灌溉地的渗水管道做成暗渠和明渠均可,但应有一定比降。渗水管道的作用在于通过管道上的小孔使水渗入土壤,管道制作材料有多孔瓦管、多孔水泥管、竹管以及PVC管等。

三、园林树木的排水

(一)排水的必要性

土壤中的水分与空气是互为消长的。排水是防涝保树的主要措施,排水的作用是减少土壤中多余的水分,增加土壤空气的含量,促进土壤空气与大气的交流,提高土壤温度,激发好气性微生物活动,加快有机质的分解,改善树木的营养状况,使土壤的理化性状全面改善。特别是对耐水力差的树木更应抓紧时间及时排水。

（二）排水的条件

在有下列情况之一时，就需要进行排水：

（1）树木生长在低洼地，当降雨强度大时，汇集大量地表径流，且不能及时宣泄，而形成季节性涝湿地。

（2）土壤结构不良，渗水性差，特别是土壤下面有坚实的不透水层，阻止水分下渗，形成过高的假地下水位。

（3）园林绿地临近江河湖海，地下水位高或雨季易遭淹没，形成周期性的土壤过湿。

（4）平原与山地城市，在洪水季节有可能因排水不畅，形成大量积水，或造成山洪暴发。

（5）在一些盐碱地区，土壤下层含盐量高，不及时排水洗盐，盐分会随水的上升而到达表层，造成土壤次生盐渍化，对树木生长很不利。

（三）排水方法

园林绿地的排水是一项专业性基础工程，在园林规划及土建施工时就应统筹安排，建好畅通的排水系统。园林树木的排水通常有以下四种方法。

1. 明沟排水

明沟排水是在地面上挖掘明沟，排除径流。它常由小排水沟、支排水沟以及主排水沟等组成一个完整的排水系统，在地势最低处设置总排水沟。

2. 暗沟排水

暗沟排水是在地下埋设管道，形成地下排水系统，将地下水降到要求的深度。暗沟排水系统与明沟排水系统基本相同，也有干管、支管和排水管之别。暗沟排水的管道多由塑料管、混凝土管或瓦管做成。

3. 滤水层排水

滤水层排水实际就是一种地下排水方法。它是在低洼积水地以及透水性极差的地方栽种树木，或对一些极不耐水湿的树种，在当初栽植树木时，就在树木生长的土壤下面填埋一定深度的煤渣、碎石等材料，形成滤水层，并在周围设置排水孔，当遇有积水时，就能及时排除。这种排水方法只能小范围使用，起到局部排水的作用。

4. 地面排水

这是目前使用较广泛、经济的一种排水方法。它是通过道路、广场等地面，汇聚雨水，然后集中到排水沟，从而避免绿地树木遭受水淹。不过，地面排水方法需要设计者经过精心设计安排，才能达到预期效果。

第三节 园林树木的营养管理

园林树木的生长需要不断地从土壤中吸收营养元素，而土壤中含有的营养元素数量是有限的，势必会逐渐减少，尤其是在某些地区或某些土壤中的某种营养元素特别贫乏，所以必须不断地向土壤中施肥，以补充营养元素。

一、园林树木营养管理的重要性

营养是园林树木生长的物质基础。树木的营养管理实际上就是进行园林树木的合理施肥。施肥是改善树木营养状况、提高土壤肥力的积极措施。俗话说,“地凭肥养,苗凭肥长”。园林树木和所有的绿色植物一样,在生长过程中,需要多种营养元素,并不断从周围环境,特别是土壤中摄取各种营养成分。与草本植物相比,园林树木多为根深、体大的木本植物,生长期和寿命长,生长发育需要的养分数量很大;再加之树木长期生长于一地,根系不断从土壤中选择性吸收某些元素,常使土壤环境恶化,造成某些营养元素贫乏;此外,城市园林绿地人流践踏严重,土壤密实度大,密封度高,水气矛盾突出,使得土壤养分的有效性大大降低;同时城市园林绿地中的枯枝落叶常被彻底清除,营养物质被带离绿地,极易造成养分的枯竭。只有正确地施肥,才能确保园林树木健康生长,增强树木抗逆性,延缓树木衰老,达到花繁叶茂、提高土壤肥力的目的。

二、科学施肥的原则

(一)根据树木的营养需求进行

不同树木种类、不同生长发育时期以及不同园林用途决定了树木的需肥特点,在此基础上,结合营养诊断结果进行施肥,使施肥更加科学、合理、准确和规范。一般来说,速生树、生长量大的种类比慢长树和耐贫瘠的种类需肥量大些,幼年期比成年期更需肥;营养生长期以施用氮肥为主,生殖期以施用磷、钾肥为主。

(二)根据环境条件进行

土壤厚度、土壤水分与有机质含量、酸碱度高低、土壤结构以及三相比等均对树木的施肥有很大影响。例如,土壤水分缺乏时施肥,可能因肥分浓度过高、树木不能吸收利用而遭毒害;积水或多雨时养分容易被淋洗流失,降低肥料利用率;土壤酸碱度直接影响营养元素的溶解度。这些都是施用肥料时需仔细考虑的问题。

(三)根据肥料性质不同进行

肥料性质不但影响施肥的时期、方法、施肥量,而且影响土壤的理化性状。过磷酸钙等一些易流失挥发的速效性肥料宜在树木需肥期稍前施入,而迟效性的有机肥料应提前施入,待腐烂分解后被树木吸收利用。氮肥在土壤中移动性强,即使浅施也能渗透到根系分布层内供树木吸收利用;而磷、钾肥移动性差,故宜深施,尤其磷肥需施在根系分布层内才有利于根系吸收。化肥的施用应本着宜淡不宜浓的原则,否则容易烧伤树木根系。事实上,任何一种肥料都不是十全十美的,因此在实践中应将有机与无机、速效性与缓效性、大量元素与微量元素等结合施用,提倡复合配方施肥。

三、园林树木施肥类型

根据肥料的性质以及施用时期,园林树木的施肥包括以下两种类型。

(一)基肥

基肥是指在较长时间内供给苗木养分的基本肥料。基肥宜选用迟效性有机肥,如堆肥、畜禽肥。基肥施用时间以秋季为好,可使受伤根愈合并发出新根,如再施用部分速效磷、钾肥,可增强苗木的越冬性,并为翌年的生长发育打好基础。秋施基肥,翌年早春即可发挥效果。春施基肥,效果不如秋施,且在苗木生长后期常会造成新梢二次生长,不利于苗木越冬。底肥是基肥的特殊形式之一,苗木栽植前,要施足底肥,以满足苗木生长。

（二）追肥

追肥又叫补肥。基肥肥效发挥平稳缓慢，当树木需肥急迫时，就必须及时补充肥料，才能满足树木生长发育的需要。追肥一般多为速效性无机肥，并根据园林树木一年中各物候期特点来施用。具体追肥时间，则与树种、品种习性以及气候、树龄、用途等有关。如对观花、观果树木而言，花芽分化期和花后追肥尤为重要，而对于大多数园林树木来说，一年中生长旺期的抽梢追肥常常是必不可少的。天气情况也影响追肥效果，晴天土壤干燥时追肥好于雨天追肥，而且重要风景点还宜在傍晚游人稀少时追肥。与基肥相比，追肥施用的次数较多，但一次性用肥量却较少，对于观花灌木、庭荫树、行道树以及重点观赏树种，每年在生长期进行 2～3 次追肥是十分必要的，且土壤追肥与根外追肥均可。

四、园林树木用肥种类

根据肥料的性质及使用效果，园林树木用肥大致包括化学肥料、有机肥料及微生物肥料三大类。

（一）化学肥料

化学肥料由物理或化学工业方法制成，其养分形态为无机盐或化合物，化学肥料又被称为化肥、矿质肥料、无机肥料。有些农业上有肥料价值的无机物质，如草木灰，虽然不属于商品性化肥，习惯上也列为化学肥料，还有些有机化合物及其缔结产品，如尿素等，也常被称为化肥。化学肥料大多属于速效性肥料，供肥快，能及时满足树木生长需要，因此化学肥料一般以追肥形式使用，同时，化学肥料还有养分含量高、施用量少的优点。但化学肥料只能供给植物矿质养分，一般无改土作用，养分种类也比较单一，肥效不能持久，而且容易挥发、淋失或发生强烈的固定，降低肥料的利用率。所以，生产上不宜长期单一施用化学肥料，必须贯彻化学肥料与有机肥料配合施用的方针，否则，对树木、土壤都是不利的。

（二）有机肥料

有机肥料是指含有丰富有机质，既能提供植物多种无机养分和有机养分，又能培肥改良土壤的一类肥料，常用的有粪尿肥、堆沤肥、饼肥、泥炭、绿肥、腐殖酸类肥料等。虽然不同种类有机肥的成分、性质及肥效各不相同，但有机肥大多有机质含量高，有显著的改土作用；含有多种养分，有完全肥料之称，既能促进树木生长，又能保水保肥；而且其养分大多为有机态，供肥时间较长。不过，大多数有机肥养分含量有限，尤其是氮含量低，肥效来得慢。有机肥一般以基肥形式施用，并在施用前必须采取堆积方式使之腐熟，提高肥料质量及肥效，避免肥料在土壤中腐熟时产生某些对树木不利的影响。

（三）微生物肥料

微生物肥料也称生物肥、菌肥、细菌肥及接种剂等。确切地说，微生物肥料是菌而不是肥，因为它本身并不含有植物需要的营养元素，而是含有大量的微生物，它通过这些微生物的生命活动，来改善植物的营养条件。依据生产菌株的种类和性能，生产上使用的微生物肥料大致有根瘤菌肥料、固氮菌肥料、磷细菌肥料及复合微生物肥料等几大类。根据微生物肥料的特点，使用时需注意，一是施用菌肥要具备一定的条件，才能确保菌种的生命活力和菌肥的功效，如强光照射、高温、接触农药等，都有可能会杀死微生物；又如固氮菌肥，要在土壤通气条件好，水分充足，有机质含量稍高的条件下，才能保证细菌的生长和繁殖。二是微生物肥料一般不宜单施，一定要与化学肥料、有机肥料配合施用，才能充分发挥其应有的作用，而且微生物生长、繁殖也需要一定的营养物质。

五、园林树木的施肥量

施肥量过多或不足，对园林树木均有不利影响。显然，施肥过多，树木不能吸收，既造成肥料的浪费，还有可能使树木遭受肥害；当然，肥料用量不足就达不到施肥的目的。

对施肥量含义的全面理解应包括肥料中各种营养元素的比例、一次性施肥的用量和浓度以及全年施肥的次数等数量指标。施肥量受树种习性、物候期、树体大小、树龄、土壤与气候条件、肥料的种类、施肥时间与方法、管理技术等诸多因素影响，难以制定统一的施肥量标准。在我国一些地方，也有以0.5 kg/cm(胸径)的标准作为计算施肥量依据的，化学肥料的施用浓度一般不宜超过1% ~3%，而在进行叶面施肥时，多为0.1% ~0.3%，对一些微量元素，浓度应更低。

近年来，国内外已开始应用计算机技术、营养诊断技术等先进手段，在对肥料成分、土壤及植株营养状况等做出综合分析判断的基础上，进行数据处理，很快计算出最佳的施肥量，使科学施肥、经济用肥发展到了一个新阶段。

六、园林树木施肥方法

依肥料元素被树木吸收的部位，园林树木施肥主要有以下两大类方法。

(一)土壤施肥

土壤施肥就是将肥料直接施入土壤中，然后通过树木根系进行吸收的施肥，它是园林树木主要的施肥方法。

土壤施肥必须根据根系分布特点，将肥料施在吸收根集中分布区附近，才能被根系吸收利用，充分发挥肥效，并引导根系向外扩展。理论上讲，在正常情况下，树木的多数根集中分布在地下40 ~80 cm深范围内，具吸收功能的根，则分布在20 cm左右深的土层内；根系的水平分布范围，多数与树木的冠幅大小相一致，即主要分布在树冠外围边缘的圆周内，所以应在树冠外围于地面的水平投影处附近挖掘施肥沟或施肥坑。

事实上，具体的施肥深度和范围还与树种、树龄、土壤和肥料种类等有关。生产上常见的土壤施肥方法介绍如下。

1. 全面施肥

将肥料均匀地撒布于园林树木生长的地面，然后再翻入土中。这种施肥的优点是方法简单、操作方便、肥效均匀，但因施入较浅，养分流失严重，用肥量大，并会诱导根系上浮，降低根系抗性。此法若与其他方法交替使用，则可取长补短，发挥肥料的更大功效。

2. 沟状施肥

沟状施肥包括环状沟施、放射状沟施和条状沟施，其中以环状沟施较为普遍。环状沟施是在树冠外围稍远处挖环状沟施肥，一般施肥沟宽30 ~40 cm、深30 ~60 cm，它具有操作简便、用肥经济的优点，但易伤水平根，多适用于园林孤植树；放射状沟施较环状沟施伤根要少，但施肥部位也有一定局限性；条状沟施是在树木行间或株间开沟施肥，多适合苗圃里的树木或呈行列式布置的树木。

3. 穴状施肥

穴状施肥与沟状施肥很相似，施肥时，施肥穴沿树冠在地面投影线附近分布，不过，施肥穴可为 2 ~4 圈，呈同心圆环状，内外圈中的施肥穴应交错排列，因此该种方法伤根较少，而且肥效较均匀。目前，国外穴状施肥已实现了机械化操作。把配制好的肥料装入特制容器内，依靠空气压缩机，通过钢钻直接将肥料送入土壤中，供树木根系吸收利用。这种方法快速省工，对地面破坏小，特别适合城市里铺装地面上树木的施肥。

（二）根外施肥

1. 叶面施肥

叶面施肥实际上就是水施。它是用机械的方法，将按一定浓度要求配制好的肥料溶液，直接喷雾到树木的叶面上，再通过叶面气孔和角质层吸收后，转移运输到树体各个器官。叶面施肥具有用肥量小、吸收见效快、避免了营养元素在土壤中的化学或生物固定等优点，因此在早春树木根系恢复吸收功能前、缺水季节或缺水地区以及不便土壤施肥的地方，均可采用叶面施肥。同时，该方法还特别适合于微量元素的施用以及对树体高大、根系吸收能力衰竭的古树和大树的施肥。

叶面施肥的效果与叶龄、叶面结构、肥料性质、气温、湿度、风速等密切相关。幼叶生理机能旺盛，气孔所占比重较大，较老叶吸收速度快、效率高；叶背较叶面气孔多，且表皮层下具有较疏松的海绵组织，细胞间隙大而多，利于渗透和吸收。因此，应对树叶正反两面进行喷雾。喷布时间最好在 10:00 以前、16:00 以后，以免气温高，溶液很快浓缩，影响喷肥效果或导致药害。

叶面施肥多作追肥施用，生产上常与病虫害的防治结合进行，因而喷雾液的浓度至关重要。在没有足够把握的情况下，应宁淡勿浓。

2. 枝干施肥

枝干施肥就是通过树木枝、茎的韧皮部来吸收肥料营养，它吸肥的机制和效果与叶面施肥基本相似。枝干施肥又大致有枝干涂抹和枝干注射两种方法，前者是先将树木枝干刻伤，然后在刻伤处加上固体药棉；后者是用专门的仪器来注射枝干，目前国内已有专用的树干注射器。枝干施肥主要用于衰老古大树、珍稀树种、树桩盆景以及观花树木和大树移栽时的营养供给。例如，有人分别用浓度 2% 的柠檬酸铁溶液注射和用浓度 1% 的 $FeSO_4$ 加尿素药棉涂抹栀子花枝干，在短期内就扭转了栀子花的缺绿症，效果十分明显。

第四节 园林树木的病虫害防治

一、病虫害防治

病虫害防治是园林绿化养护管理过程中一项长期坚持的重要内容，在园林绿化病虫害的防治过程中，一定要贯彻“预防为主，综合防治”的原则。要掌握病虫害发生的规律和特点，抓住其薄弱环节，要了解病虫害发生的原因、发生发展的特点、与环境的关系，掌握病虫害发生的时间、部位、范围等规律，制定切实可行的防治措施。

首先，应科学地、有针对性地进行养护管理，使植株生长健壮，以增强抗病虫害的能力。其次，在养护管理过程中，要及时清理带病虫的落叶、杂草等，消灭病源、虫源，防止病虫扩散蔓延。加强病虫检查，发现主要病虫害，应及时采取防治措施。对于危险性病虫害，一旦发现疫情应及时上报主管部门，并迅速采取措施进行防治。

二、园林绿化的病害概述

园林绿化病害是指园林植物受到病原微生物的侵染或不良环境的作用时，发生一系列生理生化、组织结构和外部形态的变化，其正常的生理功能受到破坏，生长发育受阻甚至死亡，最终破坏园林景观效果，并造成经济损失的现象。病害不同于一般的机械物理伤害，它有一个病理变化的过程。

园林绿化的病害根据其病原性质的不同，可分为两大类：生理性病害和侵染性病害。前者是由不良的环境条件引起的，主要包括营养缺乏或过剩、水分过多或过少、温度过高或过低、光照不足或过强、缺氧、空气污染、土壤酸碱度不当或盐渍化、药害、肥害等，无传染性。后者是由生物因素，即真菌、细菌、病毒、植原体等引起的病害，具有传染性。侵染性病害主要分为三大类，即真菌性病害、细菌性病害、病毒性病害，常见的病害有白粉病、锈病、炭疽病、叶斑病、霜霉病、煤污病、溃疡病、枯萎病、根结线虫病、根癌病、碎倒病、病毒病等。下面的检索表是园林树木上常见的一些主要病害的检索及主要原因的初步分析，可以作为病害诊断的一个参考。

园林绿化常见病害检索表

1. 症状主要表现在叶片 ………………………………………………… 2
1′. 症状主要表现在枝干部、干基部或根部 ………………………………… 3
2. 叶片上有斑点、穿孔或叶缘变色 …………………… 叶斑病、药害或生理性病害
2′. 叶片上有粉层或霉层 ……………………………………………… 4
3. 症状在枝干部 ………………………………………………………… 5
3′. 症状主要在根部或干基部 ………………………………………… 6
4. 叶片正面或背面有白色粉层，后期可能有黑色颗粒物出现 ……………… 白粉病
4′. 叶片上有黑色霉层或其他症状 ……………………………………… 7
5. 主枝或树干上有凹陷斑，后期病部出现黑色小点或树皮可剥落 ………… 溃疡或腐烂
5′. 枝干部无上述症状 ………………………………………………… 8
6. 树干基部或根上形成瘤状物 ……………………………………………… 9
6′. 根部、干基部无上述症状 ………………………………………… 10
7. 叶片上黑色霉层或黄锈色粉堆（叶片对应的地方有变色） ……… 可能是煤污病或叶锈病
7′. 叶片发黄或花叶 ……………………………………… 土壤营养元素缺乏或病毒病害
8. 幼枝枯梢或新梢褐色或黑色 ………………………… 枯梢病或细菌性火疫病或生理性病害
8′. 幼芽、小枝上或树干上有黄色小斑点，后肿起或形成泡状物 ……………… 可能是枝干锈病
9. 树干基部，枝条上或根上形成瘤状物，初期光滑，后变粗糙 ……………… 可能是根癌病
9′. 植株叶部表现不正常，主根或侧根上有大小不一的虫瘿状瘤 ……………… 根结线虫病
10. 叶片萎蔫（因土壤水分问题或植物根、主干受损） ……………… 枯萎病或根部病害
10′. 干基部或干基周围有大型的伞菌出现 ……………………………… 可能是根腐（朽）病

（仿张秀英《园林树木栽培养护学》,2012）

三、园林绿化的虫害概述

园林绿化的虫害主要依据危害部位可以划分为食叶害虫、蛀干害虫、枝梢害虫、种实害虫、根部（地下）害虫五大类。常见的虫害有蚜虫类、螨类、介壳虫类、粉虱类、木虱类、蝉类、蝽象类、蝗虫类、蓟马类、蛾类、甲虫类、叶蜂类、天牛类、小蠹虫类、金龟子类、蝼蛄类等。

在害虫的鉴定过程中,首先应多收集昆虫的标本。其次是将需要鉴定的昆虫与当地的文献资料进行对比,了解该害虫主要危害的植物和这种植物常见的虫害,通过筛选淘汰的方法,对害虫加以确认。如果难以鉴定,则应将害虫标本及背景资料一同送往科研院所,请专家进行鉴定。随寄的资料包括寄主植物、采集日期、危害症状与程度的描述。鉴定确认害虫的种类后,在有关资料和专家意见的基础上,选择适当的防治措施和方案。也可以根据害虫危害的特征,根据下面的危害症状,逐步检索出园林绿化常见的虫害类型。

园林绿化常见害虫检索表

1. 树木地上部分损伤 …… 2
1′. 树木根部损伤 …… 16
2. 叶片损伤 …… 3
2′. 小枝或皮损伤 …… 11
3. 叶片被啃食或叶背表面叶脉之间的组织丧失,呈脉络状 …… 4
3′. 叶片未被啃食,退色或出现“点刻状”或银灰色,有瘤或肿胀组织 …… 6
4. 叶片大都沿叶缘被啃食 …… 5
4′. 叶片大都是下表面被啃食,但保留网状叶脉 …… 叶甲类、叶蜂类
5. 被啃食叶缘呈半圆状和光滑,不呈锯齿状缺刻 …… 切叶蜂类、象甲类
6. 叶片有肿瘤或肿胀 …… 10
6′. 叶片无肿瘤或无肿胀,显银灰色或点刻状 …… 7
7. 从上方看叶片呈银灰色,不规则形 …… 蓟马类
7′. 叶片有点刻,有时呈颗粒状,或叶背呈粉状 …… 8
8. 有丝织网,叶背呈粉色 …… 叶螨（红蜘蛛）
8′. 不存在丝织网,叶背无粉粒;有黄色或褐色点刻 …… 9
9. 点刻状叶卷曲或变形 …… 棉蚧、叶蝉、盲蝽、蚜虫类
9′. 叶片点刻状,不卷曲、不变形 …… 蚜虫类
10. 叶表面似螺纹 …… 木虱类、瘿螨类
10′. 不同形状的肿胀,但非螺纹状;有时出现于叶柄 …… 瘿蜂类、瘿蚊类
11. 只危害小枝或芽,不在主枝或树干上 …… 13
11′. 危害主枝或主干 …… 12
12. 树皮被部分或全部啃掉深至木质部 …… 啮齿类、蝗虫类
12′. 树皮具圆形或D形孔洞,可渗出树液或树脂或锯屑状排出物 …… 天牛类、吉丁虫类、象甲类、木蠹蛾类、透翅蛾类
13. 小枝或芽形成虫瘿或肿胀区 …… 14

13′. 小枝或芽不形成虫瘿，小枝有孔或髓心有隧道 ………………………… 15
14. 芽有虫瘿 ……………………………………………… 瘿螨类
14′. 小枝有虫瘿 ……………………………………………… 瘿蚊类
15. 小枝有孔，髓无隧道 ……………………………… 木蠹蛾类、象甲类类
15′. 小枝髓有隧道 ……………………………………… 螟蛾类、卷蛾类等
16. 幼根有虫瘿式肿起 ………………………………………… 线虫类
16′. 根被啃或有孔 ……………………………………………… 17
17. 根被啃 ……………… 啮齿动物类、蛴螬（金龟子幼虫）类、象甲类、螟蛾类
17′. 根具小孔 ……………………………………………… 小囊类、象甲类
（仿张秀英《园林树木栽培养护学》，2012）

四、园林栽培措施防治

栽培措施防治是利用园林栽培技术来防治病虫害的方法，即创造有利于园林植物和生长发育而不利于病虫害危害的条件，促使园林植物生长健壮，增强其抵抗病虫害的能力，是病虫害综合治理的基础。园林栽培措施防治的优点是，防治措施在园林栽培过程中完成，不需要另外增加劳动力，因此可以降低劳动力成本，增加经济效益。其缺点是见效慢，不能在短时间内控制暴发性发生的病虫害。主要措施如下。

（一）选用无病虫种苗及繁殖材料

在选用种苗时，尽量选用无虫害、生长健壮的种苗，以减少病虫害危害。如果选用的种苗中带有某些病虫，要用药剂预先进行处理，如桂花上的矢尖蚧，可以在种植前，先将有虫苗木浸入氧化乐果或甲胺磷500倍稀释液中5～10分钟，然后再种。

（二）苗圃地的选择及处理

一般应选择土质疏松、排水透气性好、腐殖质多的地段作为苗圃地。在栽植前进行深耕改土，耕翻后经过曝晒、土壤消毒后，可杀灭部分病虫害。消毒剂一般可用50倍的甲醛稀释液，均匀洒布在土壤内，再用塑料薄膜覆盖，约2周后取走覆盖物，将土壤翻动耙松后进行播种或栽植。

（三）采用合理的栽培措施

根据苗木的生长特点，在苗圃地内考虑合理轮作、合理密植以及合理配置花木等原则，从而避免或减轻某些病虫害的发生，增强苗木的抗病虫性能。有些花木种植过密，易引起某些病虫害的大发生，在花木的配置方面，除考虑观赏水平及经济效益外，还应避免种植病虫的中间寄主植物。露根栽植落叶树时，栽前必须适度修剪，根部不能暴露时间过长。栽植常绿树时，需带土球，土球不能散，不能晾晒时间长，栽植深浅适度，是防治多种病虫害的关键措施。修剪下来的病虫残枝，应集中处置，不要随意丢弃，以免造成再度传播污染。

（四）合理配施肥料

1. 有机肥与无机肥配施

有机肥如猪粪、鸡粪、人粪尿等，可改善土壤的理化性状，使土壤疏松，透气性良好。无机肥如各种化肥，其优点是见效快，但长期使用对土壤的物理性状会产生不良影响，故两者以兼施为宜。

2. 大量元素与微量元素配施

在施肥时，强调大量元素与微量元素配合施用。在大量元素中，强调氮、磷、钾配合施用，避免偏施氮肥，造成花木的徒长，降低其抗病虫性。微量元素施用时也应均衡，如在花木生长期缺少某些微量元素，则可造成花、叶等器官的畸形、变色，降低观赏价值。

3. 施用充分腐熟的有机肥

在施用有机肥时，强调施用充分腐熟的有机肥，原因是未腐熟的有机肥中往往带有大量的虫卵，容易引起地下害虫的暴发危害。

（五）合理浇水

花木在灌溉中，浇水的方法、浇水量及时间等，都会影响病虫害的发生。喷灌和喷洒等浇水方式往往加重叶部病害的发生，最好采用沟灌、滴灌或沿盆体边缘浇水的方法。浇水要适量，水分过大往往引起植物根部缺氧窒息，轻者植物生长不良，重则引起根部腐烂，尤其是肉质根等器官。浇水时间最好选择晴天的上午，以便及时降低叶片表面的湿度。

（六）加强园林管理

加强对园林植物的抚育管理，及时修剪。例如，防治危害悬铃木的日本龟蜡蚧，可及时剪除虫枝，以有效地抑制该虫的危害；及时清除被害植株及树枝等，以减少病虫的来源。公园、苗圃的枯枝落叶、杂草，都是害虫的潜伏场所，清除病枝、虫枝，清扫落叶，及时除草，可以消灭大量的越冬病虫。尤其是温室栽培植物，要经常通风透气，降低湿度，以减少花木灰霉病等的发生发展。

五、物理机械防治

利用简单的工具以及物理因素（如光、温度、热能、放射能等）来防治害虫的方法，称为物理机械防治。物理机械防治的措施简单实用，容易操作，见效快，可以作为害虫大发生时的一种应急措施。特别对于一些化学农药难以解决的害虫或发生范围小时，往往是一种有效的防治手段。

（一）人工捕杀

利用人力或简单器械，捕杀有群集性、假死性的害虫。

（二）诱杀法

诱杀法是指利用害虫的趋性设置诱虫器械或诱物诱杀害虫，利用此法还可以预测害虫的发生动态。常见的诱杀方法如下：

（1）灯光诱杀。利用害虫的趋光性，人为设置灯光来诱杀防治害虫。目前生产上所用的光源主要是黑光灯，此外，还有高压电网灭虫灯。除黑光灯诱虫外，还可以利用蚜虫对黄色的趋性，用黄色光板诱杀蚜虫及美洲斑潜蝇成虫等。

（2）毒饵诱杀。利用害虫的趋化性，在其所嗜好的食物中（糖醋、麦麸等）掺入适当的毒剂，制成各种毒饵诱杀害虫。例如，地老虎等地下害虫，可用麦麸、谷糖等做饵料，掺入适量敌百虫或其他药剂制成毒饵来诱杀。

（3）饵木诱杀。许多蛀干害虫如天牛、小蠹虫、吉丁虫等喜欢在新伐倒不久的倒木上产卵繁殖。因此，在成虫发生期间，在适当地点设置一些木段，供害虫大量产卵，待新一代幼虫完全孵化后，及时进行剥皮处理，以消灭其中害虫。

(4)植物诱杀。或称作物诱杀,即利用害虫对某种植物有特殊嗜好的习性,经种植后诱集捕杀的一种方法。例如,在苗圃周围种植蓖麻,使金龟子误食后麻醉,可以集中捕杀。

(5)潜所诱杀。利用某些害虫的越冬潜伏或白天隐蔽的习性,人工设置类似环境诱杀害虫。注意诱集后一定要及时消灭。

(三)阻隔法

人为设置各种障碍,切断病虫害的侵害途径,称为阻隔法。

(1)涂环法。对有上下树习性的害虫可在树干上涂毒环或涂胶环,从而杀死或阻隔幼虫。多用于树体的胸高处,一般涂 2 ~3 个环。

(2)挖障碍沟。对于无迁飞能力只能靠爬行的害虫,为阻止其危害和转移,可在未受害植株周围挖沟;对于一些根部病害,也可以在受害植株周围挖沟,阻隔病原菌的蔓延,以达到防治病虫害传播蔓延的目的。

(3)设障碍物。主要防治无迁飞能力的害虫。如枣尺蠖的雌成虫无翅,交尾产卵时只能爬到树上,可在上树前在树干基部设置障碍物阻止其上树产卵。

(4)覆盖薄膜。覆盖薄膜能增产,同时也能达到防病的目的。许多叶部病害的病原物是在病残体上越冬的,花木栽培地早春覆膜可大幅度地减少叶病的发生。

(四)其他杀虫法

利用热水浸种、烈日暴晒、红外线辐射,都可以杀死在种子、果实木材中的病虫。

六、生物防治

用生物及其代谢产物来控制病虫的方法,称为生物防治。从保护生态环境和可持续发展的角度讲,生物防治是最好的防治方法。

生物防治法不仅可以改变生物种群的组成成分,而且能直接消灭大量的病虫;对人、畜、植物安全,不杀伤天敌,不污染环境,不会引起害虫的再次猖獗和形成抗药性,对害虫有长期的抑制作用;生物防治的自然资源丰富,易于开发,且防治成本低,是综合防治的重要组成部分和主要发展方向。但是生物防治的效果有时比较缓慢,人工繁殖技术较复杂,受自然条件限制较大。害虫的生物防治主要是保护和利用天敌、引进天敌以及进行人工繁殖与释放天敌控制害虫发生。

(一)天敌昆虫的利用

利用天敌昆虫来防治害虫,称为以虫治虫。天敌昆虫主要有两大类型:

(1)捕食性天敌昆虫。捕食性天敌昆虫在自然界中抑制害虫的作用和效果十分明显。

(2)寄生性天敌昆虫。主要包括寄生蜂和寄生蝇,可寄生于害虫的卵、幼虫及蛀内或体上。凡被寄生的卵、幼虫或蛀,均不能完成发育而死亡。

(二)生物农药的应用

生物农药作用方式特殊,防治对象比较专一且对人类和环境的潜在危害比化学农药要小。因此,特别适用于园林植物害虫的防治。

(1)微生物农药。以菌治虫,就是利用害虫的病原微生物来防治害虫。可引起昆虫致病的病原微生物主要有细菌、真菌、病毒、立克次氏体、线虫等。目前生产上应用较多的是病原细菌、病原真菌和病原病毒三类。

(2)生化农药。生化农药指那些经人工合成或从自然界的生物源中分离或派生出来的化合物,如昆虫信息素、昆虫生长调节剂等,主要来自于昆虫体内分泌的激素,包括昆虫的性外激素、昆虫的蜕皮激素及保幼激素等内激素。我国已有近30种性激素用于梨小食心虫、白杨透翅蛾等昆虫的诱捕、迷向及引诱绝育防治。

现在我国应用较广的昆虫生长调节剂有灭幼腺Ⅰ号、Ⅱ号等,对多种园林植物害虫如鳞翅目幼虫、鞘翅目叶甲类幼虫等具有很好的防治效果。

(三)以菌治病

一些真菌、细菌、放线菌等微生物,在它的新陈代谢过程中分泌抗生素,杀死或抑制病原物。这是目前生物防治研究中的一个重要内容。如菌根菌可分泌萜烯类等物质,对许多根部病害有拮抗作用。

七、化学防治

化学防治是指用农药来防治害虫、病害、杂草等有害生物的方法。化学防治是害虫防治的主要措施,具有收效快、防治效果好、使用方法简单、受季节限制较小、适合于大面积使用等优点。但也有明显的缺点,化学防治的缺点概括起来可称为"三R"问题,即抗药性、再猖獗及农药残留。由于长期对同一种害虫使用相同类型的农药,使得某些害虫产生不同程度的抗药性;由于用药不当杀死了害虫的天敌,从而造成害虫的再度猖獗危害;由于农药在环境中存在残留毒性,特别是毒性较大的农药,对环境易产生污染,破坏生态平衡。

(一)杀虫剂农药的种类

根据杀虫剂对昆虫的毒性作用及其侵入害虫的途径不同,一般可分为以下几类:

(1)胃毒剂。药剂随着害虫取食植物一同进入害虫的消化系统,再通过消化吸收进入血腔中发挥杀虫作用。此类药剂大都兼有触杀作用,如敌百虫。

(2)触杀剂。药剂与虫体接触后,药剂通过昆虫的体壁进入虫体内,使害虫中毒死亡,如拟除虫菊酯类等杀虫剂。

(3)内吸剂。药剂容易被植物吸收,并可以输导到植株各部分,在害虫取食时使其中毒死亡。这类药剂适合于防治一些蚜虫、介壳虫等刺吸式口器的害虫,如乐果、氧化乐果、久效磷等。

(4)熏蒸剂。药剂由固体或液体转化为气体,通过昆虫呼吸系统进入虫体,使害虫中毒死亡,如氯化苦、磷化铝等。

(5)特异性杀虫剂。这类药剂对昆虫无直接毒害作用,而是通过拒食、驱避、不育等不同于常规的作用方式,最后导致昆虫死亡,如樟脑、风油精、灵香草等。

(二)杀菌剂

(1)保护剂。在植物感病前(或病原物侵入植物以前),喷洒在植物表面或植物所处的环境,用来杀死或抑制植物体外的病原物,以保护植物免受侵染的药剂,称为保护剂。如波尔多液、石硫合剂、代森锰锌等。

(2)治疗剂。植物感病后(或病原物侵入植物后),使用药剂处理植物,以杀死或抑制植物体内的病原物，使植物恢复健康或减轻病害，这类药剂称为治疗剂。许多治疗剂同时还具有保护作用，如多菌灵、甲基托布津等。

（三）农药的使用方法

（1）喷雾。喷雾是将乳油、水剂、可湿性粉剂，按所需的浓度加水稀释后，用喷雾器进行喷洒。

（2）拌种。拌种是将农药、细土和种子按一定的比例混合在一起的用药方法，常用于防治地下害虫。

（3）毒饼。毒饵是将农药与饵料混合在一起的用药方法，常用来诱杀蛴螬、蝼蛄、小地老虎等地下害虫。

（4）撒施。撒施是将农药直接撒于种植区，或者将农药与细土混合后撒于种植区的施药方法。

（5）熏蒸。熏蒸是将具熏蒸性农药置于密闭的容器或空间，以便毒杀害虫的用药方法，常用于调运种苗时，对其中的害虫进行毒杀或用来毒杀仓储害虫。

（6）注射法、打孔注射法。注射法是用注射机或兽用注射器将药剂注入树体内部，使其在树体内传导运输而杀死害虫，多用于防治天牛等害虫；打孔注射法是用打孔器或钻头等利器在树干基部钻一斜孔，钻孔的方向与树干约呈40°的夹角，深约5 cm，然后注入内吸剂药剂，最后用泥封口。

（7）刮皮涂环。距干基一定的高度，刮两个相错的半环，两半环相距约10 cm，半环的长度15 cm左右。将刮好的两个半环分别涂上药剂，以药液刚往下流为止，最后外包塑料薄膜。应注意的是，刮环时，刮至树皮刚露白茬；药剂选用内吸性药剂；外包的塑料薄膜要及时拆掉（约1周）。主要用于防治食叶害虫、吸汁害虫及蛀干害虫的危害初期。

另外，有地下根施农药、喷粉、毒笔、毒绳、毒签等方法。总之，农药的使用方法很多，在使用农药时，可根据药剂本身的特征及害虫的特点灵活运用。

第四章　园林树木整形与修剪

整形与修剪是园林树木栽培及养护管理工作中必不可少的技术操作，是调控树木生长发育的重要手段，也是最大限度发挥园林树木的景观价值、经济价值和生态价值的有效措施。园林树木的景观价值需通过树形、树姿来体现，经济价值和生态价值要通过合理的树冠结构来提高，所有这些都可以借助整形修剪来调整和完善。此外，园林树木的病虫害防治和安全性管理也都离不开整形修剪的措施。园林树木的整形修剪水平直接反映了养护管理的水平。

第一节　园林树木修剪的概念、作用与原则

一、树木修剪的概念

整形修剪是指树木生长前期（幼树时期）为构成一定的理想树形而进行的树体生长的调整工作，是对树木植株施行一定的技术措施，使之形成栽培者所需要的树体结构形态。所谓修剪，是指成型后实施的技术措施，目的是维持和发展这一既定的树形，是对植株的某些器官，如芽、干、枝、叶、花、果、根等进行修剪或删除的操作。

整形是目的，修剪是手段。整形是通过一定的修剪措施来完成的，而修剪又是在整形的基础上，根据某种树形的要求而施行的技术措施，二者紧密相关，统一于一定的栽培管理的目的要求下。整形修剪一定要在土、肥、水管理的基础上进行，它是提高园林绿化艺术水平不可缺少的一项技术环节。平时，对于园林树木强调“三分种、七分管”，其中整形修剪技术，就是一项极为重要的管理养护措施。

二、树木修剪的作用

不同种类的树木因其生长特征以及生长环境的不同而形成各种各样的树冠形状，但通过整形修剪的方法可以改变其原有的形状，更好地服务于人类的特殊需求，我国的盆景艺术就是充分发挥整形修剪技术的最好范例。园林树木的整形与修剪虽然是对树木个体的营养生长与生殖生长的人为调节，但却不同于盆景艺术造型和果树生产栽培，城市树木的修剪具有更广泛的内涵，其主要意义如下：

（1）改善通风透光条件，提高抗逆性。

（2）促进观花、观果树木的开花结果。

（3）提高树木栽植的成活率。

（4）促进衰老树木的更新复壮。

（5）培养优美树形，调整树木体量，增强配置效果。

（6）提高树木的安全性。

三、整形修剪的原则

(一)根据树木在园林中的用途

不同的整形修剪措施造成不同的结果,不同的绿化目的各有其特殊的整剪要求,因此整形修剪必须明确该树的栽培目的和要求。例如,槐树作行道树栽植整剪成杯状形,如果作庭荫树栽植则采用自然树形,圆柏在草坪上独植观赏与作绿篱有完全不同的整形修剪要求,因而具体的整形修剪方法也不同。

(二)根据树木生长地的环境条件

树木在生长过程中总是不断地协调自身各部分的生长平衡,以适应外部生态环境的变化。孤植树光照条件良好,因而树冠丰满,冠高比大;林内密生的树木主要从上方接受光照,因侧旁遮阳而发生自然整枝,树冠变得较窄,冠高比小。因此,需针对树木的光照条件及生长空间,通过修剪来调整有效叶片的数量,控制大小适当的树冠,培养出良好的冠形与干形。生长空间较大的,在不影响周围配置的情况下,可开张枝干角度,最大限度地扩大树冠;如果生长空间较小,则应通过修剪来控制树木的体量,以防过分拥挤,降低观赏效果。对于生长在盐碱地、干旱地、土壤瘠薄或风口地段等逆境条件的树木,应采用低干矮冠的整形修剪方式,适当疏剪枝条,保持良好的透风结构。

(三)根据树木的生物学特征

具有不同生物学特征的树种,要求采用相应的整形修剪方式。如桂花、榆叶梅等顶端生长势不太强但发枝能力强的树种易形成丛状树冠,可修剪成圆球形、半球形等树形;而香樟、广玉兰、榉树等大型乔木树种,则应维持其自然式冠形;对于桃、梅、杏等喜光树种,为避免内膛秃裸、花果外移,通常需采用自然开心形的整形修剪方式。整形修剪时主要考虑以下几个方面。

1. 萌芽力与成枝力

萌芽力指一年生营养枝上芽萌发的能力,常用萌芽数占该枝芽总数的百分数表示,称为萌芽率。成枝力指一年生营养枝上能发出长枝的多少,能发出4个以上长枝,则说明其成枝力强,反之则成枝力弱。因此,整形修剪的强度与频度,不仅取决于树木栽培的目的,更取决于树木萌芽力、成枝力和愈伤能力的强弱。萌芽力和成枝力因树种、品种的不同而不同,如悬铃木、大叶黄杨、女贞等具有很强萌芽成枝能力的树种耐重剪,可多次修剪;而对梧桐、玉兰等萌芽成枝力较弱的树种,则应少修剪或只做轻度修剪。萌芽力和成枝力还与树木的年龄、栽培条件有密切的联系,因此在整形修剪中也应兼顾考虑。

2. 花芽着生的部位、性质及开花习性

春季开花的花木,花芽通常在夏秋进行分化,着生在一年枝上,因此在休眠季修剪时必须注意到花芽着生的部位。花芽着生在枝条顶端的称为顶花芽,具有顶花芽的花木(玉兰等),在休眠季或者说在花前绝不能短截(除为了更新枝势)。如花芽着生在叶腋里,称为腋花芽。根据需要可以在花前短截枝条。

具有腋生的纯花芽的树木在短截枝条时应注意剪口不能留花芽。因为纯花芽只能开花,不能抽生枝叶,花开过后,在此会留下一段很短的干枝,这种干枝段如果出现得过多,则影响观赏效果。对于观果树木,由于花上面没有枝叶,作为有机营养的来源,则花后不能坐果,致使结果量减少。

夏秋开花的种类,花芽在当年抽生的新梢上形成,如紫薇、木槿等,因此应在秋季落叶后至早春萌芽前进行修剪。有些花木如希望当年开两次花,可在花后将残花剪除,加强肥水管理,可二次开花。紫薇又称百日红,就是因为去残花后可开花达百日,故此得名。

3. 分枝特征

对于具有主轴分枝的树种,修剪时要注意控制侧枝,剪除竞争枝,促进主枝的发育,如钻天杨、毛白杨、银杏等树冠呈尖塔形或圆锥形的乔木,顶端生长势强,具有明显的主干,适合采用保留中央领导干的整形方式。而具有合轴分枝的树种,易形成几个势力相当的侧枝,呈现多叉树干,如为培养主干,可采用摘除其他侧枝的顶芽来削弱其顶端优势,或将顶枝短截,剪口留壮芽,同时疏去剪口下各侧枝,促其加速生长。具有假二叉分枝(二歧分枝)的树种,由于树干顶梢在生长后期不能形成顶芽,下面的对生侧芽优势均衡,影响主干的形成,可采用剥除其中一个芽的方法来培养主干。对于具有多歧分枝的树种,可采用抹芽法或用短截主枝方法重新培养中心主枝。修剪中应充分了解各类分枝的特征,注意各类枝之间的平衡,应掌握强主枝强剪、弱主枝弱剪的原则。侧枝是开花结实的基础,生长过强或过弱均不易形成花芽。所以,对强侧枝要弱剪,目的是促使侧芽萌发,增加分枝,缓和生长势,促进形成花芽。同时花果的生长与发育对强侧枝的生长势产生抑制作用;对弱枝要强剪,使其萌发较强的枝条,这种枝条形成的花芽少,消耗的营养少,则产生促进侧枝生长的效果。

4. 树龄及生长发育时期

不同年龄时期的树木,由于生长势和发育阶段上的差异,应采用不同的整形修剪的方法和强度。

幼年阶段,应以整形为主,为整个生命周期的生长和充分发挥其园林功能效益打下牢固的基础。整形的主要任务是配备好主侧枝,扩大树冠,形成良好的形体结构。花果类树木还应通过适当修剪促进早熟。

中年阶段,具有完整优美的树冠,其修剪整形的目的在于保持植株的完美健壮状态,延缓衰老阶段的到来,调节生长与开花结果的矛盾,稳定丰花硕果时间。

衰老树木,因生长势弱,生长量逐年减小,树冠处于向心更新阶段,修剪时以强剪为主,以刺激隐芽萌发,更新复壮充实内膛,恢复其生长势,并应利用徒长枝达到更新复壮的目的。

第二节 园林树木的整形修剪技术与方法

一、整形修剪的时期

园林树木种类很多,习性与功能各异,由于修剪目的与性质的不同,虽然各有其相适宜的修剪季节,但从总体上看,一年中的任何时候都可对树木进行修剪,如抹芽、摘心、除蘖、剪枝等。有些树木因伤流等原因,要求在伤流最少的时期内进行,绝大多数树木以冬季和夏季修剪为最好。

(一)休眠期修剪

休眠期修剪亦称冬季修剪,是适宜大多数落叶树种的修剪时期,宜在树体落叶休眠至春季萌芽开始前进行。此期内树木生理活动缓慢,枝叶营养大部分回归主干和根部,修剪造成的营养损失最少,伤口不易感染,对树木生长影响较小,大量的修剪工作(如截除大枝等)均在此期内进行。修剪的具体时间,要根据当地冬季的具体温度特点而定,如在冬季严寒的北方地区,修剪后伤口易受冻害,故以早春修剪为宜,一般在春季树液流动前进行;而一些需保护越冬的花灌木,应在秋季落叶后至上冻前重剪,然后埋土或包裹树干防寒。

(二)生长期修剪

生长期修剪亦称夏季修剪,宜在春季萌芽后至树木进入休眠前的整个生长季内进行。此期修剪的主要目的是改善树冠的通风透光条件,一般采用轻剪,以免因剪除大量的枝叶而对树木造成不良的影响。对于发枝力强的树种,应疏除冬剪截口附近的过量新梢,以免干扰树形。嫁接后的树木,应加强抹芽、除蘖等修剪手法,保护接穗的健壮生长。对于夏季开花的树种,应在花后及时修剪,避免养分消耗并促进来年开花。一年内多次抽梢开花的树木,如花后及时剪去花枝,可促使新梢的抽生和再次开花。对于观叶、赏形的树木,生长期修剪可随时去除扰乱树形的枝条;绿篱采用生长期修剪,可保持树形的整齐美观。对于常绿树种,因冬季修剪伤口易受冻害而不易愈合,故宜在春季气温开始上升、枝叶开始萌发后进行,具体的修剪时间及强度因树种而异。

二、整形的方式

园林树木的整形方式因栽培目的、配置方式和环境状况不同而有很大的不同,在实际应用中主要有以下几种方式。

(一)自然式整形

这种树形是在树木本身特有的自然树形基础上,按照树木本身的生长发育习性,稍加人工调整和干预而形成的自然树形。这不仅体现园林树木的自然美,同时也符合树木自身的生长发育习性,有利于树木的养护管理。行道树、庭荫树及一般风景树等基本上都采用自然式整形。长圆形如玉兰、海棠,圆球形如黄刺玫、榆叶梅,扁圆形如槐树、桃花,伞形如合欢、垂枝桃,卵圆形如苹果、紫叶李,拱形如连翘、迎春。

(二)人工式整形

由于园林绿化的特殊要求,有时将树木整剪成有规则的几何形体,如方的、圆的、多边形的等,或整剪成非规则的各种形体,如鸟兽等。这类整形所采用的植物材料又要求萌芽力和成枝力均强的种类,例如侧柏、黄杨、红叶石楠等,并且只要见有枯死的枝条,就要立即剪除,有死的植株还要马上换掉,才能保持整齐一致。所以,往往为满足特殊的观赏要求才采用此种方式。

1. 几何形体的整形方式

按照几何形体的构成标准进行修剪整形,例如球形、半球形、蘑菇形、圆锥形、圆柱形、正方体、长方体、葫芦形、城堡式等。

2. 非几何形体的整形方式

(1)垣壁式。在庭园及建筑物附近为达到垂直绿化墙壁的目的而进行的整形。在欧洲的古典式庭园中常可见到此式。常见的形式有 U 字形、叉字形、肋骨形等。这种方式的整形方法是使主干低矮,在干上向左右两侧呈对称或放射状配列主枝,并使之保持在同一垂直面上。

(2)雕塑式。根据整形者的意图,创造出各种各样的形体,但应注意树木的形体要与四周园景协调,线条不宜过于烦琐,以轮廓鲜明简练为佳。

(三)混合式整形

1. 中央领导干形

有强大的中央领导干,在其上配列疏散的主枝,多呈半圆形树冠。如果主枝分层着生,则称为疏散分层形。第一层由比较邻近的 3 ~4 个主枝组成,第二层由 2 ~3 个主枝组成,第三层也有 2 ~3 个主枝,以后每层留 1 ~2 个主枝,直至 6 ~10 个主枝。各层主枝之间的距离,依次向上间隔缩小。这种树形,中央领导枝的生长优势较强,能向外和向上扩大树冠,主侧枝分布均匀,透风透光良好,进入开花结果期较早而丰产。

2. 杯形

杯形即是常讲的"三股、三叉、十二枝",没有中心干,但在主干一定高度处留三主枝向三方伸展。各主枝与主干的夹角约为 45°,三主枝间的夹角约为 120°。在各主枝上又留两根一级侧枝,在各一级侧枝上又再保留二根二级侧枝,依次类推,即形成类似假二叉分枝的杯状树冠。这种整形方法,多用于干性较弱的树种。

3. 自然开心形

由杯形改进而来,它没有中心主干,中心没有杯形空,但分枝比较低,三个主枝错落分布,有一定间隔,自主干向四周放射伸出,直线延长,中心开展,但主枝分生的侧枝不以假二叉分枝,而是左右错落分布,因此树冠不完全平面化。

4. 多主干形

留 2 ~4 个主干,在其上分层配列侧生主枝,形成匀整的树冠。此树形适用于生长较旺盛的树种,最适宜观花乔木、庭荫树的整形。其树冠优美,并可提早开花,延长小枝条寿命。

5. 丛球形

此种整形只是主干较短,分生多个各级主侧枝错落排列呈丛状,叶层厚,绿化美化效果较好。本形多用于小乔木及灌木的整形,如黄杨类、杨梅、海桐等。

6. 篱架形

这种整形方式主要应用于园林绿地中的蔓生植物。凡有卷须、吸盘或具缠绕习性的植物,均可依靠各种形式的棚架、廊亭等支架攀缘生长;不具备这些特征的藤蔓植物则要靠人工搭架引缚,即便于它们延长、扩展,形成一定的遮阴面积,供游人休息观赏,其形状往往随人们搭架形式而定。

总括以上所述的几类整形方式,在园林绿地中以自然式应用最多,既省人力、物力又易成功。其次为自然与人工混合式整形,这是使花朵硕大、繁密或果实丰多肥美等目的而进行的整形方式,它比较费工,亦需适当配合其他栽培技术措施。关于人工形体式整形,一般言之，由于很费人工，且需有较熟练技术水平的人员，故常只在园林局部或在要求特殊美化处应用。

三、修剪方法

（一）短截

短截又称短剪，指剪去一年生枝条的一部分。短截对枝条的生长有局部刺激作用。短截是调节枝条生长势的一种重要方法。在一定范围内，短截越重，局部发芽越旺。根据短截程度可为轻短截、中短截、重短截、极重短截。

1. 轻短截

剪去枝梢的1/4～1/3，即轻打梢。由于剪截轻，留芽多，剪后反应是在剪口下发生几个不太强的中长枝，再向下发出许多短枝。一般生长势缓和，有利于形成果枝，促进花芽分化。

2. 中短截

在枝条饱满芽处剪截，一般剪去枝条全长的1/2左右。剪后反应是剪口下萌发几个较旺的枝，再向下发出几个中短枝，短枝量比轻短截少，因此剪截后能促进分枝，增强枝势，连续中短截能延缓花芽的形成。

3. 重短截

在枝条饱满芽以下剪截，约剪去枝条的2/3以上。剪截后由于留芽少、成枝力低而生长较强，有缓和生长势的作用。

4. 极重短截

剪至轮痕处或在枝条基部留个2～3秕芽剪截。剪后只能抽出1～3个较弱枝条，可降低枝的位置，削弱旺枝、徒长枝、直立枝的生长，以缓和枝势，促进花芽的形成。

（二）回缩

回缩又称缩剪，是指对二年或二年以上的枝条进行剪截。一般修剪量大，刺激较重，有更新复壮的作用。多用于枝组或骨干枝更新以及控制树冠辅养枝等。其反应与缩剪程度、留枝强弱、伤口大小等有关。如缩剪时留强枝、直立枝，伤口较小，缩剪适度可促进生长；反之，则抑制生长。前者多用于更新复壮，后者多用于控制树冠或辅养枝。

（三）疏删

疏删指从分生处剪去枝条。一般用于疏除枯枝、病虫枝、过密枝、徒长枝、竞争枝、衰弱枝、下垂枝、交叉枝、重叠枝及并生枝等，是减少树冠内部枝条数量的修剪方法。

疏删，又称疏剪或疏枝，指从分生处剪去枝条。一般用于疏除枯枝、病虫枝、过密枝、徒长枝、竞争枝、衰弱枝、下垂枝、交叉枝、重叠枝及并生枝等，是减少树冠内部枝条数量的修剪方法。不仅一年生枝从基部减去称疏剪，而且二年生以上的枝条，只要是从其分生处剪除，都称为疏剪。

疏删修剪时，对将来有妨碍或遮蔽作用的非目的枝条，虽然最终也会除去，但在幼树时期，宜暂时保留，以便使树体营养良好。为了使这类枝条不至于生长过旺，可放任不剪。尤其是同一树上的下部枝比上部枝停止生长早，消耗的养分少，供给根及其他必要部分生长的营养较多，因此宜留则留，切勿过早疏除。

疏剪的应用要适量,尤其是幼树一定不能疏剪过量,否则会打乱树形,给以后的修剪带来麻烦。枝条过密的植株应逐年进行,不能急于求成。

(四)放

营养枝不剪称甩放或长放。放是利用单枝生长势逐年递减的自然规律。长放的枝条留芽多,抽生的枝条也相对增多,致使生长前期养分分散,而多形成中短枝;生长后期积累养分较多,能促进花芽分化和结果。但是营养枝长放后,枝条增粗较快,特别是背上的直立枝,越放越粗,运用不妥,会出现树上长树的现象,必须注意防止。

(五)伤

用各种方法损伤枝条的韧皮部和木质部,以达到削弱枝条的生长势、缓和树势的方法称为伤。伤枝多在生长期内进行,对局部影响较大,而对整个树木的生长影响较小,是整形修剪的辅助措施之一。主要的方法如下。

1. 环状剥皮(环剥)

用刀在枝干或枝条基部的适当部位环状剥去一定宽度的树皮,可在一段时期内阻止枝梢碳水化合物向下输送,有利于环状剥皮上方枝条营养物质的积累和花芽分化。这适用于发育盛期开花结果量小的枝条。环剥深度以达到木质部为宜,过深,伤及木质部会造成环剥枝梢折断或死亡;过浅,则韧皮部残留,环剥效果不明显。实施环剥的枝条上方需留有足够的枝叶量,以供正常光合作用之需。

环剥是在生长季应用的临时性修剪措施,通常在开完花或结完果进行。在冬剪时要将环剥以上的部分逐渐剪除,所以在主干、中干、主枝上不采用。伤流过旺、易流胶的树一般不用。

2. 刻伤

用刀在芽(或枝)的上(或下)方横切(或纵切)而深及木质部的方法。刻伤常在休眠期结合其他修剪方法施用。主要方法如下:

(1)目伤。在芽或枝的上方行刻伤,伤口形状似眼睛,伤及木质部以阻止水分和矿质养分继续向上输送,以在理想的部位萌芽抽枝;反之,在芽或枝的下方行刻伤时,可使该芽或该枝生长势减弱,但因有机营养物质的积累,有利于花芽的形成。

(2)纵伤。指在枝干上用刀纵切而深达木质部的方法,目的是减小树皮的机械束缚力,促进枝条的加粗生长。纵伤宜在春季树木开始生长前进行,实施时应选树皮硬化部分,小枝可行一条纵伤,粗枝可纵伤数条。

(3)横伤。指对树干或粗大主枝横切数刀的刻伤方法。其作用是阻滞有机养分的向下输送。促使枝条充实,有利于花芽分化,达到促进开花下结实的目的。作用机制同环剥,只是强度较低而已。

3. 折裂

折裂为曲折枝条,使之形成各种艺术造型。常在早春芽萌动始期进行。先用刀斜向切入,深达枝条直径的1/2 ~2/3 处,然后小心地将枝弯折,并利用木质部折裂处的斜面支撑定位,为防止伤口水分损失过多,往往在伤口处进行包裹。

4. 扭梢和折梢(枝)

扭梢和折梢(枝)多用于生长期内将生长过旺的枝条,特别是着生在枝背上的徒长枝,扭转弯曲而未伤折者称扭梢,折伤而未断者则成折梢。扭梢和折梢均是部分损伤传导组织为了阻碍水分、养分向生长点输送,达到削弱枝条长势以利于短花枝形成的目的。

5. 变

变是为了变更枝条生长方向和角度,以调节顶端优势为目的的整形措施。为改变树冠结构,有屈枝、弯枝、拉枝、抬技等形式,通常结合生长季修剪进行,对枝梢施行屈曲、缚扎或扶立、支撑等技术措施。直立诱引可增强生长势;水平诱引具有中等强度的抑制作用,使组织充实,易形成花芽;向下屈曲诱引则有较强的抑制作用,但枝条背上部易萌发强健新枝,须及时去除,以免适得其反。

(六)其他方法

1. 摘心

摘心是摘除新梢顶端生长部位的措施,摘心后削弱了枝条的顶端优势,改变营养物质的输送方向,有利于花芽分化和结果。摘除顶芽可促使侧芽萌发,从而增加了分枝,促使树冠早日形成。而适时摘心,可使枝、芽得到足够的营养,充实饱满,提高抗寒力。

2. 抹芽

把多余的芽从基部抹除称抹芽或除芽。此措施可改善留存芽的养分供应状况,增强其生长势。如行道树每年夏季对主干上萌发的隐芽进行抹除,一方面为了使行道树主干通直,不发分枝,以免影响交通;另一方面为了减少不必要的营养消耗,保证行道树的健康成长。又如,芍药通常在花前疏去侧蕾,使养分集中于顶蕾,以使顶端的花开得大而且色艳。有的为了抑制顶端过强的生长势或为了延迟发芽期,将主芽抹除,而促使副芽或隐芽萌发。

3. 摘叶

带叶柄将叶片剪除,叫摘叶。摘叶可改善树冠内的通风透光条件,对观果的树木,可使果实充分见光,且着色好,增加果实的美观程度,从而提高观赏效果;对枝叶过密的树冠,进行摘叶有防止病虫害发生的作用。

4. 去蘖

榆叶梅、月季等易生根蘖的园林树木,生长季期间应随时除去萌蘖,以免扰乱树形,并可减少树体养分的无效消耗。嫁接繁殖树,则须及时去除其上的萌蘖,防止干扰树性,影响接穗树冠的正常生长。

5. 摘蕾

实质上为早期进行的疏花、疏果措施,可有效调节花果量,提高存留花果的质量。如杂种香水月季,通常在花前摘除侧蕾,使主蕾得到充足养分,开出漂亮而肥硕的花朵;聚花月季,往往要摘除侧蕾或过密的小蕾,使花期集中,花朵大而整齐,观赏效果增强。

6. 断根

将植株的根系在一定范围内全部切断或部分切断的措施,断根后可刺激根部发生新的须根,所以在移栽珍贵的大树或移栽山野自生树时,往往在移栽前1~2年进行断根,在一定的范围内促发新的须根,有利于移栽成活。

7. 大枝剪截

为了大树移栽吸收和蒸发的协调,老龄树恢复生长力,防治病虫害,防风、雪的危害,要进行大枝剪截，残留的分枝点向下部凸起，伤口小，易愈合。

回缩多年生大树时，除极弱枝外，一般都会引起徒长枝的萌生。为了防止徒长枝大量发生，可重短剪，以削弱其长势再回缩，同时剪口下留角度大的弱枝当头，有助于生长力的缓和。在生长季节随时抹掉枝背发出的芽，均可缓和其长势，减少徒长枝发生。大枝修剪后，会削弱伤口以上枝条长势，增强伤口下枝条长势。可采用多疏枝的方法，取得削弱树势或缓和上强下弱树形的枝条长势。直径在 10 cm 以内的大枝，可离主干 10～15 cm 处锯掉，再将留下的锯口由上而下稍倾斜削正。锯直径 10 cm 以上的大枝时，应首先从下方离主干 10 cm 处自下面上锯一浅伤口，再离此伤口 5 cm 处自上而下锯一小切口，然后再靠近树干处从上而下锯掉残桩。这样可避免锯到半途时因树枝自身的重量而撕裂造成伤口过大，不易愈合。为了避免雨水及细菌侵入伤口而糜烂，锯后还应用利刀修剪平整光滑，涂上消毒液或油性涂料。

四、修剪常见技术问题

（一）剪口状态

在修剪各级骨干枝的延长枝时应特别注意剪口状态与剪口芽的关系。

1. 平剪口

剪口位于侧芽顶尖上方，呈水平状态或稍稍倾斜，剪口小，易愈合。如果剪成斜切口，斜切面与芽的方向相反，其上端与芽端相齐，下端与芽的腰部相齐，这样剪口面不大，又利于养分、水分对芽的供应，使剪口面不易干枯而可很快愈合，芽也会很好地抽梢。

2. 大斜剪口

切口上端虽在芽尖上方，但下端却达芽的基部下方，剪口倾斜过急，水分蒸发过多，剪口芽的水分和营养供应受阻，会严重削弱芽的生长势，甚至导致死亡，而下面一个芽的生长势却得到加强。这种切口一般只在削弱枝势时应用。

3. 留桩剪口

剪口水平或倾斜，在芽的上方留一段小桩。这种剪口因养分不易流入小桩而干枯，剪口也很难愈合，同时也会导致芽萌发的弧形生长，一般不宜采用；但另一方面因这种剪口可避免失水导致剪口芽的削弱或干枯，消除其芽萌发生长的障碍，又可适用于某些树种的修剪。

4. 剪口芽的强弱与方向

剪口芽的强弱和选留位置不同，生长出来的枝条强弱和姿势也不一样。剪口芽留壮芽则发壮枝，留弱芽则发弱枝。如作为主干延长枝，剪口芽应选留能使新稍顺主干延长方向直立生长的芽，同时要和上年的剪口芽相对，也就是新枝一年偏左、一年偏右，使主干延长后呈垂直向上的姿势；如作为斜生主枝延长枝，欲扩大树冠，宜选留外芽作剪口芽，可得斜生姿态的延长枝。如果主枝角度开张过大，生长势弱，剪口芽要选留上芽，缩小分枝角度，新枝可向上伸展，从而增强枝势，维护枝间长势的平衡。

（二）竞争枝的处理

1. 一年生竞争枝

无论是观花观果树、观形树或用材树，其中心主枝或其他各级主枝，由于冬剪时顶端芽位处理不妥，往往在生长期形成竞争枝，如不及时处理，就会扰乱树形，甚至影响观赏或经济效益。凡遇这类情况，可按下列方法进行处理：

（1）争枝未超过延长枝，下邻枝较弱小，可齐竞争枝基部一次疏除。疏剪时留下的伤口，虽可削弱延长枝和增强下邻弱枝的长势，但不会形成新的竞争枝。

（2）竞争枝未超过延长枝，下邻枝较强壮，可分两年剪除竞争枝。当年先对竞争枝重短裁，抑制其生长势，待望年延长枝长粗后再齐基部疏除竞争枝；否则，下邻枝长势会加强，成为新的竞争枝。

（3）竞争枝长势超过原延长枝，竞争枝下邻枝较弱小，可一次剪去较弱的原延长枝。

（4）竞争枝长势旺，原延长枝弱小，竞争枝下邻枝又很强，应分两年剪除原延长枝，使竞争枝逐步代替原延长枝，即第一年对原延长枝重短截，第二年再予以疏除。

2. 多年生竞争枝

这类情况常见于放任生长的树木修剪。如果处理竞争枝不会造成树过于空膛和破坏树形，可将竞争枝一次回缩到下部侧枝处，或一次疏除；如果会破坏树形或会留下大空位，则可逐年回缩疏除。

（三）主枝的配置

在园林树木整形修剪中，正确地配置主枝，对树木生长、调整树形及提高观赏和综合效益都有好处。主枝配置的基本原则是树体结构牢固、枝叶分布均匀、通风透光良好、树液流动顺畅。树木主枝的配置与调整随树种分枝特征、整形要求及年龄阶段而异。

多歧式分枝的树木（如梧桐、臭椿等）和单轴分枝的树木（如雪松、龙柏等），随着树木的生长容易出现主枝过多和近似轮生的状况，如不注意主枝配备，就会造成“掐脖”现象。因此，在幼树整形时，就要按具体树形要求，逐步剪除主轴上过多的主枝，并使其分布均匀。如果已放任生长多年，出现“轮生”现象时，应每轮保留 2～3 个向各方生长的主枝，使树冠合成的养分，在运输时遇到枝条剪口，被迫分股绕过切口区后，恢复原来的方向。切口上部的养分由于在切口处受阻而速度减慢，造成切口上部的营养积累相对增多，致使切口上部主干明显加粗，从而解决了原来因“掐脖”而造成轮生枝上下粗细悬殊的问题。

在合轴主干形、圆锥形等树木修剪中，主枝数目虽不受限制，但为了避免主干尖削度过大，保证树冠内通风透光，主枝间要有相当的间隔，且要随年龄增大而加大。合轴分枝的树木，常采用杯状形、自然开心形等整形方式，应注意三大主枝的配置问题。目前常见的配置方式有邻接三主枝或邻近三主枝两种。

邻接三主枝通常在一年内选定，三个主枝的间隔距离较小，随着主枝的加粗生长，三者几乎轮生在一起。这种主枝配置方式如是杯状形、自然开心形树冠，则因主枝与主干结合不牢，极易造成劈裂；如是疏散分层形、合轴主干形等树冠，则有易造成“掐脖”现象的缺点，故在配置三大主枝时，不要采用邻接三主枝形式。邻近三主枝一般分两年配齐，通常在第一年修剪时，选留有一定间隔的主枝 2 个，第二年再隔一定间距选留第三主枝。三大主枝的相邻间距可保持 20 cm 左右。这种配置方法，结构牢固，且不易发生“掐脖”现象，故为园林树木修剪中经常采用的配置形式。

（四）主枝的分枝角度

对高大的乔木而言，分枝角度太小，容易受强风、雪压、冰挂或结果过多等压力的影响而发生劈裂。因为在两枝间由于加粗生长而互相挤压，不但没有充分的空间发展新组织，而且使已死亡的组织残留于两枝之间，因而降低了抗压能力；反之，如分枝角较大时，由于有充分的生长空间，两枝间的组织联系很牢固，不易劈裂。

由于上述道理，所以在修剪时应剪除分枝角过小的枝条，而选留分枝角较大的枝条作为下一级的骨干枝。对初形成树冠而分枝角较小的大枝，可采用拉、撑、坠的方法加大枝角，予以矫正。

（五）剪口保护剂

树干上因修剪造成太大的伤口，特别是珍贵的树种，在树体主要部分的伤口应用保护剂保护。目前应用较多的保护剂有如下两种。

1. 固体保护剂

取松香 10 份、蜂蜡 2 份、动物油 1 份。先把动物油放在锅里加火熔化，然后将旺火撤掉，立即加入松香和蜂蜡，再用文火加热并充分搅拌，待冷凝后取出，装在塑料袋密封备用。使用时，只要稍微加热令其软化，然后用油灰刀将其抹在伤口上即可。一般用来封抹大型伤口。

2. 液体保护剂

原料为松香 10 份、动物油 2 份、酒精 6 份、松节油 1 份。先把松香和动物油一起放入锅内加温，待熔化后立即停火，稍冷却后再倒入酒精和松节油，同时随着搅拌均匀，倒入瓶内密封储藏，以防酒精和松节油挥发。使用时用毛刷涂抹即可。这种液体保护剂适用于小型伤口。

五、修剪的程序与要求

（一）制订修剪方案

作业前应对树木的树冠结构、树势、主侧枝的生长状况及平衡关系等进行详尽的观察和分析，并注意树木本身及周围环境是否存在安全隐患，如果有，则应设法排除。根据修剪目的与要求以及树木自身的生长特征，制订科学合理的修剪及保护方案。对重要景观中的树木、古树及珍贵的观赏树木，修剪前需咨询专家的意见，或在专家直接指导下进行修剪。

（二）培训修剪人员，熟悉修剪规程

修剪人员必须熟练掌握操作规程、技术规范及特殊要求，工作前应接受培训，获得上岗证书后方能独立工作。修剪作业所用的工具要坚固且锋利，不同的作业应配有相应的工具，根据修剪方案，对要修剪的枝条、整剪部位及修剪方式进行示范；然后按照先剪下部、后剪上部，先剪内腔枝、后剪外围枝，由粗剪到细剪的顺序进行。一般从疏剪入手，把枯枝、密生枝、重叠枝等枝条剪去，再对留下的枝条进行短截。回缩修剪时，应按大枝、中枝、小枝的先后次序进行。修剪完成后需检查修剪的合理性，如有漏剪、错剪，应及时修正。

（三）注意安全作业

一方面是对作业人员的安全防范，所有的作业人员都必须配备安全保护装备；有高血压、心脏病、眩晕症的人不得上树修剪。另一方面是对作业树木下面或周围的行人与设施

的保护,在作业区边界应设置醒目的标记,避免落枝伤害行人。当几个人同剪一株高大树木时,应有专人负责指挥,以便高空作业时协调配合。

(四)清理作业现场

及时清理、运走修剪下来的枝条十分重要,一方面保证环境整洁,另一方面确保安全。目前在国内一般采用把残枝运走的办法,在国外则经常用移动式削片机在作业现场就地把树枝粉碎成木片,既可减少运输量,又可对剪下的树枝进行再利用。

第三节 各类园林树木的整形修剪

一、落叶乔木的整形修剪

具有中央领导干、主轴明显的树种,应尽量保持主轴的顶芽,若顶芽或主轴受损,则应选择中央领导枝上生长角度比较直立的侧芽代替,培养成新的主轴。主轴不明显的树种,应选择上部中心比较直立的枝条当作领导枝,以尽早形成高大的树身和丰满的树冠。

中等大小的乔木树种,主干高度约 1.8 m,顶梢继续长到 2.2 ~2.3 m 时,去梢促其分枝,较小的乔木树种主干高度为 1.0 ~ 1.2 m,较大的乔木树种,通常采用中央领导干树形,主干高 1.8 ~2.4 m,中央干不去梢,其他枝条可通过短截,形成平衡的主枝。观花、观果类也可采用杯状形、自然开心形等。

庭荫树等孤植树木的树冠尽可能大些,以树冠为树高的 2/3 以上为好,以不小于 1/2 为宜。对自然式树冠,每年或隔年将病虫枯枝及扰乱树形的枝条剪除,对老枝进行短截,使其增强生长势,对基部萌发的萌蘖以及主干上不定芽萌发的冗枝均需一一剪去。

行道树一般为具有通直主干、树体高大的乔木树种,主干高度与形状最好能与周围的环境要求相适应,枝下高一般 3 m 左右,在市区特别是重要行道的行道树,更要求它们的高度和分枝点基本一致,树冠要整齐,富有装饰性。栽在道路两侧的行道树注意不要妨碍车辆的通行,公园内园路树或林荫路上的树木主干高度以不影响游人漫步为原则。

行道树除要求具有直立的主干外,一般不做特别的选形,采用中干疏散型为好,有较强中干的行道树一般栽植在道路比较宽、上面没有高架线的道路上,中干不强或无明显的行道树一般栽植在街道比较窄或架有高压线的街道上。公园行道树与各类线路的关系处理一般采用三种措施:降低树冠高度,使线路在树冠的上方通过;修剪树冠的一侧,让线路能从其侧旁通过;修剪树冠内膛的枝干,使线路能从中间通过或使线路从树冠下通过。

二、常绿乔木的整形修剪

(一)杯状形的修剪杯

状形行道树具有典型的“三叉六股十二枝”的冠形,主干高在 2.5 ~4 m。整形工作是在定植后 5 ~6 年完成的,悬铃木常用此树形。

骨架完成后,树冠扩大很快,疏去密生枝、直立枝,促发侧生枝,内膛枝可适当保留,增加遮阴效果。上方有架空线路,勿使枝与线路触及,按规定保持一定距离。一般电话线为 0.5 m,高压线为 1 m 以上。近建筑物一侧的行道树,为防止枝条扫瓦、堵门、堵窗,影响室内采光和安全,应随时对过长枝条进行短截修剪。

生长期内要经常进行抹芽,抹芽时不要扯伤树皮,不留残枝。冬季修剪时把交叉枝、并生枝、下垂枝、枯枝、伤残枝及背上直立枝等截除。

(二)自然开心形的修剪

由杯状形改进而来,无中心主干,中心不空,但分枝较低。定植时,将主干留3 m或者截干,春季发芽后,选留3~5个位于不同方向、分布均匀的侧枝进行短剪,促使枝条长成主枝,其余全部抹去。生长季注意将主枝上的芽抹去,只留3~5个方向合适、分布均匀的侧枝。来年萌发后选留侧枝,全部共留6~10个,使其向四方斜生,并进行短截,促发次级侧枝,使冠形丰满、匀称。

(三)自然式冠形的修剪

在不妨碍交通和其他公用设施的情况下,树木有任意生长的条件时,行道树多采用自然式冠形,如尖塔形、卵圆形、扁圆形等。

有中央领导枝的行道树,如杨树、水杉、侧柏、雪松等,分枝点的高度按树种特征及树木规格而定,栽培中要保护顶芽向上生长。郊区多用高大树木,分枝点在4~6 m以上。主干顶端如损伤,应选择一直立向上生长的枝条或壮芽处短剪,并把其下部的侧芽打去,抽出直立枝条代替,避免形成多头现象。

三、花灌木修剪

(一)新植灌木的修剪

灌木一般裸根栽植,为保证成活,一般作强修剪。一些带土球的珍贵花灌木,如紫玉兰等,可轻剪栽植,当年开花的一定要剪除花芽,有利于成活和生长。

(1)有主干灌木或小乔木,如碧桃、榆叶梅等,修剪时应根据需要保留一定主干高度,选留3~5个方向合适、分布均匀、生长健壮的主枝短截1/2左右,其余疏掉,如有侧枝,疏去2/3,留下的短截,其长度不能超过主枝的高度。

(2)无主干灌木(丛生型),如玫瑰、黄刺玫、连翘等,自地下生出多数粗细相近的枝条,选4~5个分布均匀、生长正常的,留下的丛生枝短截1/2,其余疏去,并剪成内高外低的圆头形。

(二)养护灌木的修剪

(1)有主干灌木或地表多分枝灌木。植株保持内高外低的自然丰满半圆球形,灌丛中央枝上的小枝要疏剪。外围丛生枝及小枝应短截,促发斜生枝,如果栽植时间较长,应有计划疏除老枝、培养新枝。

(2)丛生型灌木。经常短截突出灌丛外的徒长枝,使灌丛保持整齐均衡。丛生灌木保持适量健壮主枝,使根盘小、主枝旺,控制灌丛密度,疏除老条、培养新条。对于灌丛内的干枯病虫枝、细弱枝等随时修剪。

(三)观花灌木控花修剪

为了满足人们对开花植物的观赏期、花量的要求,常用修剪方法来控制花灌木的花期和开花量,此类修剪方法称为“控花修剪”。

(1)当年枝条上形成花芽并开花的灌木,如月季、木槿、紫薇、珍珠梅、杜鹃等,应于休眠期(花前)重剪,有利于促发壮枝和花芽分化,花大、花色艳、花期长。对于当年多次形成花芽的树种如月季等,在天气回暖时可将枝条留在适宜高度,留壮芽进行短截,加强肥水管理。如月季从第一次开花修剪到下次开花一般需45天左右,如果在8月中旬进行短截修剪,可保证国庆节开花。

(2)在当年夏秋形成花芽,第二年早春开花的灌木,如迎春、连翘、海棠、碧桃、榆叶梅、绣线菊、牡丹等,此类应在花后1~2周内适度修剪,回缩树冠。一方面可以防止结果或形成徒长枝消耗养分;另一方面通过短截促发副梢,使副梢在夏秋花芽分化期开成花芽,为来年多开花做好准备。

丁香为顶花芽类型,冬季修剪壮枝时不能短截。隔年枝条上开花的灌木,冬季修剪主要疏剪内膛细弱枝、下垂枝、病虫枝、干枯枝,对健壮开花枝要根据花芽数量多少,进行短截。花芽少,轻短截,多留花芽开花;花芽多,要中短截,使花大、花艳、花期长。在皇家园林或庙宇园林中,多用疏枝,少用短截,使其树形飘逸自然。

(3)多年生枝开花灌木,如紫荆、贴梗海棠等,应注意培育和保护老枝,培养树形。剪除干扰树形并影响通风透光的过密枝、弱枝、枯枝或病虫枝。

(4)观花兼观果的灌木,如金银木、水栒子等,应在休眠期轻剪。其原则是幼树扩冠、老树缩冠,保持一定的体量和防止中空。

四、绿篱、色块和藤木修剪

绿篱的修剪,既为了整齐美观、美化园景,又可使绿篱生长健壮茂盛、延长寿命。树种不同、形式不同、高度不同,采用的整形修剪方式也不一样。

(一)自然式绿篱的修剪

多用在绿墙、高篱、刺篱和花篱上。为遮掩而栽种的绿墙或高篱,阻挡人们的视线为主,这类绿篱采用自然式修剪,适当控制高度,并剪去病虫枝、干枯枝,使枝条自然生长,达到枝叶繁茂,以提高遮掩效果。

以防范为主结合观赏栽植的花篱、刺篱,如黄刺玫、花椒等,也以自然式修剪为主,只略加修剪。冬季修去干枯枝、病虫枝,使绿篱生长茂密、健壮,能起到理想的防范作用即可达到目的。

(二)整形式绿篱的修剪

中篱和矮篱常用于绿地的镶边和组织人流的走向。这类绿篱低矮,为了美观和丰富景观,多采用几何图案式的整形修剪,如矩形、梯形、篱面波浪形等。修剪平面和侧面枝,使高度和侧面一致,刺激下部侧芽萌生枝条,形成紧密枝叶的绿篱,显示整齐美。绿篱每年修剪2~4次,使新枝不断发生,每次留茬高度1 cm,至少也应在“五一”和“十一”前各修整一次。第一次必须在4月上旬修完,最后一次修剪在8月中旬。

整形绿篱修剪时,要顶面与侧面兼顾,从篱体横面看,以矩形和基大上小的梯形较好,上部和侧面枝叶受光充足,通风良好,生长茂盛,不易产生枯枝和中空现象。修剪时,顶面和侧面同时进行。只修顶面会造成顶部枝条旺长,侧枝斜出生长。

(三)图案色带修剪

常用于大型模纹花坛、高速公路互通区绿地的修剪。图案式修剪要求边缘棱角分明、图案的各部分植物品种界限清楚、色带宽窄变化过渡流畅、高低层次清晰。为了使图案不致因生长茂盛形成边缘模糊，应采取每年增加修剪次数的措施，使图案界限得以保持。为保证国庆节颜色鲜艳，北方地区色带色块最后修剪一般在 8 月中旬前完成。

（四）植物造型修剪

常用黄杨、松柏等萌芽性强、耐修剪的植物材料做成鸟兽、牌楼、亭阁、拱门等立体造型，点缀园景。为保持其形象，不让随意生长的枝条破坏造型，每年应多次进行修剪。造型修道的要求是：高度一致，整齐划一，形面及四壁平整，棱角分明。

（五）藤本类整形修剪

藤本类如紫藤、金银花、凌霄、藤本月季、扶芳藤，其主干不能直立生长，常利用其攀缘、缠绕、吸附、卷须等特征向上生长，做立体绿化。其造型由支撑攀附物体的形状决定。常见的几种方式及整形修剪的特点如下。

1. 棚架式

藤本类以缠绕上升，布满架上，造型随架形而变化。栽植初期，应在近地表处重剪，使发生数条强壮主蔓，然后垂直引主蔓于棚架顶部，并使侧蔓均匀地分布于架上。

每年冬季剪除干枯枝、病虫枝，对小侧枝只留 2 ~ 3 个芽行短截。而对于藤本月季，修剪方法则与凌霄有所不同，应首先将过密的枝蔓从基部剪掉，保留健壮枝条，用人工牵引的方法将其按照一定的图案格式绑扎在棚架上。如果藤蔓已覆盖全部花架，可适当疏剪掉部分枝条，防止重叠枝生长，以利于开花。每年花谢后和花芽分化以前，将病虫枝、缠绕枝、重叠枝及衰老枝从基部剪掉，防止丛生枝蔓过密而造成紊乱，使藤蔓分布均匀，阳光通透，以利于新枝生长。

2. 附壁式

本式常用于吸附类藤本，方法简单，只需要重剪短截后将藤蔓引于墙面，可自行依靠吸盘或吸附根而逐渐布满墙面，常见的如中国地锦、凌霄等。有些种类攀附能力差，或墙面光滑，不易攀附，近年见有固定于墙面的钢丝协助附壁的，效果良好。由于株距过密，枝条不能吸附墙体而下垂，应及时疏剪主蔓和下垂枝。

3. 篱垣式

本式多用于缠绕类等较小藤本。只需将枝蔓直立牵引于篱垣上，培养主干，以后每年对侧枝进行短截，即可形成篱垣的形式。常用的如金银花、凌霄、藤本月季、常春藤等。

4. 灯柱式

在灯柱上围以丝网，用吸附类或缠绕藤本，借丝网沿灯柱上升生长。使灯柱从地表到要求高度全部被枝叶缠绕覆盖，要经常对下部及垂枝条进行修剪，培养起立骨架，加快植株生长，达到理想效果。

5. 直立式

对于一些茎蔓粗壮的种类，可以剪整成直立灌木式或小乔木树形。此方式如用于公园道路旁或草坪上，可以收到良好的效果。

五、特殊类型苗木的修剪

(一)造型树

造型树等贵重苗木应按原造型对枝条进行轻剪,不得随意短截,反季节种植时还需除蘖。

(二)棕榈类

仅需从杆部去除枯黄的老叶和下垂叶片,枝叶过密的地苗可适当疏去部分中间叶片。

(三)竹类

一般不进行短截,高温季节种植时可适当疏叶。

六、苗木修剪量

苗木修剪量视具体情况而定,栽植苗在正常季节种植时可不修剪或以摘叶为主,但一般情况下地苗、山地苗以及超过三年的栽植苗修剪量如下。

(一)疏枝

疏枝时尽量多保留外围大枝,以掏内膛枝为主,全冠栽植苗疏枝量应控制在30%左右。

(二)短截

乔木主枝可短截1/3,侧枝重剪1/3~1/2,均截至分生枝或壮芽处。

(三)摘叶

全冠栽植苗一般摘叶量1/3~2/3,珍贵树种、发枝力弱的树种摘叶量1/2~2/3,对于发芽较快的苗木如柳树、天竺桂、桢楠等,必须全部摘除老叶,加速新芽萌发;种植后两个月内进入休眠期或可能遭遇急速降温的地苗应保留部分叶片。

(四)疏花

(1)对花蕾、花序较密的(如玉兰、牡丹、花石榴等),开花较大,疏去70%以上的花蕾和花。

(2)对紫薇、珍珠梅等花规格较小的苗木,已显现花序、花蕾的,应全部疏除。

(五)疏果

(1)已经结果的观果类苗木(如杏树、桃树、石榴、柿树、梨树、海棠等),应及时疏去70%以上的果实。

(2)非观果类苗木(如玉兰类、榆叶梅、珍珠梅、紫薇、牡丹、丁香、紫荆等),需将果实全部摘除。

(六)反季节苗木修剪

反季节栽植时,苗木修剪一般以短截、疏枝等重剪方法为主,摘叶量较正常季节适当加大。

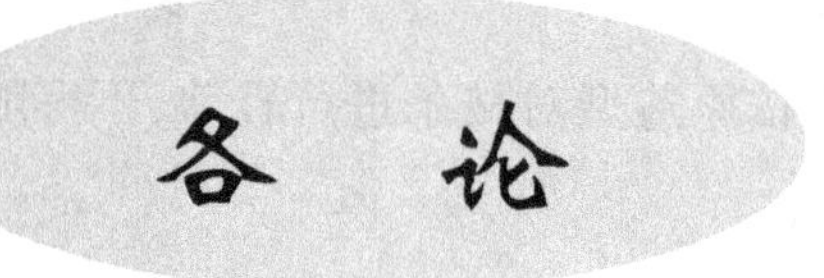

第五章　常见园林树木的栽植与养护

掌握树木栽植与养护的要领，是影响树木栽植成活率的关键，应根据不同园林树木的生长特征、栽植地的环境条件等，实施树木定植，及时到位地养护管理，这对提高栽植成活率、恢复树体的生长发育、及早表现景观生态效益具有重要意义。

第一节　常绿乔木的栽植与养护

一、雪松

雪松（*Cedrus deodara*）别名喜马拉雅山杉、喜马拉雅雪松等，为松科雪松属常绿大乔木，该属种类球果形状相似，与杉树最为接近。松科雪松属的针叶乔木有 4 种为雪松，其中大西洋雪松（*C. atlantica*）、短叶雪松（*C. brevifolia*）和黎巴嫩雪松（*C. libani*）原产地中海地区山地，另一种喜马拉雅雪松（*C. deodara*）原产西喜马拉雅地区，中国只有一种喜马拉雅雪松。

（一）形态特征

高达 50~70 m，胸径达 4.3 m；枝下高很低；树皮深灰色，裂成不规则鳞状块片。树冠塔形，大枝不规则轮生，平展，小枝微下垂，具长短枝；叶针形在短枝上簇生，长枝上稀疏互生；多为雌雄异株，雌、雄球花分别单生于不同大枝的短枝顶端；花期 10~11 月，翌年 10 月球果成熟。

（二）生态习性

雪松较喜光，大树要求充足的上方光照，否则会生长不良或枯萎，幼年也稍耐庇荫。雪松对土壤要求不严格，酸性、深厚、肥沃、疏松的土壤最适宜其生长，微碱性土壤、黏重的黄土和瘠薄干旱地上亦能生长。

（三）栽植要点

1.苗木选择

选择枝条粗壮，树冠丰满匀称，树干挺拔而没有徒长现象的平枝厚叶类型，规格以 3.5~7.0 m 为宜。

2.栽植时间

雪松带土球栽植，一般只要地不冻，常年都可进行，但以春季萌动前的 3 月中旬至 4 月中旬和秋后天气转凉后为最佳时间，避开麦收前后干热风季节和立冬降温后种植。

3.栽植前准备

雪松不宜种植在地势低洼处，地下水位应低于 1.6 m，在草坪中种植或盐碱地区，应适当抬高地势，否则植株受水渍而生长不良甚至死亡。

为了保证树木成活率，栽植大型雪松要提前 2 个月断根缩坨处理，用生根粉浇灌，保证雪松在栽植时，能够带走大量的吸收根。需要长途运输到异地栽植的雪松，可在前一年秋冬季在苗圃地进行假植培根，促进侧根繁殖增多。

栽植时不宜疏除大枝，下部枝条尽量保护，定植后可适当疏剪，使主干上侧枝间距加大，过长枝实施短截。

树木起挖前，先做好阳面标记，然后用草绳对树枝进行拢冠为圆锥形，捆束外加草席包裹，树干也要用草绳密实包扎，使平展的枝条得到保护，防止树枝在挖运及栽植过程中折损，同时防止针叶刺人妨碍操作。栽植大型雪松，或在夏季栽植雪松时要喷抗蒸腾剂，防止叶片水分的过度蒸发。

4.起苗与运输

起苗前一周浇一次透水。雪松栽植要带土球，起挖土球的直径为雪松基部干径的 6~8 倍，或按树体高度规范土球直径，土球高度一般为直径的 80%左右。树高 8~10 m、冠径 5~6 m，土球直径宜为 1.3~1.4 m；树高 10~12 m、冠径 6~8 m，土球直径宜为 1.4~1.5 m。土球挖好后立即用湿润的草绳呈橘子式绑扎，土球绑扎好后将植株轻轻推倾斜，用草绳将整个植株的侧枝收拢。

为了防止歪倒或折断，栽植树木在起挖前先用支撑物撑好。以树干为中心挖土球，厚度为直径的 2/3，按此大小修整土球，遇到直径超过 2 cm 的根系，均须剪断或锯断。采用软包装的方法，用草帘裹住土球，再用草绳麻花状缠绕，外层用棕绳再缠绕 1 遍。

雪松为常绿观冠形类树木，从苗圃地栽植到指定地方要求尽量保持雪松的原貌，吊装时要轻吊轻放，放置时要树梢朝前、土球在后，放下后要在土球两侧放置固定物，防止在运输过程中因颠簸而使土球滚动，导致土球松散。

5.定植

雪松运送到栽植地之前，栽植坑就要准备就绪。不能立即栽植的树木要立直支稳，不可将树木倒放或倾斜堆放在地上，如雪松栽植量较大，要视离栽种时间长短，将一部分来不及栽植的雪松采取“假植”措施，待适宜栽植时进行栽植。

栽植前挖好种植穴，宽度比土球直径大 50 cm 左右，深度要大于土球高度 25 cm 左右，起挖时将表土和底土分开放置。穴底施入腐熟的圈肥，并堆成小丘状。放苗入穴，栽直扶正，向土球下部填土，待填至 1/2 时，用脚将土球周围的土踏实，然后继续填土，边填边踏实，最后埋至比原土球高出 7~8 cm。

种植后绕树做一圆形的围堰，随即浇透水，每次浇水后要及时补填塌陷土，不可留有空隙，3 遍透水后进行封堰。最后，在土球部位覆盖草包，以利于保墒、保温，安全过冬。此外，及时设三角式支架，或搭设风障。

反季节栽植雪松，要在栽植前往种植坑中放入配有活力素和杀虫剂的泥浆。吊入固定树体后，先回填 1/3 土方固定好土球，然后投入一定量生根剂和保水剂并放满水浸泡土球约 12 小时，待土球完全浸透之后，回填土方至预留位置，随后浇透 3 遍水填土封堰。

（四）植后养护管理

1.水肥管理

栽后视天气情况适当浇水，可多实施叶面喷水。成活后秋施有机肥，以促发新根，生长季进行 2~3 次追肥，并保持土壤疏松。2~3 年以上的大苗栽植必须立支架，以防风吹摇动。

每年初春和秋末结合浇解冻水和封冻水时各放用一次腐熟发酵的农家肥。如植株长势较弱，可施用少量复合肥，次数不可过多。也可采取叶面喷施液肥，于早晨用 0.5%尿素溶液对雪松叶面进行喷雾，每 10 天一次，持续 2~3 次，可有效增强树势。

2.整形修剪

雪松幼苗具有主干顶端柔软下垂的特点，为了维护中心主枝的顶端优势，幼时可重剪顶稍附近的粗壮侧枝，如原主干延长枝长势较弱，而其相邻侧枝长势旺盛时则剪去原头，以侧代主，保持顶端优势。其干的上部枝要去弱留强，去下垂枝、留斜向上枝。回缩修剪下部的重叠枝、平行枝、过密枝，剪口处应留生长势弱的下垂侧枝、平斜侧枝作头。主枝数量不宜过多、过密，以免分散营养。在主干上间隔 0.5 m 左右，组成一轮主枝；主干上的主枝条一般要缓放不短截，使树冠疏朗匀称。雪松为轮生枝序，隐芽萌发极为困难，疏剪时要慎重考虑。

3.病虫害防治

雪松的主要虫害是地老虎、蛴螬、红蜡蚧和松毒蛾。常见的疫病为根腐病、猝倒或立枯病；灰霉病有小枝枝枯型和溃疡型。

二、云杉

云杉（*Picea asrerata*）别名粗枝云杉、粗皮云杉等，为松科云杉属常绿乔木。云杉为中国特有树种，以华北山地分布为广，东北的小兴安岭等地也有分布。

（一）形态特征

高达 45 m，胸径约 1 m；树皮淡灰褐色或淡褐灰色，裂成不规则鳞片或稍厚的块片脱落；小枝近光滑或疏生至密生短柔毛，或无毛；叶长 1~2 cm，先端尖，横切面菱形，上面有 5~8 条气孔线，下面 4~6 条；球果圆柱状矩圆形或圆柱形，上端渐窄，成熟前种鳞绿色，成熟时淡褐色或栗褐色，长 6~10 cm；花期 4~5 月，球果 9~10 月成熟。

（二）生态习性

云杉耐阴、耐寒，喜欢冷凉湿润的气候和肥沃深厚、排水良好的微酸性沙质壤土，但对干燥环境有一定抗性。浅根性树种，生长速度较白杆快。自然林中有 50 年生高达 12 m 的，人工造林及定植的可生长更快。

（三）栽植技术

1.苗木选择

以选用植株健壮、树形丰满、无病虫害和机械损伤的苗木为宜。

2.栽植时间

一般在云杉当年生长停止后至翌年春季萌动前进行云杉栽植，以挖取冻土球最好。通常北方地区适宜在春季移栽，以3月中旬到5月下旬为宜。

3.栽植前准备

在栽植前2~3年的春季或秋季进行断根缩坨处理，挖掘时，如遇较粗的根，应用锋利的修枝剪或手锯切断，使之与沟的内壁齐平。在正常情况下，第三年沟中长满须根，可以起挖。有时为快速栽植，在第一次断根数月后即挖起栽植。起挖前对死枝、不良枝进行修剪，保证树形完美、整齐一致。

移栽前挖好定植穴，定植穴直径要比移栽树土球直径长40~50 cm。深度超出土球高度15 cm左右。挖穴时表土和中底部土分开放置，同时将土中的杂质清理干净。土质不好时，需更换土壤，有条件的地方最好采用原土，并在穴底施用优质有机肥料10 kg左右。

4.起苗与运输

挖掘云杉树必须土球完整，尽量少伤根系。挖掘时采用带斧面的两用镐沿要求的土球边砍刨，形成类似元帅苹果形，不要掘成圆锥形。待土球底部连接很少时，把树连同土球堆至倾斜后，用斧砍断主根，然后推倒或撬倒；要求土球光滑，大小符合规格要求。一般情况下，土球的半径应稍大于云杉树干基的周长。

将采挖的苗木及时用草帘包裹，用草绳把根系土球绕密缠紧。为保护好树干和树的冠枝，从基部向上密缠草绳20~25 cm，继之向树冠疏缠呈纺锤形；为防止运输中折尖，把长1~2 m、直径3~5 cm的木棍平行于主干至树尖，用草绳缠绕扎实，防止树尖折断，起到保护作用。

起挖后应立即装车，装车时尽量做到轻挪轻放，装好后盖好篷布，系紧绳索，防止苗木因风吹失去水分和树枝相互挤压出现折断。装车时一般只开车厢一侧板，从后往前装，苗木与车厢底板成35°~40°夹角，苗干与后车厢板接触点缠草绳并加软垫，防止二者摩擦造成苗干韧皮部损伤。

5.定植

栽植时最好选择无风天气，在傍晚前移栽为宜。云杉树运到后，最好分株就近卸车，立即植于坑内。土球表面稍深于地表，以增加水盆的深度。入坑前要垫适量深度土，栽植方向与原方向要保持一致。栽植深度应以新土下沉后、树木基部原来的土印稍高于地平面5~10 cm为宜，灌水后树木会出现一定的下沉，基部与地平面持平。随之浇灌底水，再沿土球四周填土踏实。栽植前解除包装帘和密、疏缠绕的草绳。

栽后要立即浇1次定株水，定植一周内浇3次透水。浇水后及时检查支撑情况，发现树木歪斜或支撑松动时及时扶正加固。为减缓地表蒸发，防止土壤板结，保温保湿，通常采用稻草、麦秸、薄膜等材料进行地面覆盖。

(四)植后养护管理

1.水肥管理

大树栽植初期，根系吸肥力低，宜采用根追肥或叶面喷施肥，一般半个月左右一次。用尿素、硫酸铵等速效肥料配制成浓度为0.5%~1%的肥液，选早晚或阴天进行叶面喷洒，遇降雨应重喷一次。根系萌发后，可进行土壤施肥，要求薄肥勤施，慎防伤根。

2.整形修剪

栽植的大树生根后,全树上下常萌发出很多萌蘖,为集中水分和养分,应将树干 2.5 m 以下或树干第 1 个分枝以下的萌芽除去。对树冠上的萌芽,为了保留较大的树叶面积进行光合作用,以尽早复壮树势,在生长期一般不作疏除处理,可在休眠期适当整理树形。选留中央领导干和几个生长方向好的主枝,将竞争枝、重叠枝疏除。

3.病虫害防治

大树栽植后的缓苗期,由于树势较弱,易遭病虫害侵袭,如各种类型的腐烂病、蛀干害虫等,同时新生芽或嫩枝,由于组织幼嫩,易遭受病虫危害,如锈病、尺蠖、蚜虫等。轻者影响光合作用,重者危及树木成活,要及时防治。

三、白皮松

白皮松(*Pinus bungeana*)别名白骨松、三针松、蟠龙松等,为松科松属常绿乔木,是一种原产于中国东北和中部的松树,也是东亚唯一的三针松,中国特有树种之一。

(一)形态特征

高达 30 m,胸径可达 3 m;或从基部分成数干。树冠阔圆锥形或卵形;老树树皮片状剥落,内皮乳白色;幼树树皮灰绿色,平滑。1 年生枝灰绿色,无毛;冬芽红褐色。叶 3 针一束,粗硬,长 5~10 cm,略弯曲,叶鞘早落。球果卵圆形,长 5~7 cm,熟时淡黄褐色;鳞盾近菱形,横脊显著;鳞脐背生,具三角状短尖刺。种翅短,易脱落。花期 4~5 月;球果翌年 10~11 月成熟。

(二)生态习性

适应性强,耐旱,耐寒,但不耐湿热;对土壤要求不严,在中性、酸性和石灰性土壤上均可生长。阳性树,稍耐阴。抗 SO_2 及烟尘能力较强。

(三)栽植技术要点

1.栽植时间

对白皮松苗木的栽植,原则上要在苗木的休眠期进行。春天栽植宜早不宜迟;而秋季栽植,一般在 11 月下旬为好;如果是夏季起苗栽植,最好在凌晨、傍晚或夜间进行,同时要做到随起随栽。

2.栽植前准备

二年生苗容器苗带营养土栽植,在起苗前 2~3 天给容器苗喷 1 次透水,使容器苗吸足水分。

白皮松大树起挖前一周对苗木浇一次透水,做好阳面标记。植前应去掉一些过密、过长或有机械损伤的枝条。大树移栽需要用稻草做成的简易单股粗绳对树干进行包扎,其中主干要全部包扎,主枝以包扎 1/3 左右为好,然后用草绳从下至上螺旋形缠绕树冠将枝条捆起,使平展的枝条得到保护,防止树枝在挖运及栽植过程中折损,同时防止针叶刺人妨碍操作。

3.起苗与运输

二年生苗容器苗起苗时,用平底锹或铲子沿底部将苗木伸入地中的根系铲断;大田苗在早春顶芽未萌动前带宿土。挖掘白皮松大树必须土球完整,尽量少伤根系。挖掘时采用带斧面的两用镐沿要求的土球边砍刨，形成圆土球；上中部大，以下逐渐缩小，类似元帅苹果形，不要掘成圆锥形。待球底部连接很少时，把树连同土球堆至倾斜后，用斧砍断主根，然后推倒或撬倒。在掘苗过程中，如遇到较粗的侧根，应该用枝剪剪断，或用手锯锯断，禁止用铁锹勉强切断，以免因强烈震动而造成土球的松散和根系的劈裂。

苗木装卸时不得损伤树冠、枝条、土球。装车应选在背风阴凉处进行，装车时应根系向前，树梢向后，顺序摆放，上不超高，梢不拖地，车帮的边沿用草席等铺垫。

4.定植

白皮松栽植以无风的阴天为最佳。栽植地应选择地势高燥、土壤疏松和排水、通气良好的地方，低洼积水或土壤黏重之处，必须排水筑台和换土才能栽植。

大规格大苗，定植穴应比土球直径大 40~100 cm，比土球高度深 20~40 cm，在定植前还要经过 2~3 次移栽。两年生苗可在早春顶芽尚未萌动前带土移栽，株行距 20~60 cm，不伤顶芽，栽后连浇两次水，6~7 天后再浇水。4~5 年生苗，可进行第二次带土球移栽，株行距 60~120 cm。成活后要保持树根周围土壤疏松，每株施腐熟有机肥 100~120 kg，埋土后浇透水，之后加强管理，促进生长，培育壮苗。

在公园、庭院和街道作为绿化观赏和行道树，均应采取大苗带土栽植的方法。一般胸径在 12 cm 以下的大树，应带土球栽植。土球的大小应根据树的胸径、树高和根系的大小确定。直径在 12 cm 以上的大树，应做木板夹进行栽植。城市绿化株行距一般为 4 m × 5 m，栽后在树坑周围用土围成一个直径适宜的浇水盘，以防浇水时水往外流，确保苗木根系吸收水分和生长发育的需要。

栽植时若需单干型苗，可将基部侧枝剪去，需多干型苗，则可将主干顶梢剪掉，以促进分枝。栽培观赏多用大苗，栽植时土球径粗一般为苗径的 10~12 倍，新栽树要立支柱，支撑点在树高的 2/3 处为宜，并加保护层，以防风吹倒擦伤树皮。

（四）植后养护管理

1.水肥管理

白皮松栽植后要及时浇足浇透水。根据气温适时浇 2 次水和 3 次水。每次浇水后需及时松土，防止土壤板结，提高土壤的通气性，利于根系萌发和有机质分解。新植白皮松因根系损伤而吸水能力减弱，一般土壤保持湿润即可，水量过大反而不利于白皮松根系生长，造成较长时间内土壤温度不能提高，影响土壤的透气性，严重时还会发生沤根现象。

白皮松栽植后，一般选择在早晨、晚间或阴天进行叶面喷肥的办法，施低浓度速效肥，每半个月进行 1 次，并适时松土，保持土球周围的土壤疏松，湿润通气。早春表土开始解冻时及时撤除保护材料，浇解冻水，以提高地温，促进新根萌生，提高成活率。

2.整形修剪

修枝时间选在春末夏初为宜。离地面 25 cm 以下的枝条，补偿点为负，应全部修去清除，以减轻树木本身消耗，保证成活，并可使树形美观。

3.病虫害防治

新栽植的白皮松由于树势相对较弱，极易受病虫的危害，尤其是嫩叶，此时一定要加强病虫害防治工作。白皮松常见的主要病害为叶斑病、霜霉病和花叶病；常发生虫害有红蜘蛛、白粉虱和蚜虫等。

四、油松

油松(*Pinus tabuliformis*)别名短叶松、短叶马尾松、东北黑松等,为松科松属常绿乔木,是原产于中国北部的一种松树,从辽宁西部到内蒙古和甘肃,南到山东、河南和山西。油松有两个变种:油松和黑皮油松,后者生长在辽宁、朝鲜。

(一)形态特征

油松高达 30 m,胸径可达 1 m。树皮下部灰褐色,裂成不规则鳞块,裂缝及上部树皮红褐色;大枝平展或斜向上,老树平顶;小枝粗壮,黄褐色,有光泽,无白粉;冬芽长圆形,顶端尖,微具树脂,芽鳞红褐色;针叶 2 针一束,暗绿色。雄球花柱形,长 1.2~1.8 cm,聚生于新枝下部呈穗状;当年生幼球果卵球形,黄褐色或黄绿色,直立;花期 5 月,球果第二年 10 月上中旬成熟。

(二)生态习性

油松为阳性树,幼树耐侧阴,抗寒能力强,喜微酸及中性土壤,不耐盐碱。为深根性树种,主根发达,垂直深入地下;侧根也很发达,向四周水平伸展,多集中于土壤表层。油松对土壤养分和水分的要求并不严格,但要求土壤通气状况良好,故在松质土壤里生长较好。油松的吸收根上有共生的菌根,因此在栽培条件上有一定的要求。

(三)栽植技术

1.苗木选择

苗木规格符合设计要求,选择无病虫害、无机械伤、生长健壮的植株, 1.2~1.5 m 高的苗木,树形应饱满,轮生枝在 3 层以上;3 m 以上大苗,枝下高应不大于树高的 2/3,轮生枝较完整。

2.栽植时间

休眠季进行,春、秋两季均可,春季树液流动前的 1 月下旬至 3 月上旬最佳,秋季 10~11 月利于树体恢复,夏季栽植应错过新梢生长旺盛期。

3.栽植前准备

油松大树移栽前,在保持原有树冠枝势的基础上,根据在园林绿化中的需求,进行适当的修剪。用于孤植时可修去枯枝、病弱枝等,用于行道树、丛植、群植的,可适当剪去小枝叶的 1/5。修剪口 5 cm 以上时,应用调和漆涂抹,防止剪口腐烂。苗木起挖前,先做好阳面标记,起掘时要用绳索固定好树木,以防发生猝倒而折断枝条或土球散裂。

栽植穴要比所栽苗木的土球大 30 cm 左右。挖穴时,要将表层土即熟土与中底部土分开堆放,并将砖块等杂物清理干净。如果设计要求对土壤进行处理或换土,要按要求对挖出的种植土壤进行处理,改善土壤的理化性质,增加土壤通透性;对盐碱较严重的土壤应进行换土。穴底施入草木灰,也可以施入腐熟的有机肥和磷钾肥。

4.起苗与运输

起苗时提前一周到半月浇水一次,以土壤含水量达 45%~55%为宜。起苗时把树冠枝叶用绳捆好。带土球软包装栽植适用于胸径 10~15 cm 的油松,起挖前确定土球直径,对未经断根缩坨措施的植株,土球直径为胸径的 7~8 倍,土球高度为土球直径的 2/3;实施断根缩坨措施的,在断根处外放 10~20 cm,挖好的土球立即用湿润的草绳捆扎。胸径

15~30 cm 的油松，土球直径约 1.3 m，需带土球方箱栽植，土台呈正方形，上大下小，一般下部比上部小 1/10。

运输时根系、土球、方箱向前，树冠向后，土球固定，运输途中覆盖湿草袋等，以保证根系湿度。

5.定植

提前备好栽植穴，带土球植株的栽植穴为圆形，直径比土球大 60~80 cm，深度加大 20~30 cm，底部垫 20 cm 的熟土。木箱包装的树木适用方形穴，宽度与深度同圆形穴。栽植的深浅保持与原土痕一致或高于地面 5 cm。树木入穴，用种植土加腐殖土分层填入，每 20~30 cm 的土踏实一次。

栽植后养护，栽后浇第一遍水，2~3 天内浇第二遍水，第三遍在 7 天内完成。大树要做好支撑。

（四）植后养护管理

1.水肥管理

根据天气和土壤情况适当浇水，水下渗后覆土，防土壤开裂，雨季防积水。夏季高温时可采用树冠喷水，必要时可加叶面肥。

栽植的油松成活后迅速进入旺盛生长，需要及时补充养分，可采取根外追肥和土壤施肥 2 种方法结合并用，切记薄肥勤施。栽植后第 1 年秋季，应追施 1 次速效肥，第 2 年早春和秋季也应至少施肥 2~3 次，以提高树体营养水平，促进树体健壮。根外追肥的浓度为 0.5%~1%，选早晚或阴天进行叶面喷洒，遇降雨应重喷 1 次，土壤施肥要结合浇水进行。

2.整形修剪

如不对油松进行造型，自然树形的油松对修剪要求不高，可注意将过密枝条进行疏除，对于一些内向枝、病虫枝、下垂枝、交叉枝及时进行疏剪，不能短截。塔状树形以中央领导干的顶端优势较低为宜。造型树应按要求进行修剪，可采取绑扎、拉伸、摘心等方法进行造型。

3.防寒保墒

春季可以将缠绕物留在树干洒水保湿。夏季高温炎热时，在树体周围挂草帘或搭建遮阳棚，防暑保湿。秋冬季以后移栽的油松大树，浇透水后用保墒地膜覆盖定植穴，以增温保湿。春季土壤解冻后树木开始萌动需要浇水灌溉时再将地膜撤除，以利于水、肥管理。

4.病虫害防治

油松主要病虫害有松赤枯病、松针锈病、松毛虫、松梢螟、红脂大小毒等，要及时防治。

五、侧柏

侧柏（*Platycladus orientalis*）别名扁柏、香柏等，为柏科侧柏属常绿乔木。原产于中国西北部，在我国分布极广。侧柏被列为北京市的市树。

（一）形态特征

常绿乔木，高达 20 m，胸径 1 m；树皮薄，浅灰褐色，纵裂成条片；枝条向上伸展或斜展，幼树树冠卵状尖塔形，老树树冠则为广圆形；生鳞叶的小枝细，向上直展或斜展，扁平，排成一平面；叶鳞形，先端微钝。雄球花黄色，卵圆形；雌球花近球形，蓝绿色，被白粉；球果近卵圆形，成熟前近肉质，蓝绿色，被白粉，成熟后木质，开裂，红褐色；花期 3~4 月，球果 10 月成熟。

千头柏（'*Sieboldii*'）：丛生灌木，枝密生，树冠呈紧密的卵圆形至扁球形。

金塔柏（'*Beverleyensis*'）：树冠塔形，叶金黄色。

窄冠侧柏（'*Zhaiguancebai*'）：树冠窄，枝条向上伸展，叶光绿色。

（二）生态习性

温带阳性树种，幼龄期稍耐阴，能适应干冷及暖湿气候，抗旱性强，对土壤要求不严，适生于中性、酸性及微碱性土，在石灰岩地，pH7~8 时生长最旺盛，是石灰岩山地优良的园林树种，抗盐力较强，含盐量在 0.2% 左右也能适应，浅根生，抗风力较弱，萌芽性强。

（三）栽植技术

1.苗木选择

选择生长健壮、不烧膛、无病虫害、无机械损伤的壮苗。

2.栽植时间

侧柏苗木多 2 年后出圃，翌春栽植。有时为了培育绿化大苗，尚需经过 2~3 次栽植，培育成根系发达、生育健壮、冠形优美的大苗后再出圃栽植。根据各地经验，以早春 3~4 月栽植成活率较高，一般可达 95% 以上。

3.栽植前准备

为确保移栽成活率，必须对准备移栽的大苗木进行切根处理，以促使多发须根，切根处理在栽植之前两年的春秋季进行，挖沟时对粗根侧根应用手锯锯断，伤口要平，沟挖好后填入疏松肥沃的土壤，每填 30 cm 即夯实，填满土后灌水。挖沟时碰到侧根就将其铲断，切口要平滑，以利于伤口愈合和生长须根。

起苗前一周对苗木浇一次透水，使苗木吸收充足的水分利于移栽后成活，同时挖掘时易形成土球。栽前应对下部及过密枝条进行疏除，一般修枝量应控制在 1/3 左右。在疏枝的同时最好将树冠上的球果摘掉，以减少树体养分的消耗。

苗木起挖前，先做好阳面标记，起掘时要用绳索固定好树木，以防发生猝倒而折断枝条或土球散裂。

为减少水分损失和日灼伤害，侧柏大树移栽需要对树干包扎，树干包扎用稻草做成的简易单股粗绳进行，其中主干要全部包扎，主枝以包扎 1/3 左右为好。

苗木在栽植前要挖好定植穴。栽植穴要比所栽苗木的土球大 30 cm 左右。挖穴时，要将表层土即熟土与中底部土即生土分开堆放，并将砖块、瓦砾等杂物清理干净。如果设计要求对土壤进行处理或换土，要按要求对挖出的种植土壤进行处理，即改善土壤的理化性质，松土可以增加有机质，增加土壤通透性；对盐碱较严重的土壤应进行换土。

4.起苗与运输

苗木栽植要带土球，土球的直径根据苗木的高度及冠径而定，高度根据苗木主根的深浅而定。土球太大不易操作，太小则不易成活。要求保证带有适当的土球根盘，尽量减少主根的损失。

土球挖好后立即进行包捆，用浸好水的草绳将土球腰部缠绕紧，然后用草席将土球包好，边绕边拍打勒紧，腰绳宽度视土球而定。最后将树木按预定方向推倒，遇有直根应锯断，不得硬推。

苗木装卸要做到轻、稳、准，不得损伤树冠、枝条、土球。装卸车时要求轻拿轻放，车厢内应先垫上柔软材料以防车板磨损树木，根系向前、树梢向后，顺序安放，不要压得大紧，做到上不超高，梢不得拖地，根部应用苫布盖严，并用绳捆好。

树木长途运输时，应注意保湿，避免风吹、日晒、冻害及霉烂。经常注意苫布是否被风吹开，根系易风干，应注意洒水，休息时车应停在阴凉处。树木运到应及时卸下，对裸根苗不应抽取，更不许整车推下。

5.定植

苗木栽植后培育 1 年，株行距 10 cm × 20 cm；培育 2 年，株行距 20 cm × 40 cm；培育 3 年，株行距 30 cm × 40 cm；培育 5 年生以上的大苗，株行距 1.5 m × 2.0 m。

采用"三埋两踩一提苗"法，栽植中要求苗木蘸浆，根系舒展，分层踩实，使苗木根系与土壤紧密结合。苗木封土与栽植同步进行，当苗木栽植后，将苗木地上部分顺水平阶走势向同一方向弯曲 30°(苗木地上部分与地平面角度)左右，填土将苗木与地面间的缝隙垫实，然后再挖些湿土将苗木地上部分全部埋严，浇足定根水，覆土 5 cm 左右。

苗木定植后采用正三柱支架或正四角支撑，确保大树稳固。一般 1 年后大树根系基本恢复，方可撤除支撑物。

(四)植后养护管理

1.水肥管理

栽好后一般要连浇 3 次透水。栽后当天浇第 1 次水，第 2 天再浇 1 次水，1 周后浇第 3 次透水。以后视天气情况确定是否浇水，一般每隔 10 天浇 1 次水。如遇干旱、炎热天气，除要浇水外，每天应定时对树冠喷水，降低温度，保持湿度。

施肥有利于恢复树势。大树栽植初期，根系吸肥力低，宜采用根外追肥，栽植时，在树穴里放 20 g 左右的硫酸亚铁等，或者在树萌芽后，喷施微肥或叶面肥，隔 7 天后再喷 1 次，连续 3 次，以补充萌芽、发枝树体所需营养。

2.整形修剪

适量合理地进行修枝可以较为有效地改善苗木的整体主枝干的形状，也能提高苗木的木材质量并能促进林木健康和生长速度。

在进行修枝时，要最大程度地避免劈裂周边树干和撕开枝干附近的树皮，尽量防止因为切口愈合的情况不佳所导致的树干溃烂等各种状况，影响整体树干的材质。

3.病虫害防治

侧柏常见虫害是毒蛾、柏大蚜、双条杉天牛、红蜘蛛等，常见的疫病为叶枯病、叶凋病、紫色根腐病等。

六、广玉兰

广玉兰(*Magnolia grandiflora*)别名荷花玉兰、大花玉兰等，为木兰科木兰属常绿高大乔木。原产于美洲，所以又有人称它为"洋玉兰"。1913 年引入我国广州。

（一）形态特征

高可达20~30 m，树皮淡褐色或灰色；叶片椭圆形或倒卵状长圆形，革质，背面有褐色短柔毛，长10~20 cm，宽4~10 cm，先端钝或渐尖，基部楔形；花芳香，白色，呈杯状，直径15~20 cm，开时形如荷花；聚合果圆柱状长圆形或卵形，密被褐色或灰黄色茸毛，果先端具长喙；种子椭圆形或卵形、红色，果实成熟开裂后悬在种柄上；花期5~6月，果期10月，非常美观。

栽培变种狭叶广玉兰'*Exmouth*'叶较狭，叶缘不成波状，背面苍绿色，毛较少；树冠也较窄。上海、杭州等地有栽培。

（二）生态习性

广玉兰为阳性树种，喜光和温暖湿润气候，幼苗期比较耐阴。适生于干燥、肥沃、湿润与排水良好的微酸性或中性土壤，在碱性土种植时易发生黄化，忌积水和排水不良的土壤中生长。有一定的抗寒能力，对烟尘及SO_2气体有较强的抗性，对粉尘的吸滞能力强。病虫害少。根系发达深广，抗风力强，特别是播种苗树干挺拔，适应性强。幼树生长较慢，10年后生长较快。

（三）栽植技术要点

1.苗木选择

苗木选择生长旺盛、健壮、无病虫害、树干直立的植株。以干径6~8 cm、高度3 m左右，或2年内移栽过的苗木为宜。

2.栽植时间

以早春芽未萌动但根系尚待萌动前栽植为宜，梅雨季节最佳。栽植时要注意最好选在阴天或多云天气，尽量避免暴雨或高温天气。

3.栽植前准备

栽植广玉兰大树要提前2个月断根处理，用生根粉浇灌，反季节栽植选2年内移栽过的树木最佳，因其根蔸部位会有许多新生细根，根系活跃、生命力强，树木再栽植时所受的影响较小，有利于提高树木的成活率。

起挖前一周对树木浇一次透水，利于移栽后成活和易形成土球。因其枝叶繁茂、叶片大，移栽时应随即疏剪叶片；若土球松散或球体太小，根系受损较重，还应疏去部分小枝。修枝应修掉内膛枝、重叠枝和病虫枝，并力求保持树形的完整。摘叶以摘掉枝条叶片量的1/3为宜，定植修剪冠高比大于2/3。

树干包扎用稻草做成的简易单股草绳或麻布进行，将树干包扎到分叉处，主枝以包扎1/3左右为好，对较大的玉兰树枝，也应该缠上草绳，然后喷洒水以保湿。树木起挖前，先做好阳面标记，大型树木用支柱或粗麻绳固定。

4.起苗与运输

广玉兰根系发达，虽栽植易成活，为确保工程质量，栽植时都带土球，土球直径一般为树木胸径的8~10倍，土球应挖成陀螺形，而非盘子形和圆锥形，厚度为土球半径，底部为土球直径的1/3。挖好后用草绳扎紧土球，以免运输途中土球松散。运输过程中应确保土球不破不裂、树冠不折不损。反季节广玉兰高温运输，应对树木用草绳捆绑至分枝处，并及时喷水保湿。

5.定植

广玉兰适合栽植于土层深厚、肥沃、湿润、排水良好的微酸性或中性土壤，以背风向阳处为佳。到达栽植地点后，要小心吊放，防止散坨。栽植穴比土球直径大 40~50 cm，深度比土球直径深 30 cm。穴底填入熟土或表土，盐碱地区穴底可垫 30 cm 炉渣、粗沙等材料做隔碱渗水层。树木入穴，剪除包装，用掺腐殖酸肥料的种植土填入树穴，边填入边夯实。栽植深度以达到土壤深度为宜或高出 2 cm。做围堰浇水，第一次定根水要及时，并且要浇足、浇透。7 天左右浇第二次水，20 天左右再浇第三次水即可。

另外，用草绳裹干 2 m 左右防止水分蒸发。设支架固定树干，以防晃动定植后，根据土球大小，树盘覆盖塑料薄膜，可以起到保持土壤水分、提高土温的作用，有利于广玉兰萌生新根。

（四）植后养护管理

1.水肥管理

根据当地的环境条件适时浇水，浇水后及时松土，若栽植后降水过多，需排水防涝。栽植后每年施 3~4 次肥，有机肥配合氮、磷、钾肥穴施。在生长期或谢花后，可施稀薄粪水 1~2 次，促进花芽分化。可使其叶绿花繁，第二年花大香浓，增强植株的抗病能力。随时剪去枯枝、病枝或过密枝，以及砧木上的萌蘖枝，集中养分保蕾保花。

2.整形修剪

定植后回缩修剪过于水平或下垂的主枝，维持枝间平衡关系。疏剪冠内过密枝、病虫枝。对主干上的第一轮主枝，要剪去朝上枝，主枝顶端附近的新枝要注意摘心，降低该轮主枝及附近枝对中央主枝的竞争力。夏季随时剪除根部萌条，中心主枝附近出现的竞争枝要及时进行摘心或剪梢。

3.越冬防寒

新栽植的广玉兰一定要注意防寒 3~4 年。入冬后，搭建牢固的防风屏障，在南面向阳处留一开口，接受阳光照射。在地面上覆盖一层稻草，以防根部受冻。

4.病虫害防治

病虫害较少，4 月要注意防止卷叶绒危害嫩芽、嫩叶和花蕾。

七、女贞

女贞（*Ligustrum lucidum*）别名大叶女贞、冬青、蜡树等，为木樨科女贞属常绿乔木，亚热带观赏树种。主要分布于江浙、江西、河南、川贵、两湖、两广、福建等地，北方地区早有引种栽培。

（一）形态特征

女贞高达 10 m；树皮灰褐色，平滑；枝黄褐色、灰色或紫红色，开展，无毛，疏生圆形或长圆形皮孔。叶片常绿，革质，卵形、长卵形或椭圆形至宽椭圆形，长 6~17 cm，宽 3~8 cm，先端锐尖至渐尖或钝，全缘，无毛。圆锥花序顶生，长 8~20 cm；花白色，几无柄，花冠裂片与花冠筒近等长；核果肾形或近肾形，长 7~10 mm，径 4~6 mm，深蓝黑色，成熟时呈红黑色，被白粉；花期 5~7 月，果期 7 月至翌年 5 月。

（二）生态习性

女贞耐寒性好，耐水湿，喜温暖湿润气候，喜光，耐阴。为深根性树种，须根发达，生长快，萌芽力强，耐修剪，但不耐瘠薄。对大气污染的抗性较强，对 SO_2、Cl_2、HF 及铅蒸气均有较强抗性，也能忍受较高的粉尘、烟尘污染。

（三）栽植技术

1.苗木选择

选择苗木时，在满足工程要求规格的基础上，要选择的苗木形态美观、无偏缺枝、生长势强、无病虫害的植株。

2.栽植时间

女贞移栽易成活，大叶女贞一年四季均可栽植。春季栽植也可裸根，但苗木的缓苗期长点。冬季栽植女贞要避免冻害，选择暖冬时段内晴、无风的天气进行栽植。

3.栽植前准备

为了保证苗木成活率，大苗移栽一般要求提前 1~2 年对树根四周开挖截根，促发细根。

对需移栽树进行灌水要在移栽前 3 天进行，要浇足浇透。因大叶女贞萌蘖力强，耐修剪，故应对移栽的大苗进行强剪，一是要对大枝进行适当短截，二是要对被短截大苗剩余的小枝进行疏剪，去除约 2/3 的叶片修剪后及时对大枝剪口进行处理，常采用的方法是涂白漆、石蜡或用塑料布绑扎。

4.起苗与运输

女贞栽植要带土球，土球直径一般为树干直径的 6~8 倍，高度为土球直径的 65%~80%。对需断除的大根一定要用锯子锯断，不可用斧子劈砍。根断面应用硫黄粉和 ABT 生根剂按 2∶1 的比例调成糨糊状进行伤口处理。土球挖好后要及时进行包扎。包扎时里层应用浸湿的麻袋片垫底，然后用草绳包扎。包扎的草绳一定要箍紧，并且要尽量减少接头，最后将绳头紧绑在树的根部。土球包扎完后，还要用浸湿的草绳缠树干，一直要缠到分枝点为止。

需要长途运输到异地栽植的女贞，可在前一年秋冬季在苗圃地进行假植培根，促进侧根繁殖增多。夏季最好选择晚上运输，以保证苗木免受日光暴晒和高温。运输途中定时查看并向车厢内喷洒水。

5.定植

选择土层深厚、背风向阳、土质疏松肥沃的种植地；施入腐熟的基肥进行深翻，深度为 30~35 cm；种植穴的直径比土球大 20~30 cm，深度为穴坑直径的 3/4，穴间株距为 3.5~4 m，并在种植穴内按每穴 2~3 kg 施腐殖肥，腐殖肥面层覆盖一层 5 cm 的细土。

栽植时，在坑穴内用熟土回填至放土球底面的高度，将土球放置在填土面上，打开并取出土球包装物，然后从坑穴边缘向土球四周培土，分层捣实，栽植深度应保持在土壤下沉后，根颈比地表面深 5 cm 左右为宜。栽植后立即浇 1 次定根水，做到浇实浇透，确保土球与土壤紧密结合。5~10 天后浇第 2 次水，然后围树干基部封土堆，高 20~30 cm，踏实，栽植后对根系上部覆盖表层土，可有效减少蒸发，提高蓄水保墒能力。

作绿篱株距 30~40 cm，成活后统一高度截顶，很快形成密集的篱带。篱体衰老后，在春季萌芽前齐地面截干更新，重新养护修剪成年青的绿篱带。

(四)植后养护管理

1.水肥管理

栽植时浇头水后，一般过2~3天要浇二水，再隔4~5天浇三水。以后视土壤墒情浇水，每次浇水要浇透，表土干后及时进行中耕。除正常浇水外，在夏季高温季节还应经常向树体缠绕的草绳喷水，使其保持湿润。夏季雨天应及时排除种植穴内的积水，以防水大烂根。秋末冬初应浇足浇透防冻水，保证植株安全越冬。

女贞喜肥，栽植时除施用基肥外，为保证夏季生长迅速，还应进行追肥，用氮磷钾复合肥效果最好。施肥可每隔20天进行一次，9月初停止施肥，弱树多施，壮树少施。对于生长特别差的树，可采用输液的方法来恢复树势。

2.整形修剪

女贞的萌芽力较强，作为园林观赏用树，必须保持树冠和树形的优美。养护修剪可根据景观需要通过修剪培养成低冠、高冠小乔木，以及丛生状、球状造型等。及时去除基部所萌发的蘖苗以及树干上所着生的侧芽，以保持一定的树干高度。对于截干种植的行道树，在新芽萌发后要及时抹芽，保留3~5个主枝，以便形成较大的树冠。

3.病虫害防治

大叶女贞适应性强，病虫害较少，在生长过弱时会发生介壳虫危害。女贞叶斑病主要危害女贞叶片，女贞煤污病危害叶片和枝干。

八、桂花

桂花(*Osmanthus fragrans*)别名岩桂、木樨，俗称桂花树，木樨科木樨属常绿灌木或小乔木。温带树种，原产我国西南部，现广泛栽培于江苏、河南、山东、北京、山西等地。

(一)形态特征

高3~5 m，最高可达18 m；树皮灰褐色；小枝黄褐色，无毛；叶片革质，椭圆形、长椭圆形或椭圆状披针形，长7~14.5 cm，宽2.6~4.5 cm，全缘或通常上半部具细锯齿，两面无毛，腺点在两面连成小水泡状突起；聚伞花序簇生于叶腋，每腋内有花多朵；花冠黄白色、淡黄色、黄色或橘红色，长3~4 mm；果歪斜，椭圆形，长1~1.5 cm，呈紫黑色；桂花实生苗有明显的主根，根系发达深长；幼根浅黄褐色，老根黄褐色。

(二)生态习性

桂花为喜光树种，但在幼苗期要求一定的底荫，成年后要求有充足的光照。适生于温暖湿润的亚热带气候，有一定的抗寒能力，但不甚强。对土壤要求不太高，除涝地、盐碱地外都可栽培，而以肥沃、湿润、排水良好的沙质壤土最为适宜。土壤不宜过湿，一遇涝渍危害，根系就要腐烂，叶片也要脱落，导致全株死亡。

(三)栽植技术

1.苗木选择

选择花枝粗壮、树冠饱满、无病虫害的健壮植株。有直径8 cm以上的下垂枝的植株尽量不选。

2.栽植时间

一般在春冬两季定植,春季在清明节前栽植,冬季栽植时间在立冬前后,综合来说南方以初春为好。大桂花树在北方地区栽植的最佳时间为11月中旬。忌夏季移栽,因气温高,蒸腾量大,根系易受损,吸收水分的能力被削弱,往往造成落叶甚至枯死。

3.栽植前准备

选择平地栽植应选择地势高燥、排水良好、土壤疏松及透气性能好、富含有机质、呈酸性或微酸性的地方。桂花忌风,不宜在风口处栽植。丘陵或山地栽植,应选择坡度5°~15°的缓坡地,坡度超过15°修筑梯田。

为提高桂花大树移栽成活率,在栽植前的1~2年春季分别斩断1/2的根,斩断处离树桩距离为树桩直径的2~3倍,再在断根上涂抹0.1%吲哚乙酸溶液,覆好土浇透水,让其长出新根。对要移栽的大桂花树要提前7天浇一次透水,使其根系吸收到足够的水分,并在大树朝阳方向的胸径部位标清阴阳面。

疏除树冠内部的交叠枝、平行枝、病虫枝及细弱枝等,树冠外侧的要谨慎,以确保全冠树形。因桂花萌发新枝能力较弱,疏枝量不要超过20%,可摘除树冠下部和内部的叶片。按先内后外的顺序,用草绳层层收拢树冠内的枝条,以方便挖掘和减少运输过程中对枝条的损伤。

4.起苗与运输

起苗前一周浇一次透水。土球直径是植株胸径的8倍左右,土球高度是土球直径的70%。土球下口直径是上口直径的1/3。挖土球对需断除的大根要用手锯锯断,根的断面用硫黄粉和ABT生根剂按3∶2的比例调成糊状进行处理。挖好的土球要用包装材料包好,避免土球松散。

桂花大树栽植,尽量当天起树当天栽植,如果条件不允许,则应当天起树,晚上运输,将土球置于已挖好的定植穴边,第二天清晨栽植。反季节栽植运输时可喷施蒸腾抑制剂。

5.定植

移栽前一周左右挖好树坑,挖出的表层土和下层土分开放置,晾晒并清理土中杂质,施足腐熟的有机质基肥。将桂花树按原生长朝向放好,然后在树坑的四个角各放入塑料管一条,以增加根部透气性。去掉包装后回填土到土球高度的1/3,紧贴土球的周围填原土,填一层踏实一层,防止土球破裂。因桂花树不耐水淹,所栽植深度要比原地面高出10~15 cm。树坑全部填完踏实,围堰浇第一次透水,3~4天后浇第二次透水,后将原树坑周围剩余的土围在树根的周围,形成中间高、四周低的土堆,避免积水。另外做好支撑。

栽植大型桂花,或在夏季栽植桂花时要喷抗蒸腾剂,提高植物移栽成活率,促进其早生根和发芽;同时,在高温和干旱环境下使用蒸腾抑制剂,还能促进气孔关闭,减少植物叶片水分的过度蒸发。

(四)植后养护管理

1.水肥管理

栽后充分灌水。如需要在高温干旱季节进行,一定要在栽植后增加相应的遮阴设施,同时每天增加枝叶喷水的次数,并结合灌根或随水施用生根剂。桂花成活后除基肥外,每年进行3次追肥,3月下旬追施一次速效性氮肥,7月追施一次速效性磷钾肥,10月再施一次有机肥。每次施肥后都要及时灌水和中耕除草。

北方盆栽桂花冬季入室应控制浇水,过多会使土壤过湿缺氧。室内最低温应保持 5 ℃以上。春季气温上升稳定在 10 ℃时可移除室外摆放。3~5 年换盆一次。中耕除草在以主干为中心、直径 1 m 的树盘内进行。灌水或降雨后,为防止土壤板结,应进行中耕松土。

2.整形修剪

桂花以短花枝开花,应尽量少短截或不短截,防止短截过重。除因树势、枝势衰弱需要回缩更新外,应以疏枝为主。主干分层形适于干性较强的金桂、丹桂等。留主干 40~60 cm,在其上选留两层主枝,每层主枝上保留 3~4 个分布均匀的枝条。层内距为 10~15 cm,层间距为 40~50 cm。在主枝上距中干 40~50 cm 选留第一侧枝,每隔 30~50 cm 再选留第二、第三侧枝。对主干延长枝进行短截,主干基部萌蘖要剪除,对过密的外围枝适当疏除,并剪除徒长枝和病虫枝,以改善植株通风透光条件。圆头形适于干性较弱的银桂等。留主干 40~60 cm,在其上选留 4~6 个均匀分布的主枝。侧枝选留同主干分层形。注意对外围过密枝及时疏除。四季桂易形成丛生形。树冠距地面较近,注意改善其通风透光条件。

3.病虫害防治

桂花易发生炭疽病、褐斑病、枯叶病、叶枝病、卷叶蛾、介壳虫、刺蛾、桂花叶蝉等病虫害,要及时观察,及时喷药防治。

九、冬青

冬青(*Ilex chinensis* Sims)别名冻青等,为冬青科(*Aquifoliaceae*)冬青属(*Ilex*)常绿乔木。亚热带树种,产于江苏、浙江、安徽、江西、广西、福建、河南等地。

(一)形态特征

为常绿乔木,高达 13 m;树皮灰色或淡灰色,有纵沟,小枝淡绿色,无毛。当年生小枝呈浅灰色,圆柱形,具有细棱;二至多年生枝具不明显的小皮孔,叶痕新月形,凸起;叶薄革质,狭长椭圆形或披针形,顶端渐尖,基部楔形,干后呈红褐色,有光泽;花瓣紫红色或淡紫色,向外反卷;果实椭圆形或近球形,成熟时深红色。花期 5~6 月,果熟期 9~10 月。

(二)生态习性

冬青为亚热带树种,喜温暖气候,有一定耐寒力。适生于肥沃湿润、排水良好的酸性壤土。较耐阴湿,萌芽力强,耐修剪。对 SO_2 抗性强。常生于山坡杂木林中,生于海拔 500~1 000 m 的山坡常绿阔叶林中和林缘。

(三)栽植技术

1.苗木选择

按照设计要求选择生长良好,姿态优美,无病虫害,能达到绿化、美化目的的冬青。

2.栽植时间

可在早春或雨季移栽,但以秋后土壤封冻前为最佳移栽时期,此时地温高于气温,根系伤口愈合快,成活率高,有的当年能产生新根,第二年缓苗期缩短,生长快。

3.栽植前的准备

栽植前 2~ 3 天对冬青浇 1 次透水,使苗木吸收充足的水分利于移栽后成活,同时挖掘时易形成土球。

栽植前对冬青进行适当的修剪，修剪时要保证伤口的整齐性，修剪口可用创可涂等涂抹，以防干和有利于以后伤口的愈合和萌芽。包扎时先把草绳用水浸湿，以增加韧性。再用草绳上下拴绕，直至把树身通体拴绕，包括枝杈。拴绕时不能太松也不宜太紧，太松不利保湿，太紧不利萌芽。

4.起苗与运输

冬青栽培最好采用根部带土球法。土球大小一般为树干胸径的8~10倍，细根较少、土壤为砂砾土，土球宜稍小，否则在装运过程中土球易碎。挖出的土球要修成圆球形，再用浸过水的草绳缠绕以防破裂；较小的土球可不缠严，但大土球一定要缠严缠实，以不见泥土为度。

在起苗时尽可能多地保留侧根和须根，断根时要保证根部伤口的整齐性。为提高冬青的栽植成活率，在起苗现场可以将现场的泥土加水搅拌成泥浆，涂刷在已掘起的苗木根系上。为促进根系的生长，还可以在泥浆中加入萘乙酸、吲哚乙酸等生根剂。树木长途运输时，应注意保湿，避免风吹、日晒、冻害及霉烂。应注意洒水，休息时车应停在阴凉处。树木运到应及时卸下，对裸根苗不应抽取，更不许整车推下。

5.定植

栽植穴的大小要根据苗木根系的直径大小而定。一般穴的直径要大于苗木根系直径的50~80 cm，栽植穴的深度要比原根系的深度深30~40 cm，以利于移栽时施用基肥。先在栽植穴的底部施入一定量的基肥，基肥不宜太多，以免积水或灼伤树根，影响成活率。苗木移入栽植穴后，先卸除捆扎物，在根部截断处放入砂土，这样既排水、透气，又保温、保湿，不易引起根部腐烂；回填厚20 cm左右的土层，将树根立在回填土的上方回填表土，切记不能让根系直接接触基肥。填土一半时，抱(吊)住树干轻轻上提或摇动，使土壤与根系紧密结合，踏实土壤，再填土至满踏实。栽植深度应比原土痕略深5~10 cm。然后搭立支架，以免风吹摇晃。

(四)植后养护管理

1.水肥管理

栽后要立即浇1次透水，以后每隔2~3天后浇一次水，隔7天后浇第3次水，以后浇水间隔期可适当拉长。空气干燥时，每天要保持给树体喷水2~3次，至少45天以后，植株生长较为稳定后间隔时间可延长一点。视墒情每15天灌水一次，结合中耕除草每年春、秋两季适当追肥1~2次，一般施以氮为主的稀薄液肥。

2.整形修剪

冬青每年发芽长枝多次，极耐修剪。夏季要整形修剪一次，秋季可根据不同的绿化需求进行平剪或修剪成球形、圆锥形，并适当疏枝，保持一定的冠形枝态。冬季比较寒冷的地方可采取堆土防寒等措施。

3.病虫害防治

冬青病虫害较少，主要虫害是蛴螬、蝼蛄、蚯蚓等，主要病害是叶斑病，可用多菌灵、百菌清防治。

十、香樟

香樟(*Cinnamomum camphora*)别名木樟、芳樟、番樟、小叶樟,为樟科樟属常绿乔木。是亚热带常绿阔叶林的代表树种,同时也是亚热带地区重要的材用和特种经济树种。原产中国南部各省,越南、日本等地亦有分布。

(一)形态特征

树冠广圆形,高可达 50 m;树皮幼时绿色,平滑,老时渐变为黄褐色或灰褐色纵裂;叶薄革质,卵形或椭圆状卵形,长 5~10 cm,背面微被白粉,脉腋有腺点;花黄绿色春天开,圆锥花序腋出,又小又多;果实小球形,成熟后为黑紫色;花期 4~5 月,果期 8~11 月。

(二)生态习性

性喜光,较耐阴,喜温暖湿润,不耐严寒,绝对最低温度-10 ℃时即遭冻害,适生于年平均气温在 16 ℃以上的区域。主根发达,侧根少,对土壤要求较严格,只宜在土层深厚、肥沃和湿润的土壤上生长,中性至酸性皆可。

(三)栽植技术

1.苗木选择

应选主干呈深绿色、树体结构合理、生长健壮、无病虫害的植株,最好经过 1~2 次栽植,地径与苗高之比大于 1∶60~1∶80 的苗木。用于行道树和庭园绿化,根颈粗不得小于 2~3 cm,高度不小于 150 cm。反季节栽植应注重选择经栽植或假植的苗木,选择土球较大的苗木,尽量选择小苗。

2.栽植时间

华北地区香樟一般在 3 月中旬至 4 月中旬,以春季刚要萌芽时栽植为宜。在梅雨季节可以补植。秋季以 9 月为宜。香樟大树的栽植在 4 月上旬或清明前后。冬季少霜冻或雨量较多的地方也可冬植。

3.栽植前准备

对计划栽植的香樟大树,在原地通过修剪缩小树冠,同时实施切根操作。切根范围为树木根径的 5 倍,可将粗根锯断,在根部喷洒 0.1%的萘乙酸 500 g,然后填充、覆土。两年以后根据需要进行栽植,并在保持树形基本骨架的前提下进行修剪。

在保持原有树冠的情况下进行栽植,在起挖前应进行适当的树冠重剪,去除弱枝,保留 50%的枝叶。土球直径应为根径的 8 倍以上,土球包扎应紧实、看不到露土。考虑到带蓬栽植时叶面水分蒸腾过大,栽植后可在树冠顶部安装喷淋装置,晴天进行叶面喷雾。亦可全株搭建荫棚,减弱光照强度。

截去主干上的大部枝条,适当选留一级分枝,截口呈斜形,截口用封漆涂抹或薄膜包扎。栽植后月余,截口下萌发众多芽条,让其自然生长,至翌年春季萌芽前,修剪多余的枝条,选留方位角度理想、生长旺盛的枝条作为培养枝,保持树冠通风透光。当年树冠可生长 100~150 cm,3 年后树冠即能长成优美的半球形态,形成较好的观赏效果和遮阳面积。

4.起苗与运输

香樟 2 年以上苗木起苗带土球,土球直径可为胸径的 5~6 倍。起苗时要带直径 30 cm 左右的护根土,切勿使土团散失。土球高度为土球直径的 70%。

起苗后如果运输距离较远,采用井字式或五角式包扎,对断根、破根和枯根进行修剪,剪后用加入0.03%萘乙酸的泥浆浸裹,促进新根的生长。根部要用湿草、塑料薄膜等加以包扎,以便保湿。如土质松散、运输距离近或土球较大,可采用橘子式。运输中树干用浸湿的草绳缠绕包裹保湿,夏季栽植时加强遮阳、降温措施,如对主干及粗枝用草绳包扎、用塑料膜封裹并喷水等,要轻拿轻放,不得损伤树根、树皮和枝干。

5.定植

香樟适合栽植在地势高、不积水、向阳、温暖挡风的地方。种植穴口径应比香樟土球大1/3,深度以土球入土,根茎部与地面相平即可。穴底施基肥并铺设细土垫层。栽植深度以地面与香樟苗的根颈处相平为宜。

栽植时,土球底面与穴内土面呈平面接触,不能呈倒三角形,护根土要与穴土紧密相连。去除不腐烂的包装,填入挖出的表土,将填土夯实,但不能砸碎土球。再填入开坑挖出的底土并夯实。最后在原土坑的外缘堆起高15 cm左右的圆形围堰,并用铁锹将土打实。无雨天气24小时内必须浇一次定根水。如果遇到干燥、暴晒的天气,要每7天左右灌一次透水,连续3~4次即可。胸径在10 cm以上的大树需立支柱。

(四)植后养护管理

1.水肥管理

生长期控制浇水次数,不旱不浇,浇则浇透。如遇特殊高温干旱,树冠出现萎蔫症状时可补充水分。雨季注意树穴防积水。反季节栽植的植株可结合浇水加一定生根剂。对香樟应施酸性肥,每年施基肥1次,可在秋末冬初进行,施后及时覆土。生长期进行追肥,叶面喷施磷酸二氢钾或磷酸亚铁水溶液,每月进行1次。在土壤pH高造成叶片缺铁黄化严重时,可每年喷施硫酸盐铁或柠檬酸水溶液2~3次。

2.整形修剪

及时抹除植株中下部萌芽;培养侧枝,以早日形成树冠外形,对独立无分枝的主干,应从不同角度保留粗壮枝条。对主干保留分枝侧枝的,以保留3~5个一级分枝,每个一级分枝上保留2~5个二级分枝,以形成卵圆形树冠,之后视情况进行整形修剪。

3.病虫害防治

香樟的主要病害是溃疡病,主要虫害是樟叶蜂、樟果螟、樟天牛、蚜虫等。

十一、枇杷

枇杷(*Eriobotrya japonica*)别名卢桔等,为蔷薇科枇杷属常绿小乔木。原产中国亚热带地区,以福建、浙江、江苏等地栽培最盛。南方多作为经济树种栽植,可食用,也可入药。北方地区近年来广泛地用于园林绿化。

(一)形态特征

枇杷高可达10 m,小枝密生锈色或灰棕色茸毛;叶片革质,长倒卵形或长椭圆形,长10~30 cm,宽4~10 cm,边缘有锯齿,表面皱,背面及叶柄密生锈色茸毛;圆锥花序顶生,花白色,芳香多而紧密;梨果球形或椭圆形,黄色或橘黄色;花期10~12月,果期第二年5~6月。

(二)生态习性

喜光,稍耐阴,喜温暖气候及肥沃、湿润而排水良好的土壤。枇杷对土壤要求不严,适应性较广,一般土壤均能生长结果,但以含砂或石砾较多的疏松土壤生长较好。稍耐寒,年平均气温 12 ℃以上即能正常生长。冬春低温将影响其开花结果,生长缓慢,寿命较长,一年能发 3 次新梢。

(三)栽植技术

1.苗木选择

应选择根系好、苗干健壮、苗高 30 cm 左右的壮苗作定植苗。

2.栽植时间

枇杷的定植时期以在春、秋两季为最佳。应避免在土壤过湿、高温少雨及寒冷季节栽植。营养袋苗和带土移栽苗木则不受季节限制。

3.栽植前准备

栽植大型枇杷要提前 2 个月诱根处理,切断沟中各种根系,再在沟中填入约 20 kg 的腐熟的土杂肥,然后覆土,诱发新根,提高栽植成活率。起苗前一周对树木浇一次透水,利于移栽后成活、挖掘时易形成土球。

枇杷修剪以疏枝为主,除疏去病虫枝、细弱枝、枯枝和疏删密生枝外,还应删剪短花穗过多的一部分结果枝,侧枝和徒长枝采取更新和回缩。疏枝要保持枝干均衡分布,树形丰满健康。大的伤口采用石硫合剂的原液与干净的黄泥调和成浆涂在伤口,并用薄膜包扎。然后剪去大部分的叶片,防止水分损失过多,若不带土球栽植,需要重剪。

4.起苗与运输

由于枇杷根系不发达,再生能力弱,起苗前先对苗圃灌足透水,起苗时一定要保护好根系。无论是否带土球,根部的伤口要及时处理,先进行修剪,然后涂抹杀菌剂,防止腐烂。若带土困难,则起挖后根部涂上泥浆而后栽植。一般土球直径为树木胸径的 5~6 倍,大树最好为 7~10 倍,易于树势恢复。

尽量做到随挖、随运、随种,能有效地提高成活率,有条件的地方最好带土包装移栽,或使用营养袋苗。若要长途运输,根部必须打好泥浆并采用湿稻草单株包扎,保护根系和主干免受伤害。卸车后不能及时栽植的,要将土球盖土假植,或给树搭建简易遮阴棚,将树体盖上稻草并喷水保湿。

5.定植

枇杷枝条较稀疏,生长量大,叶大枝粗,应根据不同的气候、地理及土质确定相应的栽植密度。定植前至少 1 周前先挖好定植穴,施足底肥。苗木栽植前一定要用多菌灵等杀菌剂浸泡 15~30 分钟,浸泡苗木至嫁接口 10 cm 以上。打泥浆栽植时,先铲松定植点的泥土,然后在定植点挖一小坑,将苗木植入坑内把根系理伸理顺,使之呈自然状态。根系周围填满细土,再将树木扶正,用竹、木杆支撑树体,使其稳定直立,然后拆除草绳等包装材料,若取出实在困难,也应将其剪断剪碎。填土时应先填表土或与适量有机肥拌匀后的肥沃土壤,后填心土,每填 10~20 cm 夯实,操作时要注意保护土球,栽植后土球表面应比地面高 2~3 cm,适当踏实,四周培土围堰浇足定根水。由于浇水后地块下沉会造成树木倾斜,要及时扶正。

（四）植后养护管理

1.水肥管理

栽后应经常检查树蔸处的土壤墒情，及时对定植穴浇水。定植后1周内，每天向叶片喷水2~3次，浇透3遍水填土封堰。枇杷既怕涝又怕旱，雨季要注意排水。夏、秋季天气燥热，用草或地膜覆盖树盘，并经常保持土壤湿润，叶面喷水。

枇杷为常绿果树，叶茂花繁，四季生长，需肥比落叶果树多，尤其是需钾量比氮、磷多。栽植成活后第二年，需及时补充肥料，原则上薄肥勤施，有条件的以氮素化肥+稀粪水每月施肥1次。第三年开始控制氮肥，增施复合肥和饼肥，促花芽分化。新栽植幼树在3个月内只浇适量清水，不需施肥料，避免长出的嫩根被肥料伤害引起死树。

2.整形修剪

对于不同的用途，修剪的侧重点不同。对于果树的修剪，目前以杯状形整枝和拉枝相结合的矮冠整形法为主；对于园林观赏用的枇杷，以树形美观为目的，也可结合果园修剪技法，修剪在栽植成活后的第二年进行。定植后树木离地面50 cm左右，留4~5个侧枝截干。留下主枝向四面展开，用尼龙绳拉下，与主干成40°~50°角。第二年在各主枝的适当距离，再留3~4个侧枝，侧枝长到一定长度时摘心。

3.病虫害防治

枇杷主要病害为叶斑病，黄毛虫和举尾虫均为危害叶片的重要害虫，天牛幼虫主要危害枇杷枝干。

第二节　落叶乔木的栽植与养护

一、银杏

银杏（*Ginkgo biloba*）别名白果树、公孙树、蒲扇等，为银杏科银杏属落叶乔木。是第四纪冰川运动后遗留下来的种子植物中最古老的裸子植物，号称“活化石”，中国的银杏主要分布在温带和亚热带气候区内。银杏与雪松、南洋杉、金钱松一起，被称为世界四大园林树木。中国园艺学家们也常常把银杏与牡丹、兰花相提并论，誉为“园林三宝”，并把它尊崇为国树。以种子繁殖银杏需要20~30年才会结果，故称“公孙树”。

（一）形态特征

落叶乔木，高达40 m，胸径可达4 m；叶扇形，有长柄，淡绿色，在短枝上常具波状缺刻，在长枝上常2裂，幼树及萌生枝上的叶常深裂；叶在一年生长枝上螺旋状散生，在短枝上3~8叶呈簇生状，秋季落叶前变为黄色。花雌雄异株，稀同株；种子具长梗，下垂，常为椭圆形、长倒卵形、卵圆形或近圆球形。花期3~4月，种子9~10月成熟。

（二）生态习性

喜光，不耐阴，较耐寒性，也能适应高温多雨气候；对土壤要求不严格，在特酸、特碱及盐分过重土壤上生长不良，深厚、湿润、排水良好的土壤为宜，忌水涝；抗风力强，对大气污染有一定抗性；生长速度慢，寿命长。

(三)栽植技术

1.苗木选择

要求选择生长健壮、根系发达、树干较直、树形优美的苗木,芽健壮、饱满,茎干无干缩、皱皮、损伤。作为行道树,应多选用实生苗和雄株,而且要选择树干比较挺直、分枝点在 3 m 左右的树木。

2.栽植时间

银杏从秋季落叶后至翌年春发芽前的整个休眠时期都可以栽植。大树反季节栽植选 2 年内移栽过的最佳。

3.栽植前准备

选择向阳避风、土层深厚、肥沃、排水良好的沙壤土、壤土,pH 值 5.5~7.5,含盐量小于 0.3%的中性至微酸性土壤,年降水量在 800 mm 以上,无内涝积水的地区。

通常栽植前需提前半年进行切根措施,根系切断处用 ABT-6 号生根粉液喷施并填好土,以使其萌发新根。起苗前一周对树木浇一次透水利于栽植后成活,同时挖掘时易形成土球。

银杏一般不做强修剪,可进行定形修剪,同时将过密枝、病虫枝、伤残枝及枯死枝剪除。非适宜季节移栽可做短截处理,但要保持基本树形。修剪时剪口必须倾斜、平滑,截面要小,修剪较大、较粗的枝条,剪口应涂抹防腐剂。经过截干处理的银杏树枝干和叶貌恢复较慢,并且失去顶端优势,即使经过数年,各级枝干也只能形成浑圆形的冠貌,观赏效果大大降低。

树干包扎用稻草做成的简易单股草绳或麻布进行,将树干包扎到分叉处,主枝以包扎 1/3 左右为好,对较大的树枝也应该缠上草绳,然后喷洒水营造一个湿润的小环境。树木起挖前,先做好阳面标记,以便栽植时保持原方向,大树要用支柱或粗麻绳固定。

4.起苗与运输

银杏栽植比较容易,裸根或带土球均可。土球规格一般按干径的 6~8 倍,土球的高度一般为土球直径的 2/3 左右。遇到较大根系应用手锯锯断,以免造成根系撕裂,并用杀菌剂涂抹。尽量带完整的根系,尤其是毛细根。土球采用双五星包扎法并用草包裹住土球。装、运、卸时都要保证不损伤树干、树冠及土球,做到轻、慢、稳。外地苗木在装车后,应用篷布将车体包裹、封严,这样可以减少在运输途中树体损伤和水分蒸发。

5.定植

银杏属深根性植物,生长年限很长,要选择比较肥沃的土壤,通常以有机质含量为 1%~3%且透水性较好的土壤为最佳。

种植穴的规格根据大树胸径、土球大小而定,应加大、加深,不能挖出“锅底坑”。掘好后在坑底先回填加有基肥的沙壤土,并拌放适于植物生长的微量元素。为保证种植土壤的疏松、透水性能,在种植穴底部铺一层用陶粒或炉渣和种植土以 3∶7 比例混合的基质,厚度为 40 cm。栽植时要将苗木在种植穴中扶直,拆除包装,分层回填好土并压实。银杏宜浅栽,深埋不易发根,以原苗木的根际线与地面相平或略高于地面 5 cm 左右为宜。

栽植后做水堰,用 3~4 根管径 10 cm 的塑料管做透气孔,插入种植穴周边渗水层以下。浇透水,水渗后封土,7 天后再浇一次水。立好支柱,支稳树木。

（四）植后养护管理

1.水肥管理

银杏栽植初期，根系吸收能力差，宜采用叶面喷肥，可用0.5%~1%尿素或磷酸二氢钾，早晚或阴天叶面喷施，半个月左右一次。当新梢长到10 cm左右时，新根发出，可进行土壤施肥，要求薄肥勤施。一般银杏大苗春季沟施有机肥，8月可追肥1次。银杏无须经常灌水，一般土壤结冻前灌水1次，5月和8月是银杏的旺盛生长期，天气干旱可各灌水1次。

2.整形修剪

银杏在其生长过程中，因生长缓慢，一般不修剪。银杏的修剪以冬季修剪为主，在银杏树体休眠期，即落叶后至萌芽前进行，剪去枯枝、弱枝、徒长枝、病枝、并生枝、下垂枝、邻接枝和重叠枝等，夏季修剪，是在银杏苗木生长期内所进行的辅助修剪。夏季抹除赘芽和剪除根部萌蘖，减少养分的无谓浪费，促进植株生长发育。修剪要保持一定的树形，使银杏高大、挺拔、匀称、美观。

3.病虫害防治

银杏病害主要有根腐病、叶枯病和茎腐病；虫害主要有刺蛾和超小卷叶蛾等。

二、水杉

水杉（*Metasequoia glyptostroboides*）是裸子植物杉科水杉属落叶乔木，水杉是“活化石”树种，是秋叶观赏树种。

（一）形态特征

落叶乔木，高可达30 m，幼树树冠呈尖塔形；小枝对生，下垂；叶线形，交互对生，假二列成羽状复叶状，长1~1.7 cm，下面两侧有4~8条气孔线；雌雄同株。球果下垂，近球形，微具4棱，长1.8~2.5 cm，有长柄；种鳞木质，盾形，每种鳞具5~9种子，种子扁平，周围具窄翅；花期2~3月，球果10~11月成熟。

（二）生态习性

阳性树，喜温暖湿润气候，抗寒性颇强，在东北南部可露地越冬。喜深厚肥沃的酸性土或微酸性土，在中性至微碱性土上亦可生长，能生于含盐量0.2%的盐碱地上；耐旱性一般，稍耐水湿，但不耐积水。

（三）栽植技术

1.苗木选择

选择种植密度稀疏、分枝点较低、树形匀称、长势较好的苗木为栽植苗木。若为了提高移栽树木的成活率和先期达到一定的景观效果，应选择胸径10~18 cm，树形匀称，树干通直、无受伤节疤，长势良好的水杉作为移栽树木。

2.栽植时间

移栽最适宜季节选择从秋季即将落叶或到来年的春季新芽萌发展叶前期间，是水杉大树移栽的最佳季节。夏季移栽，选择在连阴天或降雨前后移栽，此时还可结合挂营养液或根灌营养液。

3.栽植前准备

水杉萌蘖力强，耐修剪，故应对移栽的水杉大树在种植之前进行强修剪。修剪采用抽取轮生枝,侧枝回缩的方法,侧枝保留长度120~200 cm为宜,对过密的枝条,按纵向30~40 cm间距进行疏枝,保留大的侧枝,整个树所留的枝条不要超过原树的1/5,预留枝条的方位和部位要合理,要保证整体树形的完整;对被预留枝条的小枝进行抹芽,只留顶部5~7个芽。修剪后及时对大枝剪口进行处理,常采用的方法是涂白漆、石蜡或用塑料布绑扎。水杉挖掘之前应在树干的朝北方向用红漆做标记。

由于水杉树干较高,运输用湿草绳、麻片等材料严密包裹树干,对树干具有一定的保湿性和保温性,裹干高度应超过整个树干高度的1/2以上。

4.起苗与运输

起苗时,挖时先去表土,见到表根为准,再行下挖。小苗需蘸泥浆或将苗根放入水中浸根,使其吸足水分,促进成活;树木胸径在30 cm以内的挖掘土球直径大小为苗木胸径的8~10倍,胸径在30 cm以上的树木则为苗木胸径的5~6倍,土球高度为土球直径的2/3。挖掘时,较粗的侧根,一定要使用手锯或锋利的剪刀,使剪锯口光滑,将生根剂、杀菌剂和伤口愈合剂用刷子涂抹于切口处,以促进植物伤口愈合,新根生长。土球应挖成陀螺形,土球底部直径为土球直径的1/30;土球应用棕绳扎紧,棕绳横交叉间距20 cm为宜,然后打网格式花箍,以免运输过程中土球松散,土球打好后,将水杉轻轻推倒,准备装车。

5.定植

树穴大小一般大于土球50~60 cm为宜,挖好的树穴于种植前一天晚上分别灌满水,并于第二天早上检查渗水、漏水情况,发现漏水及时将漏洞堵住。

将大树斜吊在原准备好的种植穴内,撤除系扎在树干上的绳子,将树干立起,调正树冠主要观赏面朝向,放入树穴、扶正,并用铁丝或草绳临时牵拉,防止苗木倾倒,去除泥球包扎物和部分草绳。苗木的种植分两次回填土,第1次土球周围先回填1/3~1/2的种植土,浇水后搅拌成泥浆;待泥浆半干后,第2次回填种植土,并做好围堰。栽植后及时浇3次透水,灌水之后往往是客土容易渗透,而土球土内却难浸透,在水杉土球上用钢钎打孔,引导水流渗透到土球内部,提高灌水效率。

大规格水杉种植后,应立即用毛竹或木棍进行支撑固定。如果成片、规则式种植,且密度相对较大,可在2~2.5 m处高度用毛竹纵横相连。

(四)植后养护管理

1.水肥管理

新移栽的水杉应以土壤保持大半墒为宜,不可过干也不可过湿。移栽初期应浇好头三水,此后可每月浇次透水,雨季可适当少浇水或不浇水,秋末浇好封冻水。翌年初春应及时浇好解冻水,此后仍需每月浇一次透水,大雨过后及时排除积水,以防水大烂根。对于新移栽的小苗,除正常浇水外,条件允许的可进行叶片喷雾,利于植株缓苗,新栽植的水杉怕水涝,只需保持土壤适当湿润即可。

栽植当年的秋末可浅施一些腐叶肥。翌年早春结合浇解冻水施用一次尿素,6月中下旬施用一次复合肥,秋季不再施肥。初冬亦可按第一年方法施肥。第三年起每年初春施用一次尿素即可。同时要做好中耕除草工作,以防止土壤板结,而影响土壤的透气性能,不利于新根的萌发。

2.整形修剪

为保持通风透光,给树木健壮生长创造良好的空间,对于一些徒长枝条,可进行适度修枝和短截,防止其扰乱树形,宜选在水杉落叶后至立春前进行,修枝强度为树冠总长度的1/4~1/3,具体视树木生长情况而定。

水杉树冠可自然长成圆锥形,因此在栽培中要尽量保持自然树形。在幼苗期要注意树干基部枝条的保护,不可使其形成光腿干。在成苗期,可根据树形将过密枝条进行疏除,对于一些徒长枝条可进行短截,防止其扰乱树形。此外,还应及时将病虫枝进行疏剪。苗期可适当修剪,4~5年后不要修剪,以免破坏树形。

3.病虫害防治

病虫害防治水杉的常见病害是立枯病,主要发生在幼苗期。水杉常见的害虫有蛴螬、大袋蛾和松栎毛虫。

三、白玉兰

白玉兰(*Magnolia denudate*)别名望春花、玉兰花等,为木兰科木兰属落叶大灌木。春天叶前开花,花大,有花王之称。产我国中部,现除严寒地区外都有栽植。为我国人民所喜爱的传统花木,在古代已传入朝鲜及日本,现被上海人民选作市花。

(一)形态特征

高可达15 m,叶互生,倒卵形,先端突尖,基部楔形;花大,白色,芳香,单生于枝顶;花萼与花瓣相似,共9片,排列成钟状;聚合果圆筒状,红色至淡红褐色,种子具鲜红色肉质外种皮;3月开花,6~7月果熟,花大型、芳香,先叶开放,花期10天左右。

(二)生态习性

喜光,稍耐阴,具一定耐寒性,能在-20 ℃条件下越冬;喜肥沃、湿润且排水良好的弱酸性土壤(pH5~6),但在pH7~8的碱性土上也能生长;对SO_2、氯和HF等有毒气体有较强的抗性;肉质根,忌积水;寿命长,可达千年以上。

(三)栽植技术

1.苗木选择

选择生长良好、主干通直、主枝及侧枝分布均匀、树形健美、无偏冠现象、无病虫害的青壮龄树木,顶梢保持完好,树体无损伤、劈裂等。

2.栽植时间

白玉兰不耐栽植,在北方不宜在晚秋或冬季栽植。一般以春季开花前或花谢后展叶前栽植为佳。秋季以中秋为宜,过早、过晚均影响成活。夏季蒸腾作用严重,若在夏季栽植,要注意喷水、喷洒蒸腾剂、疏枝去叶,以减少苗木栽植过程中的水分散失,保证其成活。

3.栽植前准备

白玉兰喜光,幼树较耐阴,可种植在侧方挡光的环境下,不宜种植于大树下或背阴处,会导致生长不良,树形瘦小,枝条稀疏,叶片小而发黄,无花或花小。白玉兰较耐寒,但不宜种植在风口处,否则易发生抽条。种植地地势要高,在低洼处易烂根而导致死亡。

剪掉内膛枝、重叠枝和病虫枝,并力求保持树形的完整,大的截口涂保护剂。摘叶以摘除叶片量的1/3为宜。如所种苗木带有花蕾,应将花蕾剪除,防止因植株开花结果消耗大量养分而影响成活率。

对大规格树干用草绳包扎，将树干包扎到分叉处，主枝以包扎 1/3 左右为好，对较大的树枝也应该缠上草绳，然后喷洒水以保湿。外拴绳子并打好活结扣，为双臂吊车做好挂钩准备。大规格木兰树起挖前用支柱或粗麻绳固定，做好阳面标记。

4.起苗与运输

起苗前 4~5 天浇一次透水。起苗要带土球，土球直径为胸径的 8~10 倍。挖掘时要尽量少伤根系，断根的伤口一定要平滑，以利于伤口愈合，土球挖好后用草绳捆好，防止在运输途中散裂。

5.定植

栽种前要将栽植穴挖好。栽植穴直径比土球直径大 30~40 cm，深度比土球高度深 30~40 cm。穴底回填熟化土壤，土壤过黏或含盐量超标都应当进行客土或改土。

白玉兰苗木有容器苗、带土球苗和裸根苗 3 种。在栽植前将白玉兰苗木进行分级，同一个地块尽量栽植规格相近的苗木。白玉兰为浅根性树种，栽植时要适当深栽，苗木干基低于地表 10 cm。一是容器苗。栽植时将苗放到栽植穴旁边，撕去容器后将苗放入栽植穴内，将苗盘四周用土压实再浇 1 次透水。二是带土球苗。将苗放入栽植穴内。注意土球底部填土，四周踩实，最好边栽边浇水踩实。三是裸根苗。保留主根 20~30 cm 长，侧根保持 20~30 cm 长，栽植时根系要舒展，深度 30 cm，扶正，分层踏实或锤紧，再浇透定根水。截干栽植：苗木栽好后离地表 10~15 cm 处截去主干，依靠留下的干部萌发新芽长成新的干。如果苗木过细或者苗木伤根过重，采用此法，可减少水分蒸发、促进根系恢复。裸根苗栽后及时定干，还可以减少苗木水分蒸发。一般定干高度 1.2 m，留 2~3 个侧枝，留侧枝长度 20~30 cm。种植完毕应立即浇水，3 天后浇 2 水，再 5 天后浇 3 水，或树冠喷雾和树干保湿。栽植后及时设支架，防止被风吹倾斜。

(四)植后养护管理

1.水肥管理

白玉兰既不耐涝也不耐旱，在栽培养护中应严格遵循其“喜湿怕涝”特征，保持土壤湿润而不积水，入秋后减少浇水以利越冬。北方干旱缺雨，花后叶芽膨大期可适当浇水；白玉兰喜肥，忌大肥，施肥多用腐熟的有机肥，于春季花前、5~6 月、入秋前施入，利于生长，改善土壤。新栽植树可待落叶后或翌年春天施肥。如欲使栽植的白玉兰花大香浓，应在开花前及花后施以速效液肥，并在秋季落叶后施基肥。

2.整形修剪

白玉兰枝干愈伤能力差，一般不行修剪，避免短截，以免剪除花芽。如必须修剪，可结合情况将病虫枝、干枯枝、下垂枝、过密枝及竞争枝等疏除，以利通风透光，使树形优美。修剪一般应在花谢而叶芽伸展时进行，过早或过晚易使伤口干枯。此外，花谢后如不留种，应将残花和蓇荚果穗剪掉，以免消耗养分，影响来年开花。

3.病虫害防治

白玉兰是抗性较强的树种，但也发生大蓑蛾、霜天蛾等害虫。病害有炭疽病、黑斑病、黄化病等，注意综合防治。

四、鹅掌楸

鹅掌楸(*Liriodendron chinensis*)别名双飘树等,为木兰科鹅掌楸属落叶大乔木。中国特有的珍稀植物,主要生长在长江流域以南。

(一)形态特征

树高达 40 m,胸径 1 m 以上。叶互生,长 6~22 cm,宽 5~19 cm,背面粉白色;叶柄长 4~8 cm。叶形如马褂,叶片的顶部平截,犹如马褂的下摆;叶片的两侧平滑或略微弯曲,好像马褂的两腰;叶片的两侧端向外突出,仿佛是马褂伸出的两只袖子,故鹅掌楸别名马褂木。花单生枝顶,花被片 9 枚,外轮 3 片萼状,绿色,内二轮花瓣状黄绿色,基部有黄色条纹,形似郁金香,聚合果纺锤形,小坚果有翅,连翅长 2.5~3.5 cm。花期 5~6 月,果期9 月。

(二)生态习性

阳性树种,适应性强,耐寒,耐热,但不耐干,生长较快,宜在肥沃、温暖、排水良好的土壤上生长,不耐瘠薄,忌积水。鹅掌楸的耐寒性较强,据资料记载,成年树能耐-25 ℃的短期低温。

(三)栽植技术

1.苗木选择

多选择两年生苗木进行移栽,选苗时要尽量选择树木分枝均衡、枝叶繁茂、主根及侧根完整、无病虫害的苗木,易于成活。

2.栽植时间

北方地区移栽时间最好选在春季的 2 月底到 3 月底,如时间过晚,会造成苗木抽发新枝,顶芽萌发,此时北方地区的温度大都在 16 ℃以上,且春季降雨较少,气候干燥,蒸发量逐渐增大,水分跟不上蒸发的需求而干枯死亡。

3.栽植前准备

大树栽植之前,提前 7 天对移栽的苗木浇一遍透地水。若是移栽 15 cm 以上的大苗,应提前一年春季生长季节进行断根处理。按照所要起苗的土球大小,如胸径 15 cm 的大苗,土球大小选择为 120 cm 左右,然后挖出约环形土坑,将鹅掌楸的四周根全部斩断,不要伤害主根,然后再回填新的表土,而后进行精细管理。一年后,移栽时可以很清楚地看出诱发的新毛细根,此时起苗时土球大小为 140~150 cm,将新发的毛细根包裹在土球内。

起挖前将鹅掌楸树干包扎到分叉处,主枝以包扎 1/3 左右为好,对较大的树枝也应该缠上草绳,然后喷洒水以保湿。树木起挖前,先做好阳面标记,大型树木用支柱或粗麻绳固定。

4.起苗与运输

移栽鹅掌秋大苗时需要带土球,土球大小一般是苗木根茎的 8~10 倍。土球的选取也很重要,一般土球选取为"苹果球",保证所带根系的完整和土球质量。

在运输过程中,要做到装卸苗木要轻,保证土球不散落为原则,在装车之前用草绳将大树的树干部分缠绕结实;要尽量保证好枝干的完整,避免机械碰伤或损坏,保证树冠的完整。运输时间一般选择在晚上,早上到绿化现场,立即栽植。尽量缩短大树从苗圃到栽植现场的运输时间,时间越短对移栽成活越有利。

5.定植

选择土壤深厚、湿润、肥沃的地段和半庇荫的环境栽植，栽植地在秋末冬初进行全面清理，定点挖穴，穴径 60~80 cm，深 50~60 cm，一般的树穴大小要比土球大 20 cm 左右；翌年 3 月上中旬施肥回土后栽植，用苗一般为 2 年生，起苗后注意防止苗木水分散失，保护根系，尽量随起苗随栽植，株行距以 2 m × (2~3) m 为宜。种植时，根系应保持舒展，避免窝根，树干应扶正，并施用部分腐熟的有机肥料，回填土应层层压实，不能留有缝隙，栽植深度应与原深度基本相同，可稍深一点。栽植后要用竹竿进行固定，防治春季大风的吹袭。一般是一棵大树用三根竹竿，三角形固定，或用竹竿围成四方形固定，保证移栽苗木的稳固，不被大风吹倒。

（四）植后养护管理

1.水肥管理

栽植后要立即进行浇水，在适当的时机浇三遍透地水可有效地保证北美鹅掌楸的苗木成活率。而且以后要根据实际情况不定期地浇水，保证大树充足的水分需求。天气炎热干燥时早晚不定时，采取措施喷洒树冠和树干，保持树干和树冠的水分蒸发平衡，也是保证成活率的有效措施。

鹅掌楸栽好后在根部的四周，挖一个深 20 cm 左右的坑，不要太靠近树干，按每亩 50 kg 尿素施肥。施肥后，必须及时适量灌水，使肥料渗入土中。施肥应在天气晴朗、土壤干燥时进行。阴雨天由于树根吸收水分慢，不但养分不易被吸收，而且养分还会被雨水冲失，造成浪费。

2.整形修剪

鹅掌楸萌枝力强，极耐修剪。在我国栽培的多是不做任何修剪的自然形，如果在每年冬季进行整形修剪，既能使生长强健，又能造型，提高观赏价值。

3.病虫害防治

鹅掌楸病虫害较少，常见害虫有樗蚕、马褂木卷蛾、疖蝙蛾等，病害主要有日灼病。

五、含笑

含笑(*Michelia figo*)别名含笑梅、山节子、香蕉花等，为木兰科含笑属常绿灌木或乔木。原产于亚洲热带至亚热带，该属中国约 35 种，在我国分布于浙江、福建、湖南、广州、广西、贵州，从华南到长江流域各地均有栽培。目前含笑、深山含笑华北地区已有引种栽植。

（一）形态特征

株高 1~5 m，分枝多而紧密组成圆浑树冠，树皮和叶上均密被褐色茸毛；单叶互生，叶椭圆形，绿色，光亮，厚革质；花单生叶腋，花形小，呈圆形，花瓣 6 枚，肉质乳黄或乳白色，边缘常带紫晕，花期 3~4 月；果卵圆形，8~10 月果熟。

深山含笑(*M. maudiae Dunn*)：常绿乔木，高达 20 m；树皮浅灰或灰褐色，平滑不裂；叶互生，宽椭圆形，全缘常绿，叶背有白粉，革质；早春开花，花白如玉，大如莲，有芳香，直径 10~12 cm；聚合果，长 7~15 cm。

（二）生态习性

喜稍阴条件，在弱阴下最利生长，忌强烈阳光直射，夏季要注意遮阳。喜温暖湿润环境，不甚耐寒，长江以南背风向阳处能露地越冬。不耐干燥贫瘠，也怕积水，喜排水良好、肥沃深厚的微酸性土壤，中性土壤也能适应，但在碱性土中生长不良，易发生黄化病。

（三）栽植技术

1.苗木选择

根据工程要求选择生长势好、树形优美的树木，最好选择经过移栽或人工培育的树木，经过移栽后根活跃、生命力强，树木再栽植时所受的影响较小，有利于提高栽植的成活率。

2.栽植时间

华北地区含笑栽植的最佳时间是3~4月、9~11月，通常以清明节前3月底至4月初为宜，选择无雨、无风的天气移栽。

含笑同广玉兰一样叶大而厚，很容易失水，再生萌发力弱，反季节栽植成活率很低，因此一定要选择降雨量大、空气湿度高的梅雨季节中连阴天或多云天气，近距离快速进行含笑的栽植，并及时更大量地疏剪叶片，注意遮阴保水，这样可实现高成活率，且树木恢复快。

3.栽植前的准备

为了保证树木成活率，栽植含笑要提前2个月断根，用生根粉浇灌，这样可以保证在栽植时，能够带走大量的吸收根。需要长途运输到异地栽植的含笑，可在前一年秋冬季在苗圃地进行假植培根，促进侧根繁殖增多。

起苗前一周对树木浇一次透水，利于移栽后成活，移栽前需要对树冠进行合理修剪，但不宜过度修剪。只需剪去徒长枝、病弱枝和过密重叠枝，疏去一些枯枝老叶，摘除适量树叶和花蕾，注意维持一定的树形。

反季节栽植含笑时需要对树干进行包扎，树干包扎主要是防止水分损失和日灼伤害，同时也能保护树体在移栽运输吊装过程中不受损伤。树干包扎用稻草做成的简易单股粗绳进行，其中主干要全部包扎，主枝以包扎1/3左右为好。树木起挖前，先做好阳面标记，大型树木用支柱或粗麻绳固定。

4.起苗与运输

含笑栽植必须要带土球，土球的直径根据含笑的高度及冠径而定，土球高度根据树木主根的深浅而定，保证带有适当的土球根盘，尽量减少主根的损失。在吊装和运输过程中，同样要用柔软材料或木板做好固定、防震等防护措施，避免出现树体过度损伤、土球严重破裂等情况。长途或风大、干热天气运输时要注意遮阴防风处理、定时喷雾保湿防失水等。

5.定植

栽培含笑所用的泥土，必须疏松透气、排水良好，否则，会导致植株生长不良、根部腐烂，甚至发生病虫害而死亡。土壤以微酸性壤土为宜。定植穴的大小应比土球大0.5倍，穴底应提前施入充分腐熟的有机肥，与原心土拌匀，覆土至合适的高度后将土球放入。含笑适合浅栽，栽植深度应比原栽地高出10 cm左右，以防浇水后穴内土壤下沉，避免积水烂根现象发生。定植好后及时浇透水。由于浇水后地块下沉会造成树木倾斜，要及时扶正，调整支撑，支撑保留1年。定植后树盘覆盖塑料薄膜保持土壤水分，提高土温，利于萌生新根。要将不能立即栽植的树木，土球盖土假植或放在阴凉处搭建简易遮阴棚，树体盖上稻草并喷水保湿。

(四)植后养护管理

1.水肥管理

含笑根属肉质根,平时要保持土壤湿润,但不宜过湿,如浇水太多会造成烂根,故阴雨季节要注意控制湿度。生长期和开花前需较多水分,每天浇水1次,夏季高温天气需往叶面浇水,以保持一定空气湿度。秋冬季因日照偏短,每周浇水1~2次即可。

含笑喜肥,多用腐熟饼肥、骨粉、鸡鸭粪和鱼肚肠等掺水施用,在生长季节(4~9月),每隔15天左右施1次肥,开花期和10月以后停止施肥。若发现叶色不明亮,可施1次矾肥水。

2.整形修剪

含笑树冠自然呈球形,不宜过度修剪。平时可在花后将影响树形的徒长枝、病弱枝和过密重叠枝进行修剪,并减去花后果实,减少养分消耗。春季萌芽前,适当疏去一些老叶,以促发新枝叶。

3.病虫害防治

含笑花常有介壳虫、蛴螬、地老虎为害。叶枯病可在初春每隔15天左右喷洒1次0.3%的石硫合剂进行预防;发病后需要及时清除病叶。煤污病可用清水擦洗或喷多菌灵500~1 000倍液进行防治。

六、柳树

柳树(*Salix babylonica*)是对杨柳科柳属植物的统称,大致分垂柳和旱柳。原产中国大陆南方,全国各省均有栽培,主要分布于长江流域,南至广东,西至四川,华北及东北亦有栽培。

(一)形态特征

高约18 m,性喜湿地,生长迅速;叶互生,线状披针形,两端尖削,边缘具有腺状小锯齿,表面浓绿色,背面为绿灰白色,均平滑无毛,具托叶;雌雄异株,葇荑花序;花期4月,花开于叶后,黄绿色,果实为蒴果,种子上有白色毛状物,成熟后随风飞散;与其近似的种很多。

旱柳(*S.matsudana Koidz*):落叶乔木。树冠卵圆形至倒卵形,树皮灰黑色,纵裂。枝条有直伸或斜伸,叶披针形至狭披针形。

垂柳(*S.babylonica* Linn.):别名垂丝柳、垂杨柳、倒垂柳等。树冠倒广卵形,柳枝细长,柔软下垂,叶狭披针形至线状披针形。

龙爪柳(*var.tortuosa Rehd*):系旱柳的变型,灌木状小乔木,枝条蜷曲向上,末端稍下垂,如龙爪状,姿态极为别致,为造园常用树种之一。

(二)生态习性

柳树喜生于河岸两旁湿地,短期水淹及顶不致死亡。适应性强,耐寒,耐涝,耐旱,极易成活,高燥地及石灰质土壤也能适应。属旱柳最耐寒,发芽早,落叶迟,生长快速,但寿命短,30年后渐趋衰老。

（三）栽植技术

1.苗木选择

柳树树形姿态变化多样，应选取合境合景的树形，树木分枝均衡、枝叶繁茂、无病虫害和机械损伤。

2.栽植时间

栽植宜在冬季落叶后至翌年早春芽未萌动前进行。夏季蒸腾速率过快，易造成树木失水，所以夏季栽植要注意树木遮阴、减少水分的流失，并在栽植后迅速支撑、浇水。

3.栽植前准备

在需栽植前的春季或秋季，断其粗根，促进侧根生长。将徒长枝、交叉枝、下垂枝、病虫枝、枯枝及过密枝去除，大树要修除树干上所有侧枝，尽量保持树木原有树形。对于大规格树木或反季节栽植柳树，有必要在主干一定高度截干，选留几个主枝缩剪外，其余部分全部剪除。为防止起挖过程中损伤树干，影响观赏效果。用稻草或麻布将大树树干包扎到分叉处，主枝以包扎 1/3 左右为好，然后喷洒水以保湿。大型苗木用支柱或粗麻绳固定。

4.起苗与运输

柳树虽然径部生根力很强，但起挖树木时仍需保留一定长度的须根，可采用带土块包装或裸根软材料包扎的方式挖掘大树，所掘根系直径一般是胸径的 8～10 倍，这也有利于圃地的翻耕。起树过程中要保护好树皮和细根，并在裸露的根系空隙填入湿苔藓，再用湿草袋、草绳等软质材料将根部包缚。随挖随栽，防止树木和根部长期暴晒失水，影响成活率。尽量做到当天挖、当天运、当天种，这样能有效地提高成活率。在吊装和运输途中要防止树木长期暴晒失水，大树要保护好土球，不使破碎散开，同时，防止树皮和枝条受损。

5.定植

柳树喜湿润环境，栽植树木运到后，先进行根系修剪，修剪时要合理，截口一定要平滑。然后立即栽植。如不能马上栽植完，则要及时假植。栽植穴的直径要比树根或土球大 40～50 cm，深 20～30 cm。如栽植地的土壤太差，还应加大穴的直径，采用客土法栽植，要将树冠最丰满面朝向主要观赏方向，并考虑树木原生长地的朝向，栽植深度以原栽种表层与地表齐平为标准。如果为防止后期被虫蛀，可以向穴中均匀地撒入敌百虫等药物，在树木吸收水分时吸入药物成分，起到防虫的效果。栽后立即浇 1 次透水，等到水全部渗下去之后，把倒伏的树木扶正。通过连续 2 次每隔 15 天浇水，可供树木 4 个月的生长需要。大树在入穴、立身后设两层或 4 点支撑，支撑保留 1 年。

（四）植后养护管理

1.水肥管理

新栽植柳树生长离不开水肥，应多浇水、多施肥。3 次透水后视土壤干湿情况酌情浇水，但夏季必须保证每 10～15 天浇一次水，采取小水慢浇方法。施肥从第 2 年开始，第 1 次施肥在 4 月中下旬，第 2 次在 5 月上中旬，第 3 次在 6 月，一般施肥以尿素为主。同时每年冬季应施足基肥，生长期内适当追肥。

2.整形修剪

柳树是一种速生树种，生长迅速。可利用重剪技术重新形成树冠。重剪后，调控树体高度，刺激植株生长，柳树萌枝迅速，提高抗风雨能力，减少倒伏现象发生，提高抗病虫害的能力。特别是下垂枝多而长,树冠丰满,观赏价值大大提高。

3.病虫害防治

柳树食叶虫害有金龟子、刺蛾和蚜虫等。病害主要有腐烂病和溃疡病。防治措施主要是加强管理,增强树势,提高自身的抗病能力。

七、核桃

核桃(*Juglans regia*)别名胡桃、羌桃等,为胡桃科胡桃属落叶乔木。原产于近东地区,以西北、华北地区栽植最多。

(一)形态特征

高达 3~5 m,树皮灰白色,浅纵裂,幼枝先端具细柔毛,2 年生枝常无毛;羽状复叶长 25~50 cm,小叶 5~9 个,稀有 13 个,椭圆状卵形至椭圆形,顶生小叶通常较大,先端急尖或渐尖,基部圆或楔形,有时为心脏形,全缘或有不明显钝齿,表面深绿色,无毛;雄葇荑花序长 5~10 cm,果实球形,直径约 5 cm,灰绿色,内部坚果球形,黄褐色,表面有不规则槽纹;花期 4~5 月,果实成熟期 8~9 月。

(二)生态习性

核桃,喜光,耐寒,抗旱、抗病能力强,适应多种土壤生长,喜肥沃湿润的沙质壤土,喜水、肥,喜阳,同时对水肥要求不严,落叶后至发芽前不宜剪枝,易产生伤流。适宜大部分土地生长。喜石灰性土壤,常见于山区河谷两旁土层深厚的地方。

(三)栽植技术

1.苗木选择

核桃大树树龄一般不超过 20 年,树干基部直径小于 20 cm,要求生长健壮,无病害、无蛀干害虫,方便挖掘、吊运,最好选择过密的、幼小的树移栽。

2.栽植时间

核桃为小树断根后当年或第 2 年,大树第 2 年或第 3 年,移栽季节为 12 月至翌年 1 月。冬季较温暖的地区可进行冬季栽植,但要避开冻害天气时段。夏季栽植应避开高温天气,并采取相应措施减少树木蒸腾,提高成活率。

3.栽植前准备

核桃大树宜在栽植前两年之内分期断根,前一周对树木浇一次透水,断根时间一般可在早春土壤解冻后到萌芽前和秋季坚果采收后至土壤封冻前,小树 1 次断根,大树分 2 年(次)分别在树相对的两个方向挖沟断根。挖沟时,遇树根要用枝剪、手锯或利刀小心切断,切口要平齐、不劈不裂,并用生根粉涂抹切口,促使萌发新根。断根后,将挖出的土壤与适量的农家肥拌匀回填在沟的中下部,再用肥土填平。干旱季节,要经常浇水。

大树起挖前或树挖倒后,为了保证大树移栽的成活率,尽量采用截干、强疏剪、重回缩修剪树冠,一般可剪去树冠的 1/3~2/3。带土球和土球大的可适当多保留枝条,土球小和不带土球的尽量少保留枝条。剪口要平滑、整齐、不劈不裂,不撕破树皮,修剪后用利刀削平剪口,尽快涂抹伤口保护剂等保护伤口,或消毒后用塑料薄膜包扎伤口。

4.起苗与运输

核桃通常以裸根形式进行栽植,大规格树木或反季节栽植时要带土球。根据树龄以及树体的大小来决定土球的大小。将原先断根时开挖的环状沟内的土壤重新挖起，如沟小不便操作，继续挖宽、挖深，然后掏挖根部至主根。挖掘时，注意保护根系和土球，不要挖断新根、震散土球。环状沟内的土壤挖起后，将土球修成中间大、上下略小的扁球形。

修剪除破损根、过长根、烂根、老根，但要尽量保留根系，修剪的切口要平齐。修剪根系后，在土球表面喷生根粉和多菌灵稀释液补水消毒，再在新的伤口涂抹保护剂。土球小的可直接用草席、麻布或塑料布包裹土球后用草绳绑紧，土球大的用草绳缠绕包裹；土球包裹完成后，切断主根、推倒树干；用草绳将主干缠严，或用草席、麻布将主干包严，浇水后在其外包一层塑料薄膜保湿。运输车辆要罩盖篷布或湿草席，长距离运输最好在夜晚运输，尽量避免日晒、风吹、雨淋，经常喷水保湿，中途停车应停靠在阴凉背风的地方。装卸和运输的时间要力求缩短。

5.定植

大树移栽之前，必须提前挖好塘，塘的直径和深度要比土球大，最小不能小于 1 m×1 m。在栽植前 1 天，根据树的大小，用农家肥、磷肥与适量的肥土、表土拌匀后，将其中一半回填在塘的底部，再覆盖 5~10 cm 肥土，用脚踩紧，灌透水，准备栽植。

核桃小苗栽植技术可概括为“摆正，方向，直立，埋土，轻提，踩实，做盘，浇水，盖膜”十八字诀。对起挖、运输过程中造成的伤口用利刀削平后涂抹保护剂，伤口较大的涂抹保护剂后用麻布包扎，再包裹薄膜。大树按原来树木生长的方向放入塘中央，剪断、解除土球包裹绳（树干包裹绳留下），扶正树干，再将另一半肥土回入塘中，边回边踩紧土壤。当回土至高于地面 15 cm 左右，在塘的外围做一个边高中低的土盘，再浇透水。栽植的深度以雨季土壤落实后原土痕与地表平齐为准，不要栽植过深或过浅。暂时不能栽植的要进行假植，假植可用松土、草席将土球、树干覆盖后喷水保湿。为防树木倾斜，在树周设三角形支架支撑保护。用塑料薄膜将树塘甚至树周围进行覆盖，保湿增温。条件许可的可对栽植大树进行营养液输液。

（四）植后养护管理

1.水肥管理

核桃小苗定植后，浇 4 水同时选留和培养主侧枝。4 水过后 2 年内每月浇一次透水，每次浇水后应及时松土保湿，入秋后应控制浇水，防止秋发，初冬应浇足浇透防冻水，翌年早春应及时浇解冻水。核桃大树栽植后，应及时进行灌水处理，并定时进行检查与修整，以保证土壤水分的充足与核桃大树的成活效率。如遇高温或干旱，还应及时灌溉，也可地膜覆盖树盘，以减少土壤蒸发。

基肥以早为宜，应在采收后到落叶前完成，1~2 年生幼树，年株氮 0.1 kg，磷、钾肥根据土壤含量适当施用；每棵成年树施 100~200 kg 优质有机肥。追肥的适宜时期为开花前、幼果膨大和果实硬核 3 个时期，一般每株每次施磷肥 0.8~1 kg。

2.整形修剪

核桃定植后，经过 1~2 年就要进行整形修剪。幼树整形前要先定干，一般定干高度约 1.2 m，选留 3~4 个主枝。去除定干高度以下的大枝。大树修剪时要保持中心领导枝的绝对优势，及时控制竞争枝，适度多留辅养枝，要保持各级主干枝和侧枝之间的关系，这样可能调节树体营养物质的分配，要在进一步培养树形的同时，注意选留和培养结果枝及结果枝组,及时剪除和改造无用的枝条,使之达到均衡树势。

3.病虫害防治

核桃病害有炭疽病、白粉病、褐斑病、黑斑病。虫害有蚜虫、举肢蛾、天蛾类食叶害虫、小吉丁虫。

八、枫杨

枫杨(*Pterocarya stenoptera*)别名水麻柳、枫柳和元宝杨等,为胡桃科枫杨属落叶乔木。广泛分布于华北、华中、华南及西南各地,在长江流域和淮河流域最为常见。

(一)形态特征

高达 30 m,胸径超过 1 m;其干皮为灰褐色,幼时较为光滑,老时为纵裂状,小枝有明显的皮孔;雌雄同株异花,雌花穗状,雄花具葇荑状花序;花期 4~5 月,果熟期 8~9 月。

(二)生态习性

喜光性树种,不耐庇荫。深根性,根系及侧根均较发达,主根明显,侧根大部分集中于土壤表层,具较强的萌蘖能力,对生长的土壤要求不严。具有较强的耐寒、耐水湿、耐旱等抗性,生长快速,为河床两岸低洼湿地的良好绿化树种,也是长江滩地“抑螺防病林”的重要树种之一。叶片有毒,鱼池附近不宜栽植。

(三)栽植技术

1.苗木选择

枫杨生长速度较快,一般 10 年均可成材。因此,不必盲目求大,提高绿化成本和难度,选择树龄小、长势良好的苗木进行栽植,成活率高,成景效果好。

2.栽植时间

华北地区从秋冬季树木落叶后或早春树木发芽前均可栽植,枫杨最佳的造林时间应在 2 月下旬至 3 月上旬。枫杨栽植忌选在土壤冻结或干燥时进行,所以不适合反季节栽植。

3.栽植前准备

提前 1~2 个月断根,断根后用生根粉浸泡 2~3 分钟,立即填土浇水。栽植前对过长的根系要进行适当的修剪,防止窝根。枫杨大苗在栽植前应进行截干处理,并及时处理伤口,可以加大根茎比,降低水分蒸腾,使地上、地下水分尽快达到平衡。

4.起苗与运输

应做到随起随栽,挖掘时以树干为中心,以树木胸径的 8~10 倍为半径画圆,向下挖至 70 cm 仍不见侧根时,应缩小半径向土球中部挖,以便斩断主根。粗大的主根用手锯锯断,不可用锹斩断,以免劈裂。主根和全部侧根切断后,将操作沟的一侧挖深,轻轻推倒树干,拍落根部泥土,尽量不伤须根。树木长途运输时,应注意保湿,避免风吹、日晒、冻害及霉烂。树木运到应及时卸下,对裸根苗不应抽取,更不许整车推下。

5.定植

造林地要求土层深厚,土质肥沃、湿润,且不易积水。栽植穴的深度和直径 40~50 cm,穴距 3~4 m。枫杨在空旷处生长,侧枝发达,生长较慢。为了培育通直高大的良材,成片造林时密度宜较大,以抑制其侧枝生长,等郁闭之后,再分期间伐。无论是春季或冬季造林都要求做到深栽、舒根、踏实。采用植苗造林时要注意防止枯梢,这种现象在冬季造林时尤为常见。因此,在冬季造林时,宜在栽后截干,或先截干后栽植。截干高度为10~15 cm,切口要求平滑,不可撕裂。

(四)植后养护管理

1.水肥管理

枫杨喜欢湿润环境,在栽培中应保持土壤湿润而不积水,栽植成活后,应在树干基部周围覆盖稻草保墒,同时,根据天气状况进行灌水,保证水分供应。3水过后2年内每月浇1次透水,每次浇水后应及时松土保墒,入秋后应控制浇水,防止秋发,初冬应浇足浇透防冻水,翌年早春应及时浇解冻水。第3年后,应浇好防冻水和解冻水,其他时间视降水和土壤墒情浇水。

栽植时可施用经烘干的鸡粪或经腐熟发酵的牛马粪作基肥,基肥需与栽植土充分拌匀,栽植当年的6~7月追施1次复合肥,可促使植株长枝长叶,扩大营养面积,秋末结合浇冻水,施用1次半腐熟的牛马粪,可浅施,也可直接撒于树盘。翌年春季萌芽后追施1次尿素,初夏追施1次磷钾肥,秋末按头年方法施用有机肥。第3年起只需每年秋末施用1次农家肥即可,但用量应大于头两年。

2.整形修剪

枫杨发枝能力较强,宜在秋末冬初或者春季树液未流动之前修去枯枝、病虫枝、竞争枝和影响主干生长的粗壮侧枝。根据不同阶段的不同修剪目的,把枫杨的整形修剪分为整形、修枝和修剪萌条。主要是选留好树冠最下部的3~5个主枝,一般要求枝间上下错开、方向匀称、角度适宜,并剪掉主枝上的基部侧枝。注意保护主干顶梢,如果主干顶梢受损伤,应选直立向上生长的枝条或壮芽代替、培养中心干,抹其下部侧芽,避免多头现象发生。秋末修剪时坚持疏枝为主、短截为辅的原则,修枝时应保证从基部修去,切口应与枝条垂直,伤口宜小、平滑不留茬口,以免造成树干朽烂空心,不伤树皮,剪口当年能愈合。

3.病虫害防治

枫杨的病害主要有茎腐病、白粉病、溃疡病等。主要蛀干害虫有云斑天牛、桑天牛等,主要食叶害虫有杨白潜叶蛾、杨黄卷叶螟、杨扇舟蛾、黄刺蛾等。

九、栓皮栎

栓皮栎(*Quercus variabilis*)别名软木栎、粗皮栎、白麻栎,为山毛榉科栎属落叶乔木,以树皮具有发达的栓皮层而得名。

(一)形态特征

高达30 m,胸径达1 m以上,树皮黑褐色,深纵裂,木栓层发达。小枝灰棕色,无毛;芽圆锥形,芽鳞褐色,具缘毛。叶片长椭圆状披针形,先端渐尖,基部圆形或宽楔形,叶缘芒状锯齿,叶背密被灰白色星状茸毛。坚果球形;总苞碗状,鳞片木质刺状,反卷。花期3~4月,果期翌年9~10月。

(二)生态习性

适应性广,以土层深厚、肥沃、排水良好的壤土和沙壤土生长最好。深根性,主根明显,细根少,不耐栽植,萌芽力强,寿命长,树皮不易燃烧,抗火、抗风、抗旱。喜光,但幼苗能耐庇荫,2~3年后需光量逐渐增加。

（三）栽植技术

1.苗木选择

选择苗干粗壮端直，根系发达，主根粗壮、具有一定长度，侧、须根较多，无病虫害和机械损伤。一般荒山造林用1年生的1~2级苗，次生林地补植苗要用一级苗。

2.栽植时间

栽植时间宜选在落叶后的深秋或萌动前的早春进行。冬季栽植要避开冻害天气时段；夏季栽植应避开高温天气，并采取相应措施减少树木蒸腾。

3.栽植前准备

整地根据要栽苗木根幅的大小，决定穴深和直径。整地宽度和间隔要考虑到造林地的坡度、植被、树种特征和苗木年龄。坡度越缓，整地的宽度可以宽些。整地季节有提前整地和随整随造，春季造林，可在前一年的夏季或秋季整地；雨季造林，可在前一年的秋季整地；秋季造林最好在当年春季整地。

4.起苗与运输

栓皮栎幼苗主根发达，起苗时应留主根长25 cm为宜，可在幼苗长出2~3片真叶后，用利铲将其主根在20 cm深处切断，以后栽时应尽量多留根系，对太长的主根适当进行修剪。对较大规格的苗木，最好带土球移栽，起苗时要多留侧根，挖掘时要保证树木具有应有的根系直径和深度，一般以胸径的3~4倍为土球半径。如果没有经过切根处理，则必须加大土球范围，为了避免震动树蔸四周的土壤，遇有粗根时要用快刀或剪刀斩断，用草绳、蒲包对土球进行固定包装处理。运输过程中，要注意保护树木的顶端优势，不能过度损伤侧枝。确保整个栽植过程中能够保持树体的冠形原貌。长途运输时，应注意保湿防风。

5.定植

栽植时选择阴雨天气，苗木随起随栽，注意根系舒展，分层填土踏实，使泥土与根系密切结合。在幼树阶段可适当密植，或与其他树种混交，以造成侧方庇荫的条件，可培育良材，提高栓皮质量，待幼树长大郁闭后再进行间伐，提供小径材和薪材。另外，栓皮栎适当深栽可提高成活率。在填土过程中如遇树木倾斜，应及时扶正。

（四）植后养护管理

1.水肥管理

春季栽植的，浇1水后立即覆膜，为大树成活打下良好基础。4水过后2年内每月浇一次透水，每次浇水后应及时松土保墒，入秋后应控制浇水，防止秋发，初冬应浇足浇透防冻水，翌年早春应及时浇解冻水。第3年后，应浇好防冻水和解冻水，其他时间视降水和土壤墒情浇水。

春季萌芽前，树冠外缘扩穴施肥，根据树体大小，每树挖2~4个坑，每穴放秸秆3 kg左右，再加入少量有机肥和化肥，灌水15 kg左右。全年施有机肥、尿素和复合肥。

2.整形修剪

栓皮栎具主枝扩展特征，需修枝，修枝宜小、宜早、宜平。修枝时间以冬末或春初为好，修枝强度，一般10~15年生保留树冠约占全高的2/3或3/5。修去下面的枯死枝、下垂枝、遮阴枝及影响主干形完满的枝。使用锋利刀具，以保证截面小、结巴小、愈合快。切忌在雨季或干热时期修枝，修枝方法须以“既能培育少节，又不减弱生长量”为标准。

3.病虫害防治

常见的病害有褐斑病、黑斑病、白粉病等,虫害有云斑天牛、栗实象鼻虫、栎褐天社蛾等。

十、榆树

榆树(*Ulmus pumila*)别名白榆,为榆科榆属落叶乔木。分布于东北、华北、西北及西南各省区,为华北及淮北平原农村的习见树木。

(一)形态特征

高达25 m,胸径1 m,在干瘠之地长成灌木状。幼树树皮平滑,灰褐色或浅灰色,大树之皮暗灰色,不规则深纵裂,粗糙。叶椭圆状卵形、长卵形、椭圆状披针形或卵状披针形,长2~8 cm,宽1.2~3.5 cm。花先叶开放,在去年生枝的叶腋成簇生状。翅果近圆形,稀倒卵状圆形,长1.2~2 cm,初淡绿色,后白黄色。花期3~4月,果熟期4~5月。

(二)生态习性

多生于海拔1 000 m以下山麓、丘陵、沙地上,生长迅速,材质优良,适应性强,抗高温、严寒,耐干旱、盐碱,能适应干凉气候,不耐水湿,且枝叶繁茂,寿命可达百年;耐修剪,主根深,侧根发达,抗风保土能力强,叶片单位面积吸滞粉尘能力居乔木之首,萌蘖力强,对HF等有毒气体的抗性较强,是城市粉尘污染较重地段及城市绿化的首选树种,也是防护林和盐碱地造林的主要树种。

(三)栽植技术

1.苗木选择

选择优良品种,多采用4~8年生树干通直、分枝均衡、树冠圆满、根系发达、无病虫害的优质树木。

2.栽植时间

常规的春季和秋季均可进行榆树的栽植。反季节栽植榆树难度和要求相对要高一些。夏季温度升高,应避开高温天气,在无风的阴雨天或傍晚以后进行,做好喷水灌水的工作。冬季较温暖的地区可进行冬季栽植,但要避开冻害天气时段。

3.栽植前准备

栽植前对榆树树木主根和侧根适当剪短,在20~30 cm处断根,保持根系不劈裂,尽量完好,以刺激新根形成。

大树栽植前必须进行修剪,疏截1/2~1/3枝条,以减少树木体内原有水分的蒸发和大风摇晃,保证成活率。修剪后也便于运输和栽植。大规格榆树将树体枝干用草绳缠绑好,将树干包扎到分叉处,主枝以包扎1/3左右为好,对较大的树枝也应该缠上草绳,然后喷洒水以保湿。大规格榆树起挖前用支柱或粗麻绳固定,做好阳面标记。

4.起苗与运输

榆树通常以裸根形式进行栽植。入冬后,树体处于完全休眠状态,用挖掘机将春季断根外围的土挖开,并在周边人工向内挖掘,将根系全部切断,尽量少伤根,使树木根系完整,侧根长度最好保留30 cm以上,尽量保护好须根,大树树根部带土越多越好或带土球,使榆树根际呈坨状,以保持其足够的吸水能力,并用绳索固定好。长途运输要注意树干用松软的杂草垫好，以防滚动伤树。把根系蘸泥浆后用塑料薄膜或湿草袋等包严，根部必须用草袋包装，并注意喷水保湿，休息时车应停在阴凉处。树木运到应及时卸下，要求轻拿轻放，对裸根树不应抽取，更不许整车推下。

5.定植

采用深栽浅埋法定植，种植穴提前2~3天完成，直径60~80 cm，深60~80 cm，挖掘时要做到上下一样宽，呈圆筒形或方形，挖好后用肥土回填1/3左右。种植穴要透水，若不透水，遇到浇水过多或阴雨天坑里积水会导致烂根。大树倾斜吊入树穴，栽植时要扶正树木，调整方位。填土大半时，轻提树木，使树木根系舒展，踏实土，再填土踏实，埋土超过原土痕2~3 cm，踩实后随即浇定根水，等水渗透后再扶正，用支撑固定树木，填土踩实，培起风堆等。栽植后要打好水盘，及时浇透水并覆上一层干土，减少水分蒸发。

(四)植后养护管理

1.水肥管理

榆树较耐干旱，浇水可采取量多次少、一次浇透的方法。一般从栽植到生长后期，根据天气情况浇水5~6次即可，确保树木根系和土壤湿润，促进新根形成。生长停止前1个月左右，停止浇水，防止树木徒长，促进木质化，提高越冬抗寒能力。

追肥应掌握量少次多的原则，移栽后第一次追肥，7月初至8月中旬效果最好。树木生长期追肥2~3次。在生长停止前1个月左右，停止追肥，以利树木木质化。

2.整形修剪

榆树生根后，全树上下常会萌发出很多萌蘖，为集中水分和养分，将树干2.5 cm以下或树干第一个分枝以下的萌芽除去。生长季节要经常修剪，要特别注意及时剪去过长、过乱的竞争枝条，适当剪去干下部枝条，以促其主干向上生长，保持树干通直、树形优美。

3.病虫害防治

榆树常见虫害有金花虫、天牛、刺蛾、榆毒蛾、绿尾大蚕蛾、榆凤蛾、绒金龟子等。

十一、榉树

榉树(*Zelkova serrata*)别名光叶榉、鸡油树，为榆科榉属落叶乔木。产于辽宁、陕西、河南、甘肃，在日本和朝鲜也有分布。

(一)形态特征

高达30 m，胸径可达1.5 m。树冠倒卵状伞形，树皮深灰色，不裂，老时薄鳞片状脱落后仍光滑。小枝韧皮纤维发达。叶互生，卵形、卵状披针形或椭圆状卵形，先端渐尖，基部宽楔形或圆形，边缘有桃形单锯齿，上面粗糙，下面密被短毛，羽状脉密而整齐。花极小，单性，雄花簇生于新枝下部叶腋，雌花1~3朵生于新枝上部叶腋。坚果小，径2.5~4 mm，歪斜且有皱纹。花期3~4月，果成熟期10~11月。

(二)生态习性

喜光，过分阴暗会落叶。不拘土质，在酸性、中性及石灰性土壤上均可生长，但以肥沃的壤土或沙质壤土为佳，忌积水，也不耐干瘠。深根性，侧根广展，抗风力强，耐烟尘，抗有毒气体，抗病虫害能力较强。

（三）栽植技术

1.苗木选择

榉树应当选择比较粗壮、大的幼树或成形大树，树木分枝均衡、枝叶繁茂、树形优美、无病虫害。大榉树要选择 1 年以上，2～3 年内进行断根缩坨及假植培根的树木。

2.栽植时间

榉树的栽植有秋栽、冬栽和春栽 3 种。栽植多在春季“立春”前后，最好是在“雨水”至“惊蛰”这段时间内。秋栽和冬栽多是随起随栽，注意防风保湿，避开最严寒上冻时段即可。夏季反季节栽植榉树，土球要比正常情况下大一些，避开高温天气，移栽期间要始终保持土球土壤湿润，并采取相应措施减少树木蒸腾，提高成活率。

3.栽植前准备

由于大榉树根系发达，分布范围广，栽植不当必定会伤及大量的根系，影响树木的吸收功能，从而引起大榉树的死亡。因此，必须提前 1～2 个月对准备栽植的榉树进行再次切根处理，以促使多发须根。沟挖好后再用肥土填满夯实，然后定期浇水保湿，根部切口处在栽植时就会愈合并产生许多须根，确保移栽成活率。

在栽植前一年进行树木修剪，一般在主干 3～4 m 处选择 3～4 个主枝，在距主干 60 cm 处锯断，并立即用塑料薄膜扎好锯口，或用石蜡封口，以减少水分蒸发和雨水侵染伤口。结合树冠整形对树冠进行修剪，去除病虫枝、交叉枝、重叠枝、瘦弱枝及影响树形的小枝，可连枝带叶剪掉树冠的 1/3～1/2，以大大减少叶面积的办法来降低全树的水分损耗，以加快栽植后成景速度。最后将树体枝干用草绳缠绑好，包扎树干到分叉处，主枝以包扎 1/3 左右为好，对较大的树枝也应该缠上草绳，然后喷洒水以保湿。起挖之前要在树干标记好树木的阳面。

4.起苗与运输

榉树通常带土球形式进行栽植，挖掘时要保证树木具有应有的根系直径和深度，一般以胸径的 3～4 倍为土球半径。如果没有经过切根处理，则必须加大土球范围，为了避免震动树蔸四周的土壤，遇有粗根时要用快刀或剪刀斩断，用 10%～15%的过磷酸钙泥浆蘸根，草绳、蒲包对土球进行固定包装处理。运输过程中，要注意保护树木的顶端优势，不能过度损伤侧枝。确保整个栽植过程中能够保持树体的冠形原貌。长途运输时，应注意保湿防风。

5.定植

栽种应选土层肥沃、深厚、湿润的酸性、中性土壤，深翻细整，如土壤不良，可采用客土栽植，施足基肥。提前挖好树穴，树穴直径为土球的 1.5 倍，底部填 15 cm 厚度的肥沃表土，中间稍微隆起。树木栽植深度，一般以土壤下沉后树木的根茎与地表相平或根颈处土痕之上 3～6 cm 为好。栽植时看准树木位置和朝向，使树木一次落到直立穴中心。然后剪断并抽出包装土球的草绳等，舒展根系，分层填土踏实，使泥土与根系密切结合。当填土至土球厚度的 2/3 时，浇 1 次透水，使土球吸足水分，待全部渗入土壤后，再将土填满，此时不宜再捣实，否则影响根系生长。在树的周围要做树盘，随即浇第一次定植水，由于浇水后地块下沉会造成树木倾斜，要及时扶正。大树用草绳从根茎部向上缠绕至主干及主枝，设两层或 4 点支撑，支撑保留 1 年。

(四)植后养护管理

1.水肥管理

定植后要连浇3次透水,以后视天气情况确定是否浇水。一般每隔15天浇1次水,如果干旱炎热天气,还应每天对树冠和树干草绳喷水保湿,降低温度,待完全成活后,去除草绳。雨季可在树干外侧2 m处挖一条排水沟,以防止树根积水腐烂而死。前5年可结合抚育加施复合肥或尿素,每株100 g左右,撒于树蔸周围表土内。

2.整形修剪

榉树定植后随时注意培蔸、扶正,剪去干上丛生小枝,将分叉株去除弱的分支,清除绕干的藤本。榉树是合轴分枝,发枝力强,梢部弯曲,顶芽常不萌发,每年春季由梢部侧芽萌发3~5个竞争枝,直干性不强,幼龄时主干较柔软,常下垂,易被风吹倾斜,在自然生长情况下,多形成庞大的树冠,不易生出端直主干。为培育通直主干,每年进行修枝,可培育通直主干。同时还要适当剪除强壮侧枝,连续几年,待主干达预期高度时留养树冠。园景树已修剪成各种造型的,每年冬季落叶后应整枝修剪和修剪长枝。

3.病虫害防治

目前尚未发现榉树有严重的病害,虫害已发现20多种。苗期主要害虫有小地老虎、蚜虫、尺蠖、叶螟、毒蛾、袋蛾、金龟子,蛀干害虫有紫茎甲、一点扁蛾、囊蛾等。

十二、朴树

朴树(*Celtis sinensis*)别名沙朴等,为榆科朴属落叶乔木。产东北南部、华北,经长江流域至西南各地。华北一般分布在1 000 m以下的山地沟坡。

(一)形态特征

高达20 m,树冠扁球形。小枝幼时有毛,后渐脱落。叶卵状椭圆形,长4~8 cm,先端渐尖,基部不对称,锯齿钝,表面有光泽,背脉隆起并疏生毛。核果熟时橙红色,径4~5 mm,果柄与叶柄近等长,果核表面有凹点及棱脊。花期5~6月,果期9~10月。

小叶朴(*C. bungeana*):叶两面无毛,先端渐长尖,锯齿浅钝;果熟时紫黑色,果柄长为叶柄之2倍或更长。

珊珊朴(*C. julianae*):小枝、叶背密被黄褐色茸毛,叶较宽大,长6~14 cm。

(二)生态习性

喜光,稍耐阴。深根性,萌蘖力强,喜深厚、湿润的中性黏质土壤,生长较慢,寿命长。耐寒、耐干旱,抗有毒气体,对病虫害、烟尘污染等抗性强。

(三)栽植技术

1.苗木选择

选择树形完整、枝叶茂盛、观赏价值高、生长健壮、无病虫害和机械损伤的壮龄大树。

2.栽植时间

栽植春季萌动前和秋季树木落叶后为最佳时间,在春季发芽前栽植效果最佳。尽量避免反季节栽植,必须要夏天栽植,应避开高温天气,在无风的阴雨天或17:00以后进行。

3.栽植前准备

小苗、中苗不必带土球,用泥浆蘸根即可;为让栽植的朴树大树所带土球内留有足够多的吸收根，要在 6 月前进行断根缩坨。挖掘前 2~5 天，根据土壤干湿情况进行适当浇水，枝叶还需适当抽稀，确保树木在栽植前吸足水分。

根据朴树预先培养目标确定栽植的高度和树冠直径，将徒长枝、交叉枝、下垂枝、病虫枝、枯枝及过密枝除去，尽量保持树木原有的树形。如果需要截干，在秋叶落叶后至春季芽萌动前，在离根基 4 m 处可根据绿化要求截去主干。用草绳将树体枝干缠绑好，包扎到分叉处，主枝以包扎 1/3 左右为好，对较大的树枝也应该缠上草绳，然后喷洒水以保湿。外拴绳子并打好活结扣，为双臂吊车做好挂钩准备。

4.起苗与运输

起苗应少伤根，断根须修剪，运苗不晒根，栽苗不窝根，缩短起苗到栽植之间的时间，起苗后若需远途运输，应将树根蘸泥浆及覆盖。

栽植通常有带土球栽植和裸根栽植两种方法。裸根栽植，在四周由外向内挖掘，尽量多保留根系和根际原土，在裸露的根系空隙处填入湿苔藓或水草，以利于树木根系萌发，用湿草绳和蒲包等材料进行软包。带土球栽植朴树，树干胸径的 6~8 倍为土球直径，土球厚度一般按土球直径的 1/2~2/3 进行保留，在挖掘中遇到粗大根系可用手锯锯断，不可硬砍，土球用草绳包扎，做到根部土球不松不散。大规格朴树栽植时所带土球直径如果大于 1.3 m，就可能在运输中出现散坨的问题，通常采用木箱包装栽植法。根据朴树胸径大小选择适宜的运输方式，对掘出的大规格朴树进行装箱，并固定好，然后吊运装车。树木长途运输时，应注意保湿，根系易风干，应注意洒水，休息时车应停在阴凉处。树木运到应及时卸下，要求轻拿轻放，对裸根树不应抽取，更不许整车推下。

5.定植

选择土层深厚、土壤肥沃、湿润、通气良好的壤土地栽植朴树。种植穴的挖掘直径为栽植朴树所带土球大小的 1.5 倍，深度大于土球高度 10~20 cm。提前 15 天挖好种植穴，并进行大水浇灌，准备出足够的回填土和肥料。对劈裂、损伤的根系进行修剪，做到刀口小而平整，以利愈合及新根生长，然后用多菌灵对土壤或根部进行消毒。

在已挖好的栽植穴上先施塘泥等基肥，然后回填 20 cm 的表土，栽植深度以土球表层与地表齐平为标准。将处理好的大树轻轻地斜吊放置到种植穴内，转动和调整树冠的方向，使树姿和周围环境相配合，并应尽量符合原来的朝向。将树干立起扶正支撑，用表土回填树坑，坑土离地面一半时，用脚踏实后再填，填土时使根系与土壤密结，但注意不要把土球弄松，以免伤到根系。大树裸根栽植时，在树体直立后培少许土，用木棍把土塞入树根空隙，将树根底部塞实，然后分层填土打紧夯实，在树的周围要做树盘或在树穴外缘筑 30 cm 的围堰浇定植水，树木倾斜，要及时扶正。朴树大树移栽定植后，通常采用立支撑杆和拉细钢丝绳的方法稳固树干，若采用支撑杆，支撑点一般应选在树体的中上部 2/3 处，支撑杆底部应入土 3~40 cm，大树应设两层或 4 点支撑，并加垫保护层，以防伤皮，支撑保留 1 年。

（四）植后养护管理

1.水肥管理

大树栽好后，围好保水塘，浇透 3 次水，以后应视土壤墒情浇水，可适当延长时间，每次浇水要掌握“不干不浇，浇则浇透”的原则，如浇水量过大，反而因土壤的透气性差、土温低和有碍根系呼吸等缘故影响生根,严重时还会出现沤根、烂根现象。与此同时,为了有效促发新根,可结合浇水喷施 APT-3 号生根粉 400~500 mg/L 浓度溶液。

2.整形修剪

小叶朴萌芽力强,耐修剪。幼株阶段要"抑顶促侧",注意修剪整形,以促进主干增粗并弯曲有致,根据树形选留适于造型与粗细合适的枝条,剪去位置不当和过于粗壮的枝条。通常在新枝长至 6~8 cm 时,留下 2~3 片叶,剪去以上的部分,并剪去下垂枝和茎干上萌生的枝条。为了提高树桩的观赏美感,还可以采取摘叶的方法,即在 7~8 月摘去桩树的全部叶片,并施足肥料,半个月后可长出新的枝叶,不但叶片会变得很小,而且新长出的叶片像早春的叶色那样鲜嫩青翠,但摘叶不宜勤,否则会影响树势。

3.病虫害防治

朴树常见的病害主要为朴白粉病。常见的虫害通常有朴盾木虱、蚜虫、红蜘蛛和吉丁虫等,可用 10%的吡虫啉可湿性粉剂 2 000 倍液喷杀;病害主要是苗期根腐病,要特别注意梅雨季节的圃地排水,可以有效避免该病害的发生。

十三、杜仲

杜仲(*Eucommia ulmoides*)别名胶木,为杜仲科杜仲属落叶乔木,属国家级珍稀濒危植物,为我国所特有。安徽、陕西、湖北、河南、广西等地都有种植。

(一)形态特征

高达 20 m,胸径 50 cm。树冠圆球形。树皮深灰色,枝具片状髓,树体各部折断均具银白色胶丝;小枝光滑,无顶芽。单叶互生,椭圆形,有锯齿,羽状脉,老叶表面网脉下限,无托叶;花单性,花期 4~5 月,雌雄异株,无花被,生于幼枝基部的苞叶内,与叶同放或先叶开放;翅果扁平,长椭圆形,顶端 2 裂,种子 1 粒,果期 10~11 月。

(二)生态习性

为喜光植物,对光照条件要求严格。对土壤的适应性很强,在中性、微酸、微碱性土壤上均能正常生长,干燥、瘠薄、酸碱度过大的土壤生长不良。

(三)栽植技术

1.苗木选择

应选茎高 50 cm 以上、苗径粗壮、根系发达、侧根和须根较多、无徒长枝、无病虫感染、无机械损伤的 2~3 年实生苗。

2.栽植时间

杜仲萌芽较早,宜在早春土壤解冻后至顶芽膨胀前的早春移栽,黄淮和华北地区秋、春两季均可,利用树苗的休眠期进行移栽定植。3~5 cm 以上的大规格树苗也可冬栽,成活率可达 95%。

3.栽植前准备

根据杜仲的生长习性要求,育苗地和移栽地应尽量选择平地,要求土质肥沃、土层深厚、阳光充足、排水良好的沙质壤土或壤土地块。选地后深翻 30 cm,结合整地施足底肥,打碎土块,整平耙细。定植坑的每边应比土球加大 50~60 cm、加深 15~20 cm。

杜仲萌蘖性强,栽植前可将植株周围的萌蘖分株栽培或去除。挖掘前应对树高超过

2.0 m 的苗木绑缚支柱，支柱的脚应立在挖掘范围以外，上端于植株分枝点以上支好。支柱与苗木接触处用草或皮垫绑好，以免损坏枝皮。杜仲干性较强，采用“削枝保干”的修剪法，对领导枝截于饱满芽处，可适当长留，控制竞争枝，对主枝适当重截于饱满芽处，对其他侧生枝条可重截或疏除。

4.起苗与运输

杜仲为深根性树种，土球的直径应大一些，挖掘过程中，对粗根应进行剪、锯，不要硬铲，以免引起散坨和根系劈裂。土球底部先不挖掘，待土球上部包装完毕后，再将土球底部与原土分离。

视土壤情况，用预先湿润的草绳将土球进行“橘子形”、“井字形”或“五角形”等形式包扎。土球上部包装好后，将支柱去除，将土球底部与原土分离，并修成一小平底，然后将树推倒，用蒲包将底堵严，用草绳捆好。视运输路程的长短，考虑是否用篷布遮阴、向树冠洒水等问题。

5.定植

苗木运到现场后，深度根据树苗根的长度决定，穴底要施入适量腐熟的农家肥，与土搅拌在一起，栽植深度以略高于原来土痕迹为宜，栽得过深影响成活。培土时一定将苗扶正，填土一半时，将树苗稍向上一提，使根系舒展开，然后浇透水，再将土填平，留出存水坑，以便以后浇水。大树种植后应立即用正三角桩支撑固定，慎防倾倒。

（四）植后养护管理

1.水土肥管理

栽后应立即灌水，有助于根系与土壤密结。新栽植的杜仲大树根系吸水功能减弱，对土壤水分需求量较小。栽植后第一次浇透水，以后应视天气情况谨慎浇水，只要保持土壤适当湿润即可。同时应防止其他情况导致树池积水。

定植后，结合中耕除草进行追肥，每株施腐热的农家肥 20~25 kg，环状开沟约 15 cm，施后覆土，6~7 月为增粗速生期，穴追磷、钾肥少许，结合根外喷施尿素和磷酸二氢钾混合液。在寒潮来临之前做好树体保温工作，可采取覆土、设立风障等方法加以保护，栽后对树盘覆盖地膜，保持湿度，提高地温，可加速新根的生成。

2.整形修剪

杜仲的根蘖萌生能力强，要及时剪除过多的侧枝及地面上的萌蘖枝，以促进主干生长。可在每年秋冬杜仲休眠后到翌春萌动前，修剪 1 次，只保留 1 个主干，侧枝修光或保留 1/3。少部分 50 cm 以下即分杈，而且是每杈生长均衡的双杈、三杈木，可保留分杈，但每杈也只保留 1 个主梢。

3.病虫害防治

病害主要有立枯病、根腐病、猝倒病和叶枯病等，虫害主要有刺蛾、地老虎、蝼蛄，要及早防治。

十四、悬铃木

悬铃木（*Platanus acerifolia*）别名英桐、二球悬铃木，为悬铃木科悬铃木属落叶大乔木，是世界著名的城市绿化树种、优良庭荫树和行道树，树形雄伟，枝叶茂密，有“行道树之王”之称。

(一)形态特征

高 30 m 左右,树皮光滑,嫩枝密生灰黄色茸毛;老枝秃净,红褐色。叶阔卵形,中央裂片阔三角形,宽度与长度约相等;花通常 4 数。雄花的萼片卵形,被毛;花瓣矩圆形,长为萼片的 2 倍;雄蕊比花瓣长,盾形药隔有毛。果枝有头状果序常下垂;头状果序直径约 2.5 cm,宿存花柱长 2~3 mm,刺状,坚果之间无突出的茸毛,或有极短的毛,花期 4~5 月;果熟 9~10 月。该种是三球悬铃木与一球悬铃木的杂交种,久经栽培,中国东北、华中及华南均有引种。

(二)生态习性

喜光,喜湿润温暖气候,较耐寒。适生于微酸性或中性、排水良好的土壤,微碱性土壤虽能生长,但易发生黄化。根系分布较浅,台风时易受害而倒斜。抗空气污染能力较强,叶片具吸收有毒气体和滞积灰尘的作用。本种树干高大,枝叶茂盛,生长迅速,易成活,耐修剪,所以广泛栽植作行道绿化树种,也为速生材用树种;对 SO_2 等有毒气体有较强的抗性。

(三)栽植技术

1.苗木选择

选择主干通直、树冠匀称、造型美观、树形姿态优美、生长旺盛、无病虫害和机械损伤、分枝点在 3 m 左右的树木进行移栽。

2.栽植时间

最佳大树栽植的时间是早春和秋季落叶后,在华北地区不提倡秋季栽植,易受冻害。如果工程工期需要,也可以在生长旺季栽植,要选择连阴天或降雨前后进行。也可以选择下午起挖,夜晚种植的方法,最大程度上减少水分的蒸发。

3.栽植前准备

在移栽前 2~3 年的春季或秋季,挖环形沟进行断根缩坨处理。挖沟时遇有较粗的根,可用剪枝剪或手锯沿沟的内壁切断;但对粗度大于 5 cm 的大根要保留不切,以防大树倒伏,而是在沟的内壁处做环剥处理并喷涂生根剂促发新根。沟挖毕,回填肥土并分层夯实,然后浇透水,这样第 3 年沟内长满须根。应急时,第 1 次断根后数月即可移栽,大树要用支柱或粗麻绳固定。

如遇干旱天气,移栽前 7 天对需要移栽的树进行灌水,本着浇足浇透的原则,使树木根系吸收足够的水分。水浇透后,挖掘易成球,不会因土壤过干而散开。挖掘前在树干南侧用红漆做好记号,以便栽植时保持原方向。

4.起苗与运输

起掘时,按照带土球苗的手工掘苗法及质量要求进行起挖,土球的大小应从断根处向外放宽 10~20 cm,大树胸径超过 30 cm 时带土球移栽,并用木箱装置或草绳绑扎,土球高度约为 60 cm。根部应修剪平整,主根留长 15~25 cm 为宜,以减少受伤面积。对需断除的大根,一定要用锯子锯断,不可用斧子劈砍。根断面应用硫黄粉和 ABT 生根剂按 2∶1 的比例调成糨糊状进行伤口处理。

为防止在运输移动过程中土球松散,应采用浸水的草席或草绳等软性材料进行包扎,包扎为“橘子式”或“五星式”。若是运输路途过长，还需定期停车给大树洒水以补充水分。

5.定植

移栽前7天挖好栽植坑，树坑直径比移栽悬铃木根部的土球直径大35~45 cm，树坑深度比土球大约20 cm，保证根系舒展、不窝根。挖掘出的熟土和生土应分开放置，并清理土中不利于悬铃木生长的杂质，确保栽植成活率。栽植前把裸根苗根系用泥浆浸泡一夜，可使根系较长时间保持湿润，以增加含水量，补充越冬造成的水分亏缺，从而增强苗木的耐旱能力，以便早发芽，缩短缓苗期。定植时，解除包扎材料要检查根系，最好将受损的根系剪除，必要时还可用草木灰或稀释的高锰酸钾溶液消毒，防止烂根。栽植时先把腐熟有机肥均匀撒于栽植穴四周，然后先回填表土后填心土，待回土至穴深的2/3时将栽植树木按原来的方向放入栽植穴，并使根系舒展，回填心土，采用浅栽堆土法。栽植后，及时灌溉2次。栽完后在距树基2~3 m处开取边沟，便于排除坑中积水。移栽后一般采用三柱支架或井字桩固定法，将树牢固支撑，以防风吹树冠歪斜，一年之后大树根系恢复好方可撤除。

（四）植后养护管理

1.水肥管理

栽植时立即浇透水3次，以后视土壤墒情根部浇水和对树干喷水，每次浇水要浇透，表土干后及时进行中耕。天气干旱时，需及时做堰浇足水，一般每隔7~10天浇水1次，直到大树成活。除正常浇水外，在夏季高温季节还应经常向树体缠绕的草绳喷水，使其保持湿润，预防日灼。

大树移栽时除施用基肥外，还应追施氮磷钾复合肥等。施肥可每隔20天进行一次，9月初停止施肥。施肥应本着弱树多施、壮树少施的原则。对于生长特别差的树，还可采用输液的方法来恢复树势。结合浇水施肥进行中耕除草并调整补缺。为了促进移栽的悬铃木发新根，可结合浇水加入200 mg/L的萘乙酸，促进根系提早快速发育。

2.整形修剪

悬铃木树形端正，主干直、分枝多、树冠大，生长快、成荫面积大，萌芽力强、耐修剪、易更新，栽前分枝点高3~4 m，可按“三股、六杈、十二枝”进行杯状形树冠修剪。孤植庭荫树，可保持直立中央领导干，每隔50 cm左右留一主枝，每主枝上留2~4个侧枝，直到组成高大树冠。

3.病虫害防治

危害悬铃木的主要有星天牛、光肩星天牛、六星黑点蠹蛾、美国白蛾、褐边绿刺蛾等害虫。防治上多采用人工捕捉或黑光灯诱杀成虫、杀卵、剪除虫枝集中处理等方法。

十五、梧桐

梧桐（*Firmiana simplex*）别名青桐、桐麻等，为梧桐科梧桐属落叶乔木。原产我国及日本。我国从华北至华南、西南均广泛栽培于庭园供观赏。

（一）形态特征

落叶乔木，高15~20 m，树冠卵圆形，树干耸直。皮灰绿色，一般不裂，光滑，每年侧枝生一轮，成阶状，小枝粗壮，翠绿色。叶掌状3~5裂，长15~20 cm，基部心形，裂片全缘，先端渐尖，表面光滑，背面有星状毛，叶柄与叶片近等长。花单性同株，圆锥花序顶生，花萼5深裂，裂片条形，长约1 cm，淡黄绿色，开展或反卷，外面密被淡黄色短柔毛，无花瓣，雌蕊5心皮，花后分离成蓇葖果，远在成熟前开裂成舟形。果瓣叶状，种子大如豌豆，表面皱缩，黄褐色，着生于果瓣边缘。花期6~7月，果期9~10月。

（二）生态习性

暖温带阳性树种，喜温暖气候，耐寒性不强，喜肥沃、湿润而深厚土壤，不宜栽于低洼积水地及碱性土。深根性，直根粗壮。萌芽力弱，不耐修剪。萌芽期晚，落叶期早。

（三）栽植技术

1.苗木选择

选择主干通直、树冠匀称、造型美观、树型姿态优美、生长旺盛、无病虫害和机械损伤的梧桐苗木进行移栽。

2.栽植时间

最佳栽植大树的时间是早春，也可以在夏季栽植，但必须加大土球、加重修剪，并注意遮阴保湿，减少苗木的蒸腾作用。冬季栽植的要注意在枝干缠绕草绳或者覆土防寒，保证苗木正常越冬。

3.栽植前准备

选土层深厚、疏松、富含腐殖质、排水良好的土壤，在酸性、中性及钙质土上均能生长，但不宜在积水洼地或盐碱地栽种。

在移栽前2~3年的春季或秋季，以树干为中心挖环形沟进行切根处理，但对大根要保留不切，以防大树倒伏，沟挖毕，回填肥土并分层夯实，然后浇透水。第3年沟内长满须根，即可起挖大树了。苗木起挖后不能立即栽植的应做好假植工作，以提高苗木的成活率。原地假植时，保留大树向下生长的根系，待正式移栽时再切断。异地集中假植时，应在掘树前标记好树干的南北方向并严格按原方向栽植，以防可能出现的夏季日灼和冬季冻伤。

4.起苗与运输

挖掘过程中，应带根冠至少为35 cm，根深应在25 cm以上；将根系在此范围完全切断，遇粗根时用手锯锯断，以免根部劈裂，当侧根全部挖断后，将树身推倒并切断主根，尽量不伤根皮和须根，保留原土，到装运时再抖土。最后用湿草袋和草绳包扎后待运输。运苗路程超过2小时者，应在苗根上喷水并用苫布或薄膜覆盖保持根系湿润。运到栽植现场后立即栽植，3小时内栽不完的苗应假植。

5.定植

苗木栽前要检查质量是否合格，挖苗是否有损伤，若根系伤毁过重，应剔除不栽。根冠要符合上述要求，如有部分折损、残断，应将损伤部位剪掉，注意剪口平滑，才能尽快愈伤重发新根。来苗后应立即栽植，不可久放在阳光下或风吹地方，避免根系失水降低成活率。

栽植的株行距为4 m×5 m，栽植前要灌足底水和基肥，栽植不可过浅或过深，比原深度稍深，以不超过3 cm为好。栽植坑应使根系全部舒展开，不要使根弯曲。填土应先填挖出的表土，填一层后用手往上轻提一下，使根须理顺后踩踏，踩时先用力将坑沿踩紧后再踩根颈下部。一定要踩实，然后再填下层土，再踩踏，直至填完并都踩紧。栽好后及时灌水。移栽后进行树体固定，一般采用三柱支架固定法，将树牢固支撑，确保大树稳固，一般一年之后大树根系恢复好方可撤除。

（四）植后养护管理

1.水肥管理

苗木栽完后立即浇透水，3 遍水后地面见干要松土保墒，以后应视天气情况浇水。苗木发芽后需水量增加，切不可认为发芽了就不再浇水。在生长期不能缺水，做到见干就浇，及时排水对梧桐十分重要，雨后或灌溉后，不能有积水现象，土壤积水易烂根，应做好排水防洪工作。

春季栽苗最好不立即施肥，应待发芽生长到夏至后再用，这时温度高，树木生长旺盛而消耗大，需要分化形成越冬芽。新栽苗一般不施肥，因为根部多有伤口，很易受害。以基肥为主、追肥为辅，每年施肥 2~3 次，在用磷肥作基肥的前提下，应以速效氮肥为主，配合钾肥。如果条件许可，每年入冬前和早春各施肥、灌水 1 次。在北方冬季，对幼树要包草处理，进行防寒。

2.整形修剪

梧桐萌芽力弱，不耐修剪，枝折断后，生长较为困难。若放任不管，则可培育成具卵圆形树冠、株高约 5 m 的乔木。其侧枝较为稀少，一般整形为自然株形，在自然株形的基础上进行整形，梧桐枝条为轮生生长，应把上下交叉枝条剪除掉。

3.病虫害防治

主要病虫害有梧桐藻斑病、小黑刺蛾、黄刺蛾、梧桐裂头木虱、棉叶蝉、木毒蛾、中华薄翅天牛等。

十六、泡桐

泡桐（*Paulownia tomentosa*）别名毛叶泡桐、紫花泡桐等，为泡桐科泡桐属落叶乔木。主产我国陕西及河南西部，辽宁南部至黄河中下游及湖北、江西等地均有分布。朝鲜及日本亦有栽培。

（一）形态特征

落叶乔木，高 15 m，胸径 1 m，枝粗大，髓腔亦大，冬芽小，2 枚叠生，上大下小。单叶对生或在嫩枝上 3 叶轮生，叶阔卵形或卵形，长 20~29 cm，宽 15~28 cm，端渐尖或锐尖，基部心形，全缘，叶表面密被长柔毛，叶背密被白色树枝状长毛或腺体。聚伞花序排成宽圆锥状，有长的总梗，侧生分枝细长，花萼裂片过半，花冠钟状，鲜紫色或蓝紫色，长 5~7 cm。蒴果卵圆形或长卵形，外果皮木质或软骨质。花期 4~5 月，果期 11 月。

（二）生态习性

喜深厚、湿润、肥沃、疏松及通气良好的土壤，亦较耐旱，不耐涝，不耐盐碱，根肉质，主根不发达，萌芽、萌蘖力均很强，生长较快。泡桐生长非常迅速，十几年树龄的泡桐要比同龄杨树直径大一倍，但生长时间长了，树干会出现中空。由于生长迅速，所以木材材质轻软，容易加工，但也耐酸耐腐、防湿隔热。

(三)栽植技术

1.苗木选择

一年生壮苗的标准为高 5 m 以上、地径 7~8 cm 为特级苗,高 4~5 m、地径 6~7 cm 为一级苗,高 3~4 m、地径 5~6 cm 为二级苗。造林时应选用二级苗以上的壮苗。

2.栽植时间

春季栽植一般在秋季落叶后到第 2 年春季发芽前进行,一般在 2 月中旬至 3 月中下旬栽植最好。有的地区进行秋季带叶栽植,也可取得较好效果,一般成活率高于夏季栽植。夏季栽植时树体蒸腾量大,影响成活率,故不利于栽植,需对栽植苗木进行处理,可加大栽植苗木的土球大小,也可对栽植苗木进行强度修剪等。

3.栽植前准备

泡桐根系呼吸强度高,穿透力差。栽植前细致整地,可以有效地改善土壤理化性质,增强土壤的保水、保肥能力和土壤透气性能。整地方法主要采用穴状整地,挖穴的大小应视立地条件而定。若是大穴,回土后在栽植前一周左右最好灌一次水,以使穴底土沉实,避免栽植后由于穴内虚土遇降雨下沉,造成苗木倒伏或倾斜。

4.起苗与运输

起苗和苗木集中时,注意不要造成苗干和根系机械损伤,应该挖到下层根,根系幅度 50 cm 以上。选择排水良好、背风向阳的地方挖深 60 cm、宽 1 m 左右的假植沟,将苗木按顺风方向斜放沟内,用湿土覆盖,覆土厚度以根部不受冻为度。如果需要越冬假植,应该使每株苗木根系与土壤结合紧密。不需要浇水。此外,一定要注意留下通道,方便以后苗木的装车。搬运过程中要特别注意不要损伤苗木。苗木与车厢和绳索接触部分用稻草隔离。苗木到达造林地如不能及时栽植,需要及时假植。如果苗木较干,可以用水泡,泡水时间不能超过 24 小时。

5.定植

泡桐种植要掌握“三大一浅一高”的原则,即大坑、大苗、大肥、浅种、高培土。栽植前,每穴(株)施足复合肥和饼肥。“四旁”栽植一般在乡村路旁、水旁、渠旁单行造林,一边 1 行,株距 4 m;路面宽度 8~10 m 或者大型河堤,一边 2 行,株行距均为 4 m,三角形交叉栽植。如果营造小片林,则株行距 6 m × 6 m。农田林网栽植一般泡桐的行距不小于 50 m,单行的株距 4 m,双行的株距 4~6 m,行距不小于 5 m,林网网格面积 50~100 亩。栽植深度比原根际径深 10 cm。栽后壅土堆高 20~30 cm,灌 1 次透水;灌水后随即培土 20~30 cm 高,培土范围超过穴口的一半。

(四)植后养护管理

1.水肥管理

泡桐 1~3 年生时,每年 5 月上旬和 6 月下旬如干旱,要浇水。4~6 月采取开沟追肥。每株每年施适量的氮肥、磷肥。5 年生以前,每株施适量的氮肥 0.5 kg;6~10 年生每株施氮肥 1.5 kg 左右;11 年生以上,每株施氮肥 2 kg。更新迹地造林或其他土壤肥力较差的立地条件下造林,应该加大施肥量。

2.整形修剪

泡桐栽植后苗干上会从腋芽处萌发侧枝,有的萌发位置在苗干的 2/3 以下部位,造成主干过低,影响出材率和木材质量。因此,对一年生树干上分布较低的腋芽,在没有木质化时必须抹除,以提高主干的高生长,达到培育高大通直无节良材,提高木材产量和质量。另外,修补、包扎损伤的树皮,对残枝、伤枝进行疏剪,保持树形完整。

3.病虫害防治

泡桐常见的病虫害有大袋蛾、泡桐灰天蛾、丛枝病、炭疽病、黑豆病和绿壳金龟子等。目前,为害泡桐较重的病害是泡桐丛枝病。泡桐的病虫害防治以预防为主。

十七、楝树

楝树(*Melia azedarach*)别名苦楝、楝枣子、洋花树等,为楝科楝属落叶乔木。主产于亚洲南部和澳大利亚,在中国分布于河南、陕西、甘肃、四川、海南等省。

(一)形态特征

高 25 m,树冠倒伞形,侧枝开展。树皮灰褐色,浅纵裂。小枝呈轮生状,灰褐色,被稀疏短柔毛。叶互生,2~3 回羽状复叶;花芳香,淡紫色,长约 1 cm,叶轴初被柔毛,后光滑;小叶对生,具长柄,卵形或披针形;花芳香,淡紫色,长约 1 cm;核果,黄绿色或淡黄色,近球形或椭圆形,长 1~3 cm,每室具种子 1 个;外果皮薄革质,中果皮肉质,内果皮木质;种子椭圆形,红褐色。花期 4~5 月,果熟期 10~11 月。

(二)生态习性

楝树喜光,不耐庇荫,喜温暖、湿润气候,耐寒力强。对土壤要求不严,在酸性、中性、钙质土及盐碱土上均可生长,喜生于肥沃湿润的壤土或沙壤土上。萌芽力强,抗风,对 SO_2抗性较强,对 Cl_2抗性较弱。

(三)栽植技术

1.苗木选择

苗圃培育的苦楝苗树干较高,在苗源的选择上,要选苗源种植密度稀疏、分枝点较低、树形匀称、长势较好的苗木为栽植苗木。

2.栽植时间

华北地区移栽时间选择春季 3~4 月,以在萌芽前随起随栽为宜,是提高楝树苗木栽植成活率的关键。秋季不宜栽植,否则易发生枯梢现象。

3.栽植前准备

提前 1~2 个月断根,断根后用生根粉浸根,立即填土浇水,保证树木在栽植时,能够带走大量的吸收根。为保证树木成活,若掘树前天气干燥,应提前 2~3 天灌水,使树木充分吸水,也有利于苗木起挖和根部成坨。

苦楝枝条呼吸作用旺盛,并且萌蘖力强、耐修剪,故应对栽植的苦楝苗在栽植前进行强修剪。一般主干高度保持在 2.8~3.0 m;对侧枝进行修剪,去除细小的侧枝,只保留定干后顶端 3~4 根较大的侧枝,保留侧枝长度在 20~30 cm。保留侧枝的方位和部位要合理,保证整体树形的完整。修剪后及时对大枝剪口和定干顶部进行涂白漆、石蜡或用塑料布包扎处理。用草绳包裹树干,及时连同上部树体一起喷水,减少树干和树枝水分蒸发。裹干高度应超过树干高度的 1/2 以上。大规格楝树起挖前用支柱或粗麻绳固定,做好阳面标记。

4.起苗与运输

楝树大苗一般是裸根栽植；大树的土球直径是苗木胸径的6~8倍，土球高度是土球直径的65%~80%。挖掘时，对过长的根系要进行适当的修剪，防止窝根，遇到较粗的侧根，应小心用锯或剪将根剪断，以防止土球内部根须震断或土球松散，切断处用利刀削平，土球应挖成陀螺形，挖好的土球在苗木放倒前，用草绳扎紧，以免在运输途中松散。在运输过程中，需用毡布覆盖苗木，以尽量减少运输过程中树干水分的蒸发。同时楝树须根较少，土球与根须的结合度较差，在挖掘、装运和栽植过程中一定要多加小心，以防因土球松散而造成苗木移栽成活率的下降。

5.定植

栽植地要求土壤深厚、光照条件好的地方，忌阴湿地。在华北地区最好选择背风向阳的位置，以免幼树遭冻害。定植前施足充分腐熟的有机肥，覆一层土，把苗放在正中间，覆土半穴，轻轻提苗，让根部舒展，再覆土压实，栽后及时灌3遍水，以保证成活。大树苗栽植好后用三角桩或井字桩进行固定，加垫保护层，如果成片栽植，且密度相对较大，可在高度2 m处，用长毛竹纵横相连固定后，再用木桩在外侧树木的内侧向外不同方向打斜支撑。

(四)植后养护管理

1.水肥管理

楝树喜欢湿润环境，但不耐积水，新栽苗木应加强浇水管理。生长初期每年应在根际处沟施或环施适量的有机肥，覆土后及时浇水，促进植株生长快、花量大。从萌芽到落叶，可灌水2~3次，遇夏季干旱，可增加灌水次数，秋冬时必须灌1次封冻水。对于新植的幼树，前3年的冬季要采取根茎培土、草绳包裹枝干或搭风障等防冻保温措施。

2.整形修剪

楝树最理想的树形是合轴分枝形，在雨水节前后，新芽未萌发以前，削去顶部新梢1/3或已枯干部分，待主干上芽萌发后长到10~15 cm长时，选留靠近切口的独个健壮侧芽作为将来主干枝，其余侧芽、幼枝全都抹去。要求选留的侧芽每年都和上年留芽成相对方向，以利相互矫正主干使之通直。在风力较强的地方，最好在与主风方向一致的一面留芽，以免被风吹折断或倾斜，必要时还可在主干枝下方留一预备枝，待主干枝生长到30 cm以上时，再除去预备枝，以后如仍有萌芽，应及时抹除，使养分集中，加速主干生长。在每年斩梢抹芽后，应松土除草1~2次，追肥1~2次。斩梢时应注意刀具锋利，切口光滑并略带倾斜。

3.病虫害防治

楝树病虫害主要有立枯病、斑衣蜡蝉、褐边绿刺蛾、红缘灯蛾、霜天蛾、蛴螬和蝼蛄等。

十八、重阳木

重阳木(*Bischofia polycarpa*)别名红桐、水红木等，为大戟科重阳木属落叶乔木，为中国原产树种。产于秦岭、淮河流域以南至两广北部，在长江中下游平原常栽培为行道树，农村“四旁”习见。

(一)形态特征

雌雄异株，高达10 m，树皮棕褐或黑褐色，纵裂。全株光滑无毛，三出复叶互生，具长叶柄,叶片长圆卵形或椭圆状卵形,先端突尖或渐尖,基部圆形或近心形,边缘有钝锯齿,两面光滑,近革质,新发嫩叶淡红色,秋季老叶褐红色;叶柄长 4~10 cm。腋生总状花序,花小,淡绿色,有花萼、无花瓣,雄花序多簇生,花梗短细,雌花序疏而长,花梗粗壮。浆果圆形,熟时红褐色或蓝黑色,种子细小,黑色有光泽。花期 4~5 月,果熟期 10~11 月。

(二)生态习性

阳性树,也略耐阴,喜温暖湿润气候,对土壤要求不严,在酸性土和微碱性土上皆可生长,耐干旱瘠薄,也耐水湿,有一定耐寒性。根系发达,抗风力强,生长较快,寿命较长。对 SO_2 有一定抗性。

(三)栽植技术

1.苗木选择

应选主干通直树冠圆满、生长健壮、无病虫害、无机械损伤、芽体饱满、木质化程度高、径高比大小适当的苗木为移栽苗。

2.栽植时间

重阳木最佳栽植时间是在春季刚刚萌芽时,栽植时应带好土球,如果是栽植孤植大树,一般分两次进行。夏季栽植时最好选择在连阴天或降雨前后栽植,且需加大土球,强度修剪,树体遮阴。冬季栽植时要避免冻害,选择暖冬时段内晴、无风的天气进行栽植,注意应保温防冻。

3.栽植前准备

为了保证重阳木一致的成活率,栽植重阳木要提前 2 个月断根,用生根粉浇灌,这样可以保证在栽植时,能够带走大量的吸收根。需要长途运输到异地栽植的重阳木,可在前一年秋冬季在苗圃地进行假植培根,促进侧根繁殖增多,以提高成活率。

庭荫树做全冠处理,苗木带土球。其他绿化用苗木做截冠或截干处理,苗木裸根或带土球;栽植前要对准备移栽的树实行重剪,主枝去掉 1/3,侧枝去掉 2/3,旺枝、徒长枝全部疏除,锯剪口要平滑,伤口涂刷保护剂或石蜡。修剪后及时栽植,栽植晚了,会降低成活率。

4.起苗与运输

为了减少树木失水,保证成活率,要尽量缩短起挖至栽植的时间,注意保护根系,一般保留根长 12~15 cm。修根后放入 100 mg/L 的 ABT-6 生根粉黄心土溶液中浆根,后用稻草包好根部。最好是当天起苗当天种植完,若不能及时种植,可散置于通风遮光处,忌堆放和阳光直射。需要运输的苗木必须保护好苗木根部和苗干,避免摩擦破皮或断根。长途运输要保证苗木透气,并保持苗木正常所需的水分,定时淋水。

5.定植

行道树栽植密度一般为 4 m × 5 m,树穴直径 1.5 m,深度以不小于 80 cm 为宜;庭荫树及风景林树穴规格根据立地条件确定,一般穴径和深度不小于 80 cm;生物质能源林栽植密度为 4.0 m × 5.0 m,种植穴规格为 1.0 m 见方;防护林及荒山造林栽植密度为 2 m × 3 m;挖穴时应将表土、心土分别放置。土层较薄、黏重、沙砾土及垃圾填充区,应采取客土法。

(1)带土球栽植。带土球苗木栽植用"分层夯实"方法。即放苗前先量土球高度与种植穴深度,使两者一致;放苗时保持土球上表面与地面相平略高,位置要合适,苗木竖直;

边填土边夯实，夯实时不能夯土球；最后做好树盘，浇透水；2~3 天再浇 1 次水后封土。全冠栽植树木应设立柱。

(2)裸根栽植。裸根栽植采用“三埋二踩一提苗”的方法。即把苗木放入种植穴后填土至穴深一半时，提苗使根颈处土印与地面相平或略高，踏实；再填土，踏实；再填土；最后筑围堰，浇水。

(四)植后养护管理

1.水肥管理

栽后要立即浇一次透水，采取小水慢浇方法。3 水以后视土壤干湿情况酌情浇水。但夏季必须保证每 10~15 天浇一次水。

重阳木苗木栽植后 1 个月，可淋氮水肥，以后每月浇 1 次，浓度可适当提高。10 月，淋复合肥或者磷酸二氢钾，以增强苗木木质化。每年进行 2~3 次中耕除草、培土等工作。

2.整形修剪

定干高度一般为 1.2~1.5 m。定干选用开心形树体结构，在主干上均匀地配置 3 个互成 120°角的主枝，主枝与主干延长线夹角一般 50°左右；在主枝上再配置 2~3 个侧枝，第一侧枝与主干距离为 50~80 cm，侧枝分布应一致，同一主枝上的侧枝应交互排列；第二侧枝与第一侧枝距离 0.5~1.0 m，分列主枝两侧。

3.病虫害防治

重阳木病害主要有重阳木丛枝病、重阳木枝枯病，重阳木虫害主要有重阳木锦斑蛾、吉丁虫、红蜡介壳虫、褐边绿刺蛾、大蓑蛾、白带黑斑蛾等。

十九、乌桕

乌桕(*Sapium sebiferum*)别名腊子树、桕子树、木子树，大戟科乌桕属落叶乔木，原产长江流域及珠江流域。为中国特有的经济树种，已有 1 400 多年的栽培历史。

(一)形态特征

落叶乔木，树高可达 20 m；树冠近球形。全株无毛，具有毒的白色乳汁；叶近菱形或菱状卵形，叶柄顶端具 2 红色腺点；花单性，雌雄同株，花序为小聚伞花序，再集生为葇荑花序或穗状花序；雌花通常生于花序的下部；蒴果近扁球形，熟时黑褐色；种子黑色，外紧被白色蜡皮，经冬不落。

(二)生态习性

为阳性树种，对土壤有较强的适应性，在酸碱度适当的沙质壤土、轻黏壤土等地均可栽种，在土层深厚的山地生长良好；耐水湿，能耐间歇性水淹，属中亚热带速生树种。

(三)栽植技术

1.苗木选择

苗圃培育 3~4 年，胸径 6 cm 左右可出圃用于绿化，至少要到干径 6 cm 才可用于城市园林绿化，苗木规格太小，则不能产生较好的景观效果。

2.栽植时间

乌桕春、秋两季均可栽植。宜在春季 3~4 月进行，萌芽前和萌芽后都可栽植，但在实践中萌芽时栽植的成活率相对于萌芽前、后栽植要低。

3.栽植前准备

在需栽植的1年前的春季或秋季，对大树根部进行断根缩坨处理，断其粗根，促进侧根生长，提高栽植成活率。

修剪是提高大树栽植成活率的关键措施，可以加大根茎比，降低水分蒸腾，使地上、地下水分尽快达到平衡。修枝应修掉内膛枝、重叠枝和病虫枝，并力求保持树形的外观。

4.起苗与运输

小苗根部需沾泥，3年生以上大苗需带土球，并适当修剪枝条，特别是下部侧枝，并要封底保证土球完好，土球规格一般按干径的6~10倍，高度一般为土球直径的2/3左右。

在起苗和运输过程中，苗木很容易失水，应及时假植，放入附近坑内水中，使根、干全泡或浸泡1/2，以补充水分，防止苗木脱水，缩短缓苗期。尤其是长途运输的树苗，应及时放在水中浸泡一周左右，用生根粉溶液蘸根，做到随栽随捞。栽植前两天，穴内要灌满水，待阴干后即可栽植。乌桕为观冠形类树木，在运输时，要注意保护树木的顶端优势，不能过度损伤侧枝，确保整个栽植过程中能够保持乌桕树体的冠形原貌。

5.定植

栽植前需挖好栽植树穴，大小应该比树木土球大20~30 cm。乌桕大树栽植要坚持大塘浅栽，并且树穴的大小上下应一致，呈直筒形，忌挖成锅底形。将表土和心土分开，堆放有序。定植前要进行修根，在穴底施入准备好的肥料，然后按照顺序回填心土并拌均匀。填土后，再进行第二次施肥，回土拌匀，放入树木直立于穴中心，随后再进行分层填土和踏实，栽植深度要掌握在表层覆土距苗木根际处5 cm。栽植时还应及时疏枝、疏叶。栽后修好树盘，搭建支撑架，浇足定根水，可待水渗入穴内后在树盘上覆盖塑料薄膜。

（四）植后养护管理

1.水肥管理

栽植乌桕要浇好头三水。为提高移栽成活率，可使用大树移栽生根液的稀释液作为头三水进行灌根。三水过后，可间隔25天左右再浇灌1次透水。每次浇水后还应及时松土保墒。

乌桕常采用“冬挖、伏天铲、春施肥”的抚育措施，即在冬季深挖土壤30 cm并结合施用有机肥，以改良土壤结构和营养状况，促进根系更新。春季在春梢萌发前或初期的4~5月施入速效肥，以促进春梢生长和花序的形成。进入种子发育期应增施磷、钾肥。果实肥大期应及时除草松土，以减少地表蒸发，降低土壤水分消耗。

2.整形修剪

乌桕一般不进行专门修剪，其修剪量与修剪程度应根据树龄、树势、树冠部位及结果枝不同粗度，掌握弱枝强剪、幼壮树弱剪、老树强剪、树冠外围强剪、下部及内部强剪的原则进行。4年以上的成年乌桕树生长旺盛，大量生长春梢，枝繁叶茂。萌发出的新枝一般统称为结果枝。一般不需要大修剪，但每年最好要剪除直径小于0.7 cm的弱枝、枯枝、病虫枝。如果树冠上出现向高处伸展的强壮枝，一定要去掉，以促进剪口处萌生新的结果枝，扩充树冠。为不影响乌桕日后的观赏效果，修剪剪口应与主干相平，且不得留桩。在乌桕萌发期，还需要及时抹除整型剪口处萌出的嫩枝。

3.病虫害防治

乌桕病害比较少见，较严重的虫害有樗蚕、刺蛾、柳兰叶甲、大蓑蛾等。

二十、蜡梅

蜡梅(*Chimonanthus praecox*)别名黄金茶、黄梅、金梅等，为蜡梅科蜡梅属落叶灌木。原产于我国华中地区，是我国特产的传统名贵观赏花木，有着悠久的栽培历史和丰富的蜡梅文化。

(一)形态特征

高可达4~5 m。常丛生。根茎部很发达，呈块状，小枝呈四棱形，老枝近圆柱形；叶对生，纸质，椭圆状卵形至卵状披针形，先端渐尖，全缘，叶表面绿色而粗糙，叶背面灰色而光滑；芽具多数覆瓦状鳞片；冬末先叶开花，花单生于一年生枝条叶腋，有短柄及杯状华托，花被多片呈螺旋状排列，黄色，带蜡质，花期12月至翌年1月，有浓芳香。瘦果多数，椭圆形，栗褐色，6~7月成熟。

蜡梅品种繁多，达50多种，最常见的有素心蜡梅、罄口蜡梅、红心蜡梅、小花蜡梅等。

(二)生态习性

喜阳光，略耐阴，有一定的耐寒能力，但怕风，在北京以南地区可露地越冬。耐旱力强，素有“旱不死的蜡梅”之说，怕水湿，要求土壤深厚肥沃，在黏土和碱土上生长不良。发枝力强，根颈处易萌蘖，很耐修剪，有“蜡梅不缺枝”的谚语。长枝着花少，50 cm以下枝条着花较多，尤以5~10 cm的短枝上花最多。寿命长，可达百年以上。

(三)栽植技术

1.栽植时间

蜡梅栽植宜在秋季落叶后至春季芽萌发前进行，但以3月上旬花茎、新芽萌发前后为适期，春季成活率更高。栽植时，注意苗木的根部须带土团。夏季栽植蜡梅，可以在雨季初进行。栽植时要起大土球并包装好，以保护根系。蜡梅的地上部分可进行适当的修剪，还要喷水雾保持树冠湿润，注意进行遮阴防晒，经过一段时间的过渡，苗木即可成活。

2.栽植前准备

蜡梅因喜阳光、怕风、怕涝，因此栽植蜡梅应选地势较高、背风向阳处，土层至少要在60~80 cm。事先做好土地深翻。定植时小苗可裸根蘸些泥浆，以促进苗木成活；3年以上的蜡梅，则应带土球定植，将长枝留3~5节进行短截。根据植株大小确定栽植的株行距，小苗可采取30 cm × 50 cm，2~3年生的中等苗可采用50 cm × 50 cm。苗木的定植穴直径应在60~70 cm，穴深40~50 cm；栽植前，在定植穴内施足粪肥、厩肥或腐熟的豆饼等作基肥。

3.定植

地栽选择土层深厚肥沃、排水良好而又背风处栽植，通常于冬、春进行。苗木一定要带土球，栽植成活以后管理比较简单，过分干旱时适当浇水。雨季要做好排水工作，防止过分水湿而烂根。每年冬春开花前，如树上叶片尚未凋落，应进行摘叶，减少养料的消耗。开花之后、发叶之前进行重剪，将头年生枝留20~30 cm短剪，并结合施以重肥。以有机肥为主，这样可促使春季多抽枝条，生长粗壮充实，利于花芽分化，冬季开花多。如果要培养高大的蜡梅树，在修剪初期应注意保留顶芽，当主枝长到需要的高度，才适当剪去主枝顶部，以促进分枝，让它自然生长形成树冠，之后再修剪和整形。

北方寒冷地区蜡梅多做盆栽观赏，应经常浇水，保持土壤有一定的湿度，但不宜过湿。春季发芽后稍施一些肥水，供枝叶生长。6~7 月花芽开始分化时多浇一些肥水，以腐熟饼肥水为好。8~9 月花芽已经形成并开始孕蕾，肥水应逐渐减少。盆栽蜡梅应当较重修剪，花后对头年生枝条重短剪，可以萌发多量新枝且多开花，并经常剪去密枝、枯枝及徒长枝，以保持树形，花后摘去残花，不使其结果，可节省养料。并注意老枝的更新复壮，用根际萌蘖枝代替老枝或将老枝回缩，发新枝复壮，每 2~3 年换盆一次，于春季发芽前开花后进行。

蜡梅枝条长而柔软，可通过铅丝、绳索等绑扎造型，造型时间以 3~4 月为宜。此时芽刚刚萌动，如过早会影响发芽，过迟芽已过大，操作时蜡梅易被碰掉，如疙瘩式梅式、扇形式和独身式等。

（四）植后养护管理

1.水肥管理

栽植后的蜡梅要浇透水。但蜡梅对水分的需要并不苛求，但是在干旱季节也要对土壤补充水分，以保证其正常的生长发育需要。春季风大干燥时，可以 2~3 天浇水 1 次。夏季增加浇水的数量，7 月是蜡梅花芽分化时期，在此期间应保证适宜的土壤水分，不能缺水，否则会影响花芽的形成。当开花期间，土壤宜保持适度干旱，不宜浇水过多，多则造成落花。

蜡梅喜肥，但忌浓肥。一般在 4~11 月每月追施液肥 1 次。肥料可用经过充分腐熟的饼肥水、蹄角水或人粪尿。6 月下旬可增施追肥 1 次，为花芽分化创造较好的营养条件。9 月下旬，应施足促花肥，肥料可用经充分腐熟的城市生活垃圾，并掺入少量的豆饼粉；且宜采用穴施。

2.整形修剪

蜡梅萌发力强，花后要及时修剪，一般将花枝 20 cm 以上部分剪除，并将前一年的伸长枝剪短，留 1~2 对芽即可。这样可使养分集中于抽发新枝，并为翌年开出色艳朵大的花创造有利的条件。地栽有主干型蜡梅萌发力强，如任其自然生长，则枝条杂乱丛生，观赏效果不佳。所以，一般采用独干培育方法，在定植 1 年后，选取一强壮枝，在离根部 50 cm 处，挖坑施基肥并培好土，其余枝条全部剪除。以后继续进行修剪整形，随时剪除根际萌生的枝条，3~4 年后长成大树，对主干上的新生枝留 4~5 节进行摘心，使分株繁茂，满树开花。

地栽丛生型蜡梅，可选取 3 个强壮垂直的枝条为主干，随时修剪根际部萌蘖及其他枝条，并适时摘心。在树冠成形后，夏季，对主干延长枝的强枝摘心或剪梢，减弱其长势；冬季，将 3 个主枝剪去 1/3，促使萌发新芽。

蜡梅花谢后，若不留种子，应及时剪掉残花、病枯枝，以促进植株健壮生长。

3.病虫害防治

蜡梅的病害主要有炭疽病、叶斑病、黑斑病和白纹羽病等。清除病落叶，集中销毁，减少侵染源。

二十一、元宝枫

元宝枫(*Acer truncatum*)别名平基槭、华北五角槭、元宝槭、枫香树等，为槭树科槭树属落叶乔木。广布于东北、华北，西至陕西、四川、湖北，南达浙江、江西等省。

(一)形态特征

落叶乔木。高8~10 m，干皮灰黄色，浅纵裂，小枝灰黄色，光滑无毛；叶掌状五裂，有时中裂片又分三裂，裂片三角形，全缘，先端渐尖，叶基通常截形，稀心形，两面均无毛，花均为杂性，黄绿色，多成顶生伞房花序；翅果为扁平，果两翅展开略成直角，因翅果形状像我国古代“金锭”而得名；花期在5月，果熟期在9月。

(二)生态习性

耐阴，喜温凉湿润气候，耐寒性强，但过于干冷则对生长不利，在炎热地区也如此。对土壤要求不严，在酸性土、中性土及石灰性土上均能生长，但以湿润、肥沃、土层深厚的土上生长最好。深根性，生长速度中等，病虫害较少。对SO_2、HF的抗性较强，吸附粉尘的能力亦较强。

(三)栽植技术

1.苗木选择

定植苗木品种一定要准确，苗干充实健壮、根系发达、须根要多。多选择2年生根系发达的一、二级实生苗或4~5年生嫁接苗，苗高1.5 m、地径2 cm以上无病虫害的健壮苗木为栽植苗木。

2.栽植时间

早春或秋末冬初均可栽植，以春季为好。春季栽植时一般应在早春土壤解冻后至萌芽前进行，宜早不宜晚。秋冬季节栽植的技术措施简单，且成本较低、成活率较高。

反季节栽植多选择于雨季栽植，适应干旱又缺乏灌溉条件地区。7~9月雨水充沛，为最佳栽植时间，成活率较高，栽植后要压石保墒，有条件的地方铺塑料薄膜，成活率可达到95%以上。

3.栽植前准备

对3年以上的苗木提前1~2年断根缩坨，断根后用园林生根粉浸泡2~3分钟，立即填土浇水。保证树木在栽植时，能够带走大量的吸收根。

栽植前，需对苗木进行适当修剪，去掉中根、侧枝及徒长枝，以利于愈合和发侧根。也要根据一定的干高要求(2~2.5 m)，对苗木进行截冠处理，减少叶面蒸腾，保证原有基本树形；剪口要平滑，伤口涂刷石蜡等保护剂；并用草绳卷干至2.5 m高，对树干裹干、喷水保湿，减少树体水分流失。植株较大的苗木起挖前用支柱或粗麻绳固定，做好阳面标记。

4.起苗与运输

1年生苗可裸根带宿土栽植，2年及2年生以上苗应带土球栽植。干径10 cm以上的苗木于栽植前1天下午开挖，根部土球尺寸增大到干径10倍，形成完整的苹果形土球，且在主干一定高度截干，选留几个主枝缩剪外，其余部分全部剪除。并保护好树皮和细根，在裸露的根系空隙填入湿苔藓，再用湿草袋、草绳等软质材料将根部包缚，随挖随栽。如果不能及时栽植，应进行假植培根。

元宝枫为观赏形类树木。从苗圃地栽植到指定地方要求尽量保持苗木的原貌。在装载和吊卸时要注意对树干和土球的保护。装车时要使树冠向着车尾部，根部土球靠近驾驶室有序地排列。树干和土球要用柔软材料或木板进行固定和防震处理，减少车厢及树木之间的互相影响。利用夜间气温较低及时进行运输，第2天早上栽植。运输时用帆布覆盖苗木，配备专人喷水保湿，尽量减少苗木水分蒸腾。

5.定植

元宝枫适应性强，选择地势平坦、交通便利、有灌溉条件、疏松、肥沃且排水良好的砂砾质土壤，采用带状或穴状整地。定植前一年秋季深翻土壤，早春播前耙平，并施 $FeSO_4$ 或福尔马林进行土壤消毒。定植穴直径 60 cm、深 50 cm。

城市绿化时种植树穴内径一般 1.2 m，深度 0.8 m。行道树一般单行栽植，株距 5~6 m，分枝节点 2~2.5 m。庭院栽培，行状栽植，株行距 3 m×(3~4)m，选高度在 3 m 以上大苗栽植。

栽植时按照“三埋两踩一提苗”的要求进行，先回填表土埋根，当土填到 2/3 左右时，把苗木往上轻提，使苗木根系舒展，再分层埋土、踩实，使苗木达到栽植所要求的深度。栽植深度为根际以上 2~3 cm。浇足定根水，回填树穴表层土，在树根四周铺草覆盖保墒，防止地表土壤水分蒸发与土壤板结。栽后，立即打支撑架固定树体。支撑架宜用扁担桩十字架和三角撑。

（四）植后养护管理

1.水肥管理

元宝枫是喜光、喜湿润、耐水湿树种。大树栽后加强水分管理，保持根域土壤湿润，树干湿润、减少树体蒸发是管抚技术的关键。

树木种植后应适时浇水保湿。夏季温度高，植物水分蒸发量大，晴天每天于早晨、傍晚时给新植树木各喷水 1 次，保证植株的蒸腾所需的水分。同时，搭在井字架遮阳棚上盖上透光度达 25%~30%的遮阳网，避免树木受强光直射，高温破坏树叶叶绿体的活性；对树冠喷雾保湿，降低树冠水分散失，减少水分蒸发，保持树体水分平衡。

因移栽当年树木处于根系恢复缓苗期，已施底肥，故一般不追肥。为保证当年树木生长对养分的需求，可在树干基部挂袋输液，给树体补充活力素等营养。移栽第 2 年生长季节施肥 2~3 次，前期以氮肥为主，后期可增施磷、钾肥，浓度为 0.1%~0.5%，促进苗木粗壮，根系发达。以后每年在发芽前后 2 周左右，穴施适量腐熟有机肥或者复合混肥，保证养分需求。

2.整形修剪

元宝枫的干性较差，在达到定干高度之前的整形修剪非常重要，它将直接对苗木的品质、观赏价值产生重要影响。元宝枫整形修剪可在冬季或夏季进行。冬剪是从秋末落叶起至翌春发芽前所进行的修剪，以早春为宜，方法有短截、疏枝、回缩、平茬；夏剪是从发芽后至秋季落叶前所进行的修剪，方法有抹芽与除萌、摘心、拿枝和拉枝。

栽植后每年主干要涂白，涂抹高度为 1 m。

3.病虫害防治

元宝枫害虫主要有小地老虎、蝼蛄等地下害虫和叶部害虫刺蛾；病害主要是叶斑病，要及时除去病组织,集中烧毁。注意药剂的交替使用,以免病菌产生抗药性。

二十二、七叶树

七叶树(*Aesculus chinensis*)为七叶树科七叶树属落叶乔木。原产我国黄河流域及东部各省,陕西、河南、河北、浙江、安徽等地有栽培。

(一)形态特征

高达 25 m;树冠圆球形,小枝粗壮光滑,顶芽卵形而大,芽鳞交互对生,淡褐色无毛;掌状复叶对生,小叶 5~7 片,长椭圆形或倒卵状长椭圆形,长 9~16 cm,先端渐尖,基部楔形,叶缘有细密锯齿,脉上有疏生柔毛,小叶有柄;圆锥花序呈圆柱状,顶生,长约 25 cm,花小,白色,花瓣 4 枚;果近球形,径 3~5 cm,密生疣点;种子深褐色,形如板栗,种脐宽大,淡白色;花期 5~6 月,果熟期 9~10 月。

(二)生态习性

七叶树为深根性树种,喜光,稍耐阴,怕烈日照射。喜冬季温和、夏季凉爽湿润气候,但能耐寒,喜肥沃、湿润及排水良好的土壤。适生能力较弱,在瘠薄及积水地上生长不良,酷暑烈日下易遭日灼危害。不耐干热气候,略耐水湿。

(三)栽植技术

1.苗木选择

七叶树 1 年生苗高为 40~60 cm,2 年生苗可达 1 m 左右,1 年生苗可以出圃,作行道树或庭园绿化树种可培育 2~4 年,主干高达 2.5~3.0 m 时留树冠。

2.栽植时间

栽植七叶树,应在初春其萌芽前或秋末其叶片全部掉落后进行。夏季气温高,栽植要选择健康的大树。冬季栽植为保证成活,选择暖冬时段进行,并要做好栽植前准备工作以及栽后防寒防冻工作。

3.栽植前准备

春季树液流动前,可在离苗木根部 20~30 cm 处截断主根,控制苗木吸收过量水分,促进木质化,然后填土灌水,使其在断根处尽快长出新侧根。

在关键的苗木展叶期,要有目的地进行抹芽,根据分枝的多少,抹去多余枝条保留 3~5 个主枝,并削去多余梢头,包扎好破口部位以防感染,要科学地除枝保枝,适当保留 1~3 株较为健壮的主枝,尽量保持树形的完美。大苗要注意修剪双头杈及侧枝,大树则要重剪或截干。

4.起苗与运输

起苗时间在 2 月上旬,七叶树主根深而侧根少,属于不耐栽植的树种,提前一周灌水,起苗时尽量做到不伤害树皮或根系。在移栽时必须带土球,土球一般为苗木胸径的 8 倍左右,并将露出土球的过长主、侧根剪断。由于七叶树树皮特别薄,可用草绳围住树干,以防树皮灼裂。

起苗时,边起苗边用草绳将土球严密包装扎紧,使整个土球呈半球形,随起随运。在装车时,用稻草装入塑料包装袋内放置在车厢后挡板上,以防止树皮被车厢挡板磨损。同时,装车时,苗木要轻装轻放,以免碰损土球而影响苗木成活率、影响七叶树的树形。

5.定植

七叶树定植地应选择在土壤深厚肥沃的半阳坡或阴坡，株行距视地力及用途选用4 m × 4 m、5 m × 5 m或6 m × 6 m，栽植穴深80~100 cm；小苗移栽1.5 m × 1.5 m，栽植穴深50~60 cm。施足底肥，带上土球，栽正踩实后灌足水；定植后，要加强土、肥、水管理，以利生长良好和提早开花结果。由于新栽七叶树根系不发达，固定性差，尤其发叶后遇大风容易倒伏，故需在苗木四周培土的同时，搭支撑架固定以防倒伏。

（四）植后养护管理

1.水肥管理

七叶树栽植后，要把水浇足灌透，使苗木土球充分吸水。待水完全渗下后，扶正苗木并在苗木四周培土，确保苗木成活、大约一周后，对新栽苗木再浇足水一次。年生长期中，关键的灌水要有4次，即花前水、花后水、果实膨大水和封冻水，每一次灌水都很重要，并且要浇足水、中耕锄草。天旱时适当浇水，天涝时严禁积水。

七叶树以环状沟施肥为宜，基肥以迟效肥为主，最好在晚秋10月以后至树停止生长前进行，大树应在开花前后追施1次速效肥，并在春梢生长接近停止前施1次人粪尿，促进花芽分化和果实膨大。施肥要注意树势，强壮树少施并以磷、钾肥为主；弱树，特别是开花结果多的树应多施肥。

2.整形修剪

在每年落叶后冬季或翌春发芽前进行，以保持七叶树原始冠形为佳。整形修剪主要以保持树冠美观、通风透光为原则，对过密枝条进行疏除，对过长枝条进行短截，使枝条分布均匀、生长健壮。还要将干枯枝、病虫枝、内膛枝、纤细枝及生长不良枝剪除，有利于养分集中供应，形成良好树冠。

3.病虫害防治

虫害主要是金龟子，此虫用灯光诱杀效果好，此外，金毛虫、桑天牛也有发生，应及早防治。病害有早期落叶病和根腐病。

二十三、栾树

栾树（*Koelreuteria paniculata*）别名灯笼树、摇钱树、国庆花等，为无患子科栾属落叶乔木。原产于我国北部及中部，而以华中、华东较为常见。

（一）形态特征

高达20 m左右，树冠近圆球形，树皮灰褐色，细纵裂；小枝稍有棱，无顶芽，皮孔明显，奇数羽状复叶，有时部分小叶深裂而为不完全的二回羽状复叶，长达40 cm，小叶7~15 cm，卵形或长卵形，边缘具锯齿或裂片，背面沿脉有短柔毛；顶生大型圆锥花序，花小金黄色；蒴果三角状卵形，顶端尖，红褐色或橘红色；花期6~9月，果熟期9~10月。

（二）生态习性

栾树喜光，稍耐半阴，耐寒，但是不耐水淹，栽植注意土地，耐干旱和瘠薄，适应性强，喜欢生长于石灰质土壤上，耐盐渍及短期水涝。深根性，萌蘖力强，生长速度中等，幼树生长较慢，以后渐快，抗风能力较强，可抗-25 ℃低温，对粉尘、SO_2和臭氧均有较强的抗性。

(三)栽植技术

1.幼树移栽

栽植芽苗能促使苗木根系发达,1 年生苗高 50~70 cm。栾树属深根性树种,宜多次栽植,以形成良好的有效根系。播种苗于当年秋季落叶后即可掘起入沟假植,翌春分栽。由于栾树树干不易长直,第 1 次栽植时要平茬截干,并加强肥水管理。春季从基部萌蘖出枝条,选留通直、健壮者培养成主干,则主干生长快速、通直。第 1 次截干达不到要求的,第 2 年春季可再行截干处理。以后每隔 3 年左右栽植 1 次,栽植时要适当剪短主根和粗侧根,以促发新根。栾树幼树生长缓慢,前两次栽植宜适当密植,利于培养通直的主干,节省土地。此后应适当稀疏,培养完好的树冠。生长期经常松土、锄草、浇水、追肥,至秋季就可培养成通直的树干。

2.大苗培育

当树干高度达到分枝点高度时,留主枝,3~4 年可出圃。1 年生苗干不直或达不到定干标准的,翌年平茬后重新培养。一般经 2 次栽植,培养 3~7 年,就可达到胸径 5~9 cm。

3.大树栽植

移栽胸径 15 cm 以上的大树,应带土球栽植。土球直径根据栽植时间、胸径大小、树冠修剪强度来确定。11 月至翌年 4 月栽植胸径 15~20 cm、带三级分枝的栾树土球直径为 1.2~1.6 m;胸径 20~30 cm 的大树土球直径为 1.6~2.0 m。其他时间栽植可适当增加土球直径和厚度。在每年的 11 月至 12 月中旬以及 2 月中旬至 3 月上旬是最适栽植时间,带 1~2 级分枝栽植的栾树大树可以带护心土裸根栽植。栽植栾树大树通常采用机械移栽。栽植时挖掘机按土球直径的 1.5 倍挖栽植穴,深度为 1.5 m。回填种植土至地面距离为土球高度的 1/2 时,用吊车或大型挖掘机将大树吊入树穴,立即进行固定,然后培土至接近低于地面时再浇水捣实,以防土球下沉出现空洞。最后填土将整个土球覆盖,并用地膜进行地面覆盖。栾树大树栽植后,采用三柱支架将树体牢固支撑,以防止风把树冠吹歪,保持树体直立不晃动,有利于根系生长。一般在 1 年之后,待大树根系恢复好方可撤除。

(四)植后养护管理

1.水肥管理

栽植完成后要浇 1 次定根水,水要浇透,然后连续浇水 3 次,浇水后及时用细土封树盘或覆盖地膜保墒,以防止表土开裂透风。新栽植的大树,其根系吸水功能减弱,因而只要保持土壤适当湿润即可。要防止下雨或浇水时积水,做好开沟排水。

栽植后第 1 年秋季,应追施 1 次速效肥,第 2 年早春和秋季也至少施肥 2~3 次,以提高树体营养水平,促进树体健壮。施肥时,要求薄肥勤施,防止伤根。

2.整形修剪

栾树树冠近圆球形,树形端正,一般采用自然式树形。因用途不同,其整形要求也有所差异。行道树用苗要求主干通直,第一分枝高度为 2.5~3.5 m,树冠完整丰满,枝条分布均匀、开展。庭荫树要求树冠庞大、密集,第一分枝高度比行道树低。在培养过程中,应围绕上述要求采取相应的修剪措施。

3.病虫害防治

栾树主要虫害有栾树日本龟蜡蚧、栾树蚜虫、六星黑点豹蠹蛾,常见的病害有炭疽病、黑斑病等。

二十四、柿树

柿树(*Diospyros kaki*)别名朱果、猴枣等,为柿树科柿树属落叶乔木。柿树原产中国,分布范围很广,栽培历史悠久。

(一)形态特征

落叶大乔木,高达 15 m;树冠半圆形;树皮呈长方块状深裂。叶宽椭圆形至卵状椭圆形,长 6~18 cm,近革质,上面深绿色,有光泽,下面密被黄褐色柔毛。花冠钟状,黄白色,多雌雄同株。果卵圆形或扁球形,大小不一,橙黄色或鲜黄色;果卵圆形,宿存。花期 5~6 月,果熟期 9~10 月。

(二)生态习性

喜光,略耐庇荫;对土壤要求不严,在山地、平原、微酸性至微碱性土壤上均能生长。较耐干旱,但在夏季过于干旱容易引起落果。对 SO_2 等有毒气体有较强的抗性。

(三)栽植技术

1.苗木选择

选择适宜当地生长、品质优良的品种,所选苗木应为生长充实、健壮、无病虫害、根系发达且无损伤的良种壮苗。

2.栽植时间

春栽、秋栽均可。因秋栽的幼树根伤口愈合早,第二年新根生长也快,成活率高,故一般多秋季栽植。北方冬季严寒,土地封冻早,不便操作,也易冻伤苗木的根系,影响成活,宜在春季栽植。栽后如能埋土防寒,也可在秋季栽植。

3.栽植前准备

对所栽植的大柿树进行重修,根据栽植需要进行截冠,截冠时在顶部 20~40 cm 之内选择好骨架枝,留 3~4 个主枝进行"三定",即定枝、定位、定向。每个主枝从主干分枝部始留 30~40 cm 进行重截。多余枝全部基部疏除,以平衡根冠比,同时提高栽植成活率。

对截冠的锯口进行涂抹或包扎工作,对所有锯口进行涂抹;也可用塑料袋在枝顶部锯口包扎 3~5 cm。用草绳、蒲包、苔藓等材料严密包裹树干和比较粗壮的分枝。

4.起苗与运输

柿树根系发达,幼树须根多,遇风吹日晒,易失水枯死,且根内含有较多单宁,受伤后难以愈合。因此,起苗时要尽量保持根系完整,少伤根。小苗带宿土起挖,柿树苗木应随起随栽,起苗后,分级打捆,根部蘸泥浆,保护根系,当天栽不完的苗木,假植于背风向阳处,并洒水保湿,以防苗木失水,栽前剪去烂根及过长根。大树土球直径不小于冠径的1/4~1/3,依树形而定。圆柱形可小,圆锥形宜大,土球要用草绳包扎,做到根部土球不松不散。出圃后和中途运苗禁忌根系裸露,运回后不能马上栽时要假植。在装车和卸车过程中,要轻起轻放,不要碰散根部的土球,也不要碰伤树干;在运输途中,要及时向土球和树干草绳上喷水,以保持湿度。

5.定植

选择背风向阳、疏松肥沃、湿润通气、保水力强、地下水位在 1.5 m 以下的微酸性至中性沙壤土或壤土。

对于每棵柿树，均要执行“五个一”栽植技术，即浇一担水、盖 1 m^2 地膜、打一剪子（1 m 左右定干）、剪截后用动物油将苗木捋一遍、套一个塑料袋。在栽植柿树前，应先把柿树苗放入水中泡 3~5 天。为了防病，最好用 20%的石灰水泡柿树苗 10 分钟；为了利于发根成活，可用鲜牛粪加过磷酸钙溶液蘸一下苗木根系。

栽植密度平地 5 m × 7 m、山地 4 m × 6 m，穴径 60 cm、深 70 cm；栽植大树的树穴宽度是栽植大树胸径的 5~10 倍，深度达 100 cm 左右。挖穴时将表土和生土分放，把石块及建筑垃圾拣出，也可放入适量的改良土或复合肥。栽植前每穴施农家肥 15~20 kg，农家肥与表土拌匀，回填于穴的中下部。用剪刀剪开土球上的包装草帘和包扎绳，然后将把经过修根和处理过的柿子苗放入坑中，注意让根系舒展，回填时注意根颈与地面相平，栽完回土、浇水沉实后要做到柿苗的接口高出地表 3 cm 以上，这样苗木发根快，成活率高，可促进苗木旺盛生长。

大树种植后应立即支撑固定，慎防倾倒。在大树周围架设三角架，以支撑主干。正三角桩最利于树体稳定，支撑点以树体高 2/3 处左右为好，并加垫保护层，以防伤树。

（四）植后养护管理

1.水肥管理

栽种当天不可浇水，要在第 2 天把水浇透，满 1 周再浇第 2 遍水，然后每半月浇 1 次水。柿树干旱时应及时灌水，正常年份灌水分 4 次，即花前、新梢生长和发育期、果实膨大期和果实成熟前浇透水。雨季积水，会影响土壤透气性，易造成柿树烂根和落果，应及时开沟排水。

每年秋季结合垦复有机肥作基肥，幼树每株施 50~100 kg，成年树每株施 150~200 kg，于树冠下开沟施入，浇水后盖土整平；追肥以速效肥为主，成年树每株追施尿素 1~2 kg，因柿根细胞渗透压比较低，故以少量多次追施为宜。分 3 次施入，即花前、花后和花芽分化期追肥，以促进花芽形成，保证来年高产。

2.整形修剪

修剪是控制树冠和叶幕的有效直接手段，树冠和叶幕又是树体水分蒸发的主渠道。修剪是维持柿树栽植后树体水分平衡的重要技术措施，也是柿树栽植成活的关键技术措施。冬剪时，只轻截骨干枝、延长枝，其他发育枝原则上不动或少动。只疏剪那些过密的、影响骨干枝生长、影响光照的细弱枝、竞争枝和无用的徒长枝。

3.病虫害防治

柿树主要病害有圆斑病、角斑病、炭疽病、白粉病，主要害虫有柿毛虫、金龟子、柿梢夜蛾、刺蛾等。

二十五、皂荚

皂荚（*Gleditsia sinensis*）别名皂角树，为豆科皂荚属落叶乔木。皂荚原产中国长江流域，分布极广，自中国北部至南部及西南均有分布。

（一）形态特征

高达 15~30 m，树干皮灰黑色，浅纵裂，干及枝条常具刺，刺圆锥状多分枝，粗而硬直，小枝灰绿色，皮孔显著；冬芽常叠生，一回偶数羽状复叶，有互生小叶 3～7 对，小叶长卵形，先端钝圆，基部圆形，稍偏斜，薄革质，缘有细齿，背面中脉两侧及叶柄被白色短柔毛；杂性花，腋生，总状花序，花梗密被茸毛，花萼钟状、被茸毛，花黄白色，萼瓣均 4 数；荚果平直肥厚，长达 10～20 cm，不扭曲，熟时黑色，被霜粉；花期 5～6 月，果熟期 9～10 月。

（二）生态习性

皂荚喜光，喜温暖湿润气候，稍耐阴，在微酸性、石灰质、轻盐碱土甚至黏土或沙土上均能正常生长。属深根性植物，具有较强的耐旱性，皂荚的生长速度慢，但寿命很长，可达六七百年。抗污性强，可吸收 SO_2、Cl_2、HF 等有害气体。

（三）栽植技术

1.苗木选择

除苗高、地径达到指标外，还必须保持根系完整，不伤根皮，无病虫害，不伤顶芽，应随挖随植，确保苗木新鲜，一级或二级实生苗木。

2.栽植时间

10 月下旬至翌年 4 月上旬，以 11 月至翌年 3 月最佳。雨季也可利用当年半木质化、苗高 20 cm 以上的容器袋小苗进行雨季造林。

3.栽植前准备

在需栽植的 2～3 年前的春季或秋季，断其粗根，促进侧根生长，使大树在栽植前即形成大量可带走的吸收根，这是提高栽植成活率的关键技术。

将徒长枝、交叉枝、下垂枝、病虫枝、枯枝及过密枝去除，尽量保持树木原有树形。修剪可减少栽植过程中的蒸腾作用，确保树木成活。将树体枝干用草绳缠绑好，将树干包扎到分叉处，主枝以包扎 1/3 左右为好，对较大的树枝也应该缠上草绳，然后喷洒水以保湿。大规格皂荚树起挖前用支柱或粗麻绳固定，做好阳面标记。

4.起苗与运输

起苗时应注意减少人为机械损伤、保护根系完整，确保成活率。按照苗木的高度、地径粗度及根系完整情况进行分级；小苗木带宿土，8～15 cm 的应打 30 cm 左右的土球，20 cm 以上的根据情况而定土球的大小。打土球应绑草绳，避免土球松散而导致根系的损坏。

皂荚树苗运输前应先蘸泥浆，修剪较长或损伤过重的根系，大苗修枝或大树截干后要用密封剂涂匀，防止树干的水分流失，影响成活。运输时应注意根系的保护，不要让它损伤、枯萎，尽可能地采取遮阴保水措施，以减少苗木水分蒸发，尽量缩短从起苗到栽植的时间。力求做到当天起苗、当天栽植。

5.定植

皂荚树栽植选择土层深厚、肥沃、土壤湿润的壤土或沙壤土。山地丘陵应选在坡度不太大的山脚，平地、沙滩应选在不易积水的地方。皂荚喜光、不耐庇荫，栽培园可选在阳坡或半阳坡，可采取穴状整地、带状整地或鱼鳞坑整地；“四旁”及“零星”植树可采用大穴整地。整地一般在秋、冬季节开挖，春栽前回填，也可边整地边栽植。

根据立地条件和经营目的选择株行距，在回填、整平的梯带中间再挖穴定植，穴的大小视苗木大小、根系情况而定。栽植穴施入经充分腐熟的厩肥和钙镁磷肥，与表土搅拌后回填。种植前，适当修剪苗木根系，均匀地向根部喷涂生根剂和杀菌剂。

栽植时扶正苗木，埋土至根际处，用手轻提苗木，使根系舒展，然后踏实。栽植后，要浇透定根水，上盖松土，要领即“三埋两踩一提苗”。

栽植 10 cm 以上的皂荚树前，应挖 1 m 见方的大穴，对树皮破损处和树梢剪口应用密封剂均匀涂抹，如树干部分有大面积破损，应用密封剂涂抹并用地膜包裹。栽植时把皂荚树置于土穴正中扶正，应用沙土围绕苗木一周埋置，用水浇足使细沙土可以充分与苗木根系接触，然后用细土填满踩实并围好土堰。栽植完毕后应浇足水分，3~5 天左右浇 2 水，7 天后浇第 3 次水，并让土稍高于地表。然后用三脚架固定树干，防止树干晃动。

（四）植后养护管理

1.水肥管理

做好栽后管理，视土壤水分情况，普遍浇 1 次水。每株苗木浇水后要盖细土 1 层，以防止水分很快蒸发或土壤板结。检查漏栽或弱苗，及时补植和更换。在皂荚园出现旱情时，应及时浇水，灌溉后要进行中耕，雨季出现涝情要及时排水。

以施有机肥为主，可兼施氮、磷、钾复合肥。复合肥施用 1 年 2 次，第 1 次在 3 月中旬，第 2 次在 6 月上中旬。造林后 1~3 年，离幼树 30 cm 处沟施。3 年后，沿幼树树冠投影线沟施。

2.整形修剪

种植后 2~3 年可进行整形修剪，选留优势中心干为主，留一定数量和比例的主侧枝。注意主侧枝结构的布置要合理，尽量使其饱满，四面匀称，保持良好的内膛空间。控制适当的外延空间，使之达到结构合理、主次分明、四齐饱满、空间足够，树体均匀，尽量增加树体总光照面。剪去荫枝及部分内生枝、徒长枝、病枝和劣枝细枝，尽量保留粗壮枝。松土除草应做到里浅外深，不伤幼苗根系。

3.病虫害防治

皂荚常见病害主要有炭疽病、立枯病、白粉病、褐斑病、煤污病，常见虫害有蚜虫、天牛、凤蝶、蚧虫等。

二十六、国槐

国槐（*Sophora japonica*）别名槐、家槐，属豆科槐属落叶乔木。原产于我国，我国南北广为栽培，在河北一带农村常称为“笨槐”，尤以华北及黄土高原生长繁茂。

（一）形态特征

落叶乔木，高达 25 m，胸径 1.5 m；树冠圆形，干皮暗灰色，小枝绿色，皮孔明显；芽被青紫色毛，小叶卵形至卵状披针形，长 2.5~5 cm，叶端尖，叶基圆形至广楔形，叶背有白粉及柔毛；花浅黄绿色，排成圆锥花序；荚果串珠状，肉质，熟后不开裂，也不脱落；花期 7~8 月，果 10 月成熟。

龙爪槐（*var. pendula*）：落叶乔木，小枝弯曲下垂，树冠呈伞状，园林中多有栽植。

（二）生态习性

喜光、略耐阴，喜干冷气候，但在高温多湿的华南也能生长；喜深厚、排水良好的沙质土壤，但在石灰性、酸性及轻盐碱土上均可正常生长；在干燥贫瘠的山地及低洼积水处生长不良。耐烟尘，能适应城市街道环境，对 SO_2、Cl_2、HCl 均有较强的抗性。槐树生长速度中等,根系发达,为深根性树种,萌芽力强,寿命极长。

(三)栽植技术

1.苗木选择

选择优质速生的健壮的国槐小苗,直径在0.8~1.5 cm,大苗为胸径8~10 cm,干高3~3.5 m,干性好,不偏冠。

2.栽植时间

以春季萌动前和秋季落叶后为宜,此时树木正处于休眠状态,树木的新陈代谢基本停止,移栽时不会因少量根系损伤而影响成活率。移栽时最好选择阴天或多云无风的天气,在傍晚前移栽更有利于提高成活率。如果需要在盛夏移栽,由于树木蒸腾量大,必须加大土球,加强修剪、遮阴、保湿等,否则大树移栽不易成活。

3.栽植前准备

在需栽植的2~3年前的春季或秋季,进行两次断根缩坨处理,促进侧根萌发生长,使大树在栽植前即形成大量可带走的吸收根。

起苗前7天对树木浇一次透水。挖掘时需提前在树苗上做好定向的标记,有助于树苗的定向,并要注意不要折损其枝条。

为了保证栽植苗木的成活,在起苗时,必须对树体进行处理,作为行道树的国槐,一般按照3.0 m的高度定干,进行去树冠重剪,并打接蜡封顶,减少树冠部分由于蒸腾作用而消耗树体内水分,对根系进行修剪,去掉断根、烂根,短截无侧根的主根。苗木根系修剪后,再对根系用APT-6号生根粉溶液进行蘸浆处理。

4.起苗与运输

土球直径宜为树干胸径的8~10倍,高度为直径的65%~80%。挖掘时,先去除树干基部表土,沿树冠外围垂直向下挖,遇到粗根要用手锯锯断,不要用铁锹砍,以防震破土球。土球应挖成倒圆锥形,初步成形后进行削圆处理,使其表面尽量光滑一些,以利于包扎。挖好后,用湿草袋和草绳包扎后等待运输。土球要扎紧扎牢,以免运输途中土球松散脱落,装车时避免损伤树枝和树根,装好后用篷布覆盖遮阴。挖后应及时运输,并尽量缩短途中运输时间。树木装进汽车时,要使树冠朝向汽车尾部,根部靠前。如果是长途运输,每隔12小时还要喷水1次。运输要既快又稳,最好在晚上运输。

5.定植

选择向阳、地势高、不积水的地方挖定植穴。移栽前2~3天应将定植穴挖好,定植穴的直径要比移栽树土球大40~50 cm,深度比土球高度大15 cm左右。挖穴时,应将土中的砖头、石砾和瓦块等杂质清理干净,并在定植穴内施足基肥,以腐熟有机肥为主。

栽植前要对预先挖好的树坑进行喷药消毒,用吊车将大树准确放入栽植坑内,迅速回填土壤夯实。同时对大树采取防护措施,为防止浇水造成树体的倒伏,可采用3根支柱支撑的方法对树体进行加固。栽植浇水时浇头水后,一般过2~3天要浇二水。再隔4~5天浇三水。浇头水并扶直树体后,在树盘表面覆黑膜,以后视土壤墒情浇水,每次浇水要浇透,表土干后及时进行中耕。除正常浇水外,在夏季高温季节还应经常向树体缠绕的草绳喷水,使其保持湿润。干旱少雨时,应架设遮阴棚,以减少水分蒸发,提高移栽成活率。

（四）植后养护管理

1.水肥管理

国槐栽植后立即灌一次透水，确保土壤与根系紧密结合，然后，每隔10天左右灌一次透水，连续灌3~4次水，以后可根据土壤墒情及天气的情况灌水，天气干旱多浇水，雨季少浇水。

栽植后第一年中秋季节，结合浇水，在树盘附近追施一次尿素，每株300 g左右，不能太多，因为施肥太多会导致树木根系枯死。深秋则控制水肥，使新生枝条充分木质化，以免翌年早春抽梢。大树移栽时除施用基肥外，还应进行根外追肥，用氮磷钾复合肥效果最好。施肥可每隔15天进行1次。对于生长势差的树，还可以采用输液的方法来恢复树势。

2.整形修剪

依照苗木的具体需要，进行合理的整形修剪，主要树形包括自然式与杯状式及开心形等形态。自然式整形修剪，就是在主干上保留好主枝之后，修剪时将直立芽以及顶芽进行保留，其他的侧枝剪除，促进其生长，不断扩冠。国槐苗木主干生长至3 m的高度时，进行自然心形定干，将3、4条长势健硕、角度合适的枝条当作主枝，去除之外的其他萌芽及侧枝。入冬对主枝实施短截，保留50 cm让其萌生副梢，培育树冠。而杯状整形修剪，则在定干之后，将3个主枝留下，入冬后修剪时将主枝上的2个侧枝进行截短，保留小枝6个。夏天苗木生长旺季实施摘心，避免其徒长。第2年在小枝上面将2个枝条进行短截，培育“3股6杈12枝”的杯状造型。

3.病虫害防治

国槐的主要虫害有槐蚜、朱砂叶螨、槐尺蛾、锈色粒肩天牛、槐树叶小蛾等，主要病害有紫纹羽病、槐树锈病等。

二十七、刺槐

刺槐（*Robinia pseudoacacia*）别名洋槐、刺儿槐等，为豆科槐属落叶乔木。原产北美，我国各地有栽培。19世纪末从欧洲引入青岛，后逐渐扩大栽培，现几乎遍及全国。

（一）形态特征

高达25 m；树冠椭圆状倒卵形；树皮灰褐色，纵裂。小枝光滑，小叶7~19片，椭圆形至卵状长圆形，叶端钝或微凹，有小尖头；有托叶刺；花序长10~20 cm，花白色，芳香；旗瓣基部常有黄色斑点；果条状长圆形，红褐色；种子黑色，肾形；花期4~5月，果熟期9~10月。

（二）生态习性

强阳性，幼苗也不耐庇荫；喜干燥、凉爽环境，对土壤要求不严，在酸性土、中性土、石灰性土和轻度盐碱土上均可生长，可耐水涝。萌芽力、萌蘖力强。浅根性，抗风能力差。

（三）栽植技术

1.苗木选择

选择优质、速生、健壮的刺槐小苗，直径在1.5 cm左右，大苗为胸径8~10 cm，定干高度3~3.5 m，3~4个主枝，干性好，不偏冠。

2.栽植时间

刺槐春、秋两季都能栽植。在冬春季多风、比较干燥寒冷的地区,可在秋季或早春采用截干栽植;在气候温暖湿润而风少的地方,可在春季带干栽植。

3.栽植前准备

在需栽植的2~3年前的春季或秋季,进行两次断根缩坨处理,促进侧根萌发生长,使大树在栽植前即形成大量可带走的吸收根。挖时最好只切断较细的根,保留1 cm以上的粗根于土球壁处,进行宽约10 cm的环状剥皮,涂抹100倍的生长素,利于促发新根。处理完填入表土,适当踏实,并灌水,为防止风吹倒,可立支架支撑。

对地上部分的主、副枝进行轻度修剪,或进行轻截,疏去病虫枝和损坏枝,粗枝要求进行锯截,避免截口劈裂,伤口应涂抹保护剂,根据树种的习性不同,选择不同的药剂。对截口只简单地进行了油漆、石蜡封顶,防止失水抽干。行道树一般按照2.5~2.8 m的高度定干,进行去树冠重剪,并打接蜡封顶,减少树冠部分由于蒸腾作用而消耗树体内水分,对根系进行修剪,去掉断根、烂根,短截无侧根的主根。苗木根系修剪后,再对根系进行蘸浆处理。

4.起苗与运输

小苗起苗时对地上部分保留苗高15~20 cm进行短截;大树的土球大小应是地径的5倍以上,在起掘时,所起土球的大小应比断根坨向外放宽10~20 cm,为减轻土球重量,应把表层土铲去。按干径的8~10倍半径范围垂直掘根,挖掘深度应视根系情况而定,比一般树木要挖得深些,遇到粗根用手锯截断,截口会相对光滑,利于伤口愈合。挖倒大树后,用尖镐由根颈向外去土,注意尽量少伤树皮和须根。土球应挖成倒圆锥形,初步成形后进行削圆处理,使其表面尽量光滑一些,以利于包扎。挖好后,用湿草袋和草绳包扎后等待运输,土球要扎紧扎牢,以免运输途中土球松散脱落。装车时,过重的大树要用起重机吊装,避免装车时损伤树枝和树根,装好后用篷布覆盖遮阴,装车运输过程中尤为重要的是要保持根部水分。

5.定植

刺槐幼苗畏寒、怕涝、怕碱,所以育苗地应选择地势较高、便于排灌的肥沃沙壤土。土壤含盐量要在0.2%以下,地下水位大于1 m。选用水浇地,或土质深厚、平坦的熟土地。

早期移栽可以适当增加造林密度,待到一定时期再进行间苗,间苗的原则是“适时间苗,留优去劣,分布均匀,合理定苗”。速生丰产林造林密度每亩可栽植110~200株;一般用材林可栽植220~330株;水土保持林、薪炭林可栽植330株以上。刺槐栽植多采用穴植,栽植前应剪去地上部分,并将劈裂损伤的根条剪掉。根系长度应保持在20~30 cm,刺槐栽植深度比苗木原根茎高3~6 cm,栽植过深,会降低成活率。放苗入栽植穴,根系要舒展,定植覆土时将造林前表土先回填穴或带,种植后再将生土放在表层,应从四周侧向压紧,栽后踩实并立即浇水。浇完水后覆盖地膜,在膜上覆盖一层土,厚约2 cm,以避免地膜被风吹走、刮坏。

刺槐大树的栽植穴应在大树运到前挖好,穴径应比根的幅度与深度大20~30 cm。定植前再次检查根、干的损伤点,并及时进行处理,尽量使截口光滑。大树栽植填满土后用大水漫灌,使新土密实结合,然后再加土、扶正、打圈。树木被稳固栽植后用生根粉结合灌水浇灌大树根部,最好在阴天或晴天下午5时以后施用。最后,大树栽植可采用3根支柱支撑的方法对树体进行加固。

（四）植后养护管理

1.水肥管理

水分是幼树生长必需的条件，幼林速生期间，需要更多的水分满足其快速生长的需要。刺槐对水分很敏感，适时浇水，经常保持土壤湿润，根系才能更快生长，一般每年浇水2~3次，干旱时可以增加次数。浇后应及时松土，减少土壤水分的蒸发。刺槐怕涝，雨季注意排水。

大树移栽时除施用基肥外，还应进行根外追肥，用氮磷钾复合肥效果最好。施肥可每隔15天进行1次。为提高成活率，定植后2~3天使用大树吊针注射液。

2.整形修剪

园林绿化的苗木，一般比较强健。修剪时应首先选择健壮、直立、处于顶端的一年生枝作为主干的延长枝，然后剪去先端的1/3~1/2。下部侧枝，逐个短截，其长度不可高于主干，基部萌蘖枝全部剪去。

夏季修剪，适时抹去新生的嫩枝，剪口下往往会发生许多健壮的枝条，当枝条长度达到20 cm以上时，可选择一个直立的枝条作为主干延长枝，其余要摘心或剪梢。如果侧枝生长势减弱不多，可于6~7月继续摘心、剪梢。

3.病虫害防治

刺槐主要病害为紫纹羽病，虫害为刺槐蚜。防治病虫害时，可以人工去除病虫害部位，也可以药物防治。

二十八、合欢

合欢（*Albizia julibrissin*）别名夜合树、绒花树、绒树合欢等，为豆科合欢属落叶乔木。原产中国、日本、韩国、朝鲜。

（一）形态特征

高4~15 m，树冠伞形；树皮灰色，偶数羽状复叶，小叶对生；小叶长圆形至线形，两侧极偏斜，长6~12 cm，宽1~4 cm，无叶柄；花萼和花瓣黄绿色，花丝粉红色，如绒樱状。花序头状，花期6~7月；荚果扁平，幼时有毛，果熟期9~11月。

（二）生态习性

喜温暖湿润和阳光充足环境，对气候和土壤适应性强，宜在排水良好、肥沃土壤生长，但也耐瘠薄土壤和干旱气候，但不耐水涝。生长迅速。

（三）栽植技术

1.苗木选择

定植苗木品种一定要准确、纯度要高，苗干充实健壮、芽多而饱满，根系发达、须根要多。

2.栽植时间

栽植时间宜在春、秋两季。春季栽植宜在萌芽前，以早春为宜，但以梅雨季节最佳，梅雨季节降雨量大，空气湿度高，此时栽植的合欢树成活率非常高。秋季栽植可在合欢落叶之后至土壤封冻前进行。

3.栽植前准备

苗木移栽前1周浇1次透水,并标记好的阳面。育苗期要及时修剪侧枝,发现有侧枝要趁早用手从枝根部抹去。主干倾斜的小苗,第二年可齐地截干,促生粗壮、通直主干。

合欢幼苗主干常倾斜,分枝点低,为培养通直主干和提高分枝点的大苗,适应庭荫树、行道树的要求,可用截干、密植养干或与高秆作物间种等方法。

大规格合欢树起挖前用支柱或粗麻绳固定,树冠要进行重修剪,截面上要涂上接蜡或油漆,防止进水腐烂。

4.起苗与运输

合欢起挖时按照一般的园林树木裸根栽植操作规程进行,保全根系;大树移栽根部需带土球,直径一般为树木胸径的8~10倍,保证根系少受损伤,易于树势恢复。断根刨树要用手锯锯齐主根,并把所有受损根锯掉,然后在截面涂上接蜡,防止进水腐烂。土球应挖成陀螺形,而非盘子形和圆锥形,土球应用草绳扎紧,以免运输途中土球松散。

苗木运到后最好"随挖、随栽、随浇"。合欢的根为肉质根,极易失水,因此在挖运、栽植时要求迅速、及时,土球应用草绳扎紧,以免失水过多而影响成活。

5.定植

移栽前,尽量提前挖穴,树穴挖成1.5 m见方,回填土及有机肥,高温晾晒,先回填底层土,其厚度为树穴深度减去粗砂隔离层厚度,再减去树根高度。由于合欢主干纤细,移栽时应小心细致,注意保护根系。栽前对根部用1%的硫酸铜溶液浸泡杀菌消毒,并喷施生根粉,以促进根系萌发生长。栽植时将苗木按所标原植方向放入栽植穴中央,扶正,边填土边轻轻向上提苗,使根系充分舒展。适当浅栽,回填掺肥的种植土,栽植深度以苗木原土痕与地面持平为宜,踏实土壤,打好树盘,灌足水,浇水渗下后,原土印与地面相平或低于地面不超3 cm为宜。

(四)植后养护管理

1.水肥管理

合欢移栽后,第一次定根水要及时浇足浇透,3~5天后还要酌情浇水,待安全恢复后,可逐步减少浇水量,扶正树干,四周设支撑物固定。但干旱季节注意补充浇水。若栽植后降水过多,需开排水槽,以免根部积水,导致合欢树烂根死亡。等树木长出新梢后,于阴雨天气撤去草绳,养护工作进入正常管理。

冬季于树干周围开沟施肥1次。要于每年的秋末冬初时节施入基肥,促使来年生长繁茂,着花更盛。晚秋时可在树干周围开沟施肥1次,保证来年生长肥力充足。定植后可结合浇水施淡薄有机肥,或给叶面喷施0.2%~0.3%的尿素和磷酸二氢钾混合液。成活后,秋季在树冠的正投影下挖一环状沟施有机肥,每2年施1次。

2.整形修剪

成活后在主干一定高度处选留3~4个分布均匀的侧枝作主枝,然后在最上部的主枝处定干,冬季对主枝短截,各培养几个侧枝,以扩大树冠,以后任其生长,形成自然开心形的树冠。当树冠外围出现光秃现象时,应进行缩剪更新,并疏去枯死枝。以后树体高大只做一般修剪,剪掉干枯、病虫枝和大直立徒长枝。合欢容易因伤口感病,修剪后的伤口必须进行消毒和保护。

3.病虫害防治

合欢常见的病害有合欢锈病、枯萎病、溃疡病；虫害有虫合欢吉丁虫，双条合欢天牛，合欢巢蛾、粉蚧、翅蛾等。

二十九、楸树

楸树（*Catalpa bungei*）别名金丝楸、金楸、梓桐等，为紫葳科梓树属乔木植物。楸树是我国特有的珍贵优质用材树种，是我国较为古老的乡土树种之一，已有 3 000 多年的栽培历史，素有“木王”之称。

（一）形态特征

树高达 20~30 m；树干通直，树冠狭长或倒卵形，树皮灰褐色，浅纵裂；叶三角状卵形至卵状椭圆形，总状花序呈伞房状，有花 5~20 朵；花冠白色，内有紫色斑点；果长 25~55 cm；种子连毛长 4~5 cm。花期 4~5 月，果熟期 9~10 月。

（二）生态习性

喜光，较耐寒，喜深厚、肥沃、湿润的土壤，不耐干旱、积水，忌地下水位过高，稍耐盐碱。萌蘖性强，幼树生长慢，10 年以后生长加快，侧根发达。耐烟尘、抗有害气体能力强。寿命长。自花不孕，往往开花而不结实。

（三）栽植技术

1.苗木选择

造林苗木选用 2~3 年生，地径为 2 cm 以上，苗高 2.5 m 以上；要求苗木发育良好，干形通直，根系相对完整；无病虫害，而且无劈裂、主梢折断、根系过短等严重机械损伤以及失水、干枯等。

2.栽植时间

北方地区一般在春、冬两季植树，最适宜时间为春季 3 月上旬至 4 月上旬，冬季从 11 月上旬至 12 月上旬。

冬季较温暖的地区可进行冬季栽植，但要避开冻害天气时段。夏季栽植应避开高温天气，在无风的阴雨天或傍晚以后进行，并采取相应措施减少树木蒸腾，提高成活率。

3.栽植前准备

在需栽植前的春季或秋季，以树干胸径的 3~4 倍为半径向外打一圆形或方形的沟，断其粗根，促进侧根生长。

起苗前一周对树木浇一次透水。楸树耐修剪，萌芽力较强，在栽植前也可进行截干处理。用材苗木对所有侧枝剪留 10~20 cm，清除顶端竞争枝、病虫枝、损伤枝、死枝，主枝截干，苗高 4 m 以上的截去 1/5，4 m 以下的截去 1/8，留到饱满芽部位。剪去损伤根，修剪过长的主侧根，促进根系再生。苗木栽植前 1 天，应在水中浸根 1 天左右。

4.起苗与运输

起挖树木时需保留一定长度的须根，小苗可采用裸根栽植方法，而大苗须带土球栽植，所掘根系直径一般是胸径的 8~10 倍，这也有利于圃地的翻耕。起树过程中要保护好树皮和细根，并在裸露的根系空隙填入湿苔藓，再用湿草袋、草绳等软质材料将根部包缚。随挖随栽，防止树木和根部长期暴晒失水，影响成活率。

苗木应随起苗、随分级、随造林，严防风吹日晒。外地调运苗木，从起苗至造林地栽植前，将苗木根系浸泡在75%多菌灵可湿性粉剂800倍溶液中，让苗木吸足水分用于造林。

5.定植

造林地应选择在土层深厚肥沃、疏松湿润、排水良好、光照充足的地方。整地时间以秋末冬初，雨季刚过，土壤疏松湿润、机械阻力不大时整地为好。整地时可根据地形地貌情况分为全面整地、带状整地和块状整地、整地深度应达到35 cm。表土和心土分开堆放，拣净石块和树根。如果有条件，可在每个栽植穴中施有机肥5 kg。

片林的造林密度以株行距(2~3)m × 3 m为宜，林带密度以株行距3 m × 3 m或2 m × 4 m为宜。农林间作可实行宽窄行种植，窄行为2 m × 3 m，宽行为农作物8~10 m。造林方式采用带根造林，栽植使用“先挖浅穴，再培高蔸”的抬栽方式，挖穴规格25 cm × 25 cm × 30 cm，栽植时先回填表土，然后植入楸树苗扶正填入心土，填土10 cm后将苗木向上轻提，使根系舒展后继续填土至穴口，灌足水踩实，再培土高出地面15~20 cm。培土高度以不超过嫁接口或截干高度为宜。待水下渗后，立即扶正、培土、涂白，涂白高度1.2 m。

栽植后对较大规格的苗木应及时搭设支架，防止风吹或人为摇动。以后每隔1周浇水1次，连浇3~5次。

(四)植后养护管理

1.水肥管理

秋天栽植应根据栽植时间来确定浇水次数。如是11月中旬栽植，可浇两次透水，即栽植后即浇头水，过7天后浇2水；如是12月上旬栽植的，浇1次水就可以了。

楸树喜肥，除在栽植时施足基肥外，还应于每年秋末结合浇冻水施些经腐熟发酵的芝麻酱渣或牛马粪，在5月初可给植株施用些尿素，可使植株枝叶繁茂，加速生长；7月下旬施用些磷钾肥，能有效提高植株枝条的木质化程度，利于植株安全越冬。

2.整形修剪

速生楸树自然生长状态下枝条分枝角度小，易直立生长，容易形成竞争枝与中干延长枝竞争；二是细弱小枝多而密挤，其上叶片大多为消耗性叶片，影响树冠通风透光、消耗营养，要通过整形修剪予以解决。行道树要及时剪截中干成开心形，选择培养3~5个主枝，用撑拉开角和剪留外芽等修剪方法加大主枝角度，促进扩大树冠；每年都要剪除竞争枝，避免与主干竞争；秋春及时清除冠内细弱、密挤、交叉、内向、下垂、干枯及病虫枝条；对中干和主枝延长枝，每年在枝条上中部强壮芽处剪裁1/4~1/3，以集中水分、养分供给剪口芽枝，促其快长。

3.病虫害防治

楸树的主要虫害有楸螟、危害叶部的木尺蠖、危害干部的斑衣蜡蝉等，主要病害有根瘤线虫病等。

三十、桃

桃树(*Amygdalus persica*)为蔷薇科桃属落叶小乔木。桃在我国栽培历史长，分布区域广，其中以江苏、山东、河北、北京、陕西、甘肃、河南、贵州等地栽培较多。

(一)形态特征

中型乔木,高 3~8 m,树冠宽广或平展;树皮暗红褐色,老时粗糙呈鳞皮状;枝条平展,有时俯垂;小枝细长,无毛,有光泽,绿色,向阳处转变为红色,具多数皮孔。冬芽为钝圆锥形,中间是叶芽,两侧是花芽。叶片长圆披针形或倒卵披针形,先端渐尖,基部宽楔形,上面暗绿色,无毛,下面在脉腋被少量短柔毛或无毛;花先于叶开放,花瓣倒卵形或长椭圆形,粉红色,罕为白色;花柱与雄蕊等长或稍短。果实为核果,在形状、大小方面有变异,自卵形、扁圆形或至广椭圆形。花期为 4 月中旬,果熟期为 7~10 月。

(二)生态习性

桃在栽培上有早结果、早丰产、早收益等优点,生长快,栽培容易。性喜阳光,耐干燥,而忌阴湿和不良排水条件。桃耐旱力强,易管理,易获高产。栽培时选择干燥的沙质土壤或砾质土壤为宜,对于地下水位较低、有机质含量高、排水良好的黏性土壤也可栽培。

(三)栽植技术

1.苗木选择

多选用适宜本地栽培的品种,品种应具有结果早、丰产高产、品质好、抗逆性强、口感好及耐储运等优良特征。

2.栽植时间

桃树栽植以冬春季较宜,即 11 月下旬落叶后至翌年清明,宜早不宜迟。秋季也可栽植。桃树若选择在夏季栽植,尽量选择下雨天气,或者是下午天气凉爽之时,避免桃树栽植过程中因蒸腾过大而导致失水过多,造成死亡。

3.栽植前准备

大树移栽前 1 年进行断根缩坨处理,切断侧根,然后填入拌有有机肥的熟土,促进伤口愈合,萌发新根,这是确保移栽成活、迅速提高产量的重要措施。

移栽前 1 周先把移栽树浇 1 次透水。浇水可增加树体水分,且起苗时易带土球。对准备移栽的树实行重剪,因为修剪可减少叶面积、控制蒸发量,提高成活率。主枝去掉 1/3,侧枝去掉 2/3,旺枝、徒长枝全部疏除,并把南北向枝做上标记。修剪要保持树冠的完整性,使层次分明,主枝、侧枝、辅养枝安排有序。修剪后及时移栽,移栽晚时,会降低成活率。为减少水分损失和日灼伤害,桃树移栽需要对树干包扎,树干包扎用稻草做成的简易单股粗绳进行,其中主干要全部包扎,主枝以包扎 1/3 左右为好。

4.起苗与运输

起苗时,尽量少伤根,大根截留要长,须根保留要多。栽时要修根,剪平主侧根伤口,短截吸收根,疏去病根、过密根,以促发新根。苗木运到后最好应“随挖、随栽、随浇”,在挖运、栽植时要求迅速、及时,土球应用草绳扎紧,以免失水过多而影响成活。

5.定植

挖种植穴最好在秋季进行,以大穴为好,便于改良土壤,有利土壤熟化。穴径为 120 cm,深 70~80 cm。栽植穴挖好后,先用作物秸秆垫底,厚度 15 cm,再回填 15 cm 厚表土。

将修好根的树按照原来的南北方向放入栽植穴,放置深度要高于原有深度 10 cm 左右。然后解除麻绳或铁丝,将混合有机肥的土回填入穴中,使根颈部与地面持平,每填 1 层土都要踏实,并将树体向上微提,使根系舒展。定植后灌水,水渗后在树盘撒作物秸秆保墒。填土要踏紧,植株根颈与地面相平为好。栽植后应浇足定根水,以提高成活率。

(四)植后养护管理

1.水肥管理

桃树寿命较短,生性怕水淹,生长期要注意排水防涝。要注意防止积水,做到不干不浇水,浇水必浇透。栽后浇水过早,会导致根际湿度过大,而影响生根或根系缺氧致死。一般情况下,移栽后1周,每天早晚各喷1次清水,每隔25~30天浇1次水,连浇3~4次,以确保成活。

桃树发芽后视墒情灌1~3次水,结合灌水或下雨,采用少量多次的方式,施用速效肥如尿素、磷酸二铵等,并及时进行叶面喷肥。萌芽展叶后叶面喷稀释的尿素、硝酸钾或磷酸二氢钾,共喷3~4次。

2.整形修剪

桃树移栽后要及时定干,定干高度为40~60 cm,且在移栽后萌芽前修剪。严禁重剪回缩,要轻剪少截,保持树冠完整。但应按自然开心形、自然杯状形或变则主干形的标准疏去多余的大枝,疏除过密及在起树和运输过程中擦伤的枝条,剪口要小而平滑,并在剪口上涂接蜡或油漆等保护剂。移栽树成活后抹除内膛和锯口处的萌蘖枝。

3.病虫害防治

大树移栽后,由于伤口太多,树势衰弱,易生病虫害,故要特别注意防治。桃树病虫害主要有桃褐腐病、桃流胶病、桃根癌病、桃柱螟、细菌性穿孔病、黑星病、炭疽病、红叶病等病害及食心虫、桃蚜、桑白蚧、红颈天牛等虫害。

三十一、榆叶梅

榆叶梅(*Amygdalus triloba*)别名榆梅、小桃红、榆叶鸾枝,为蔷薇科桃属植物。因其叶似榆、花如梅,故名"榆叶梅"。又因其变种枝短花密,满枝缀花,故别名"鸾枝"。

(一)形态特征

落叶灌木,直立,高2~5 m。枝细小光滑,紫褐色,无毛或具微毛,主干树皮剥裂。叶呈椭圆形,长3~6 cm,单叶互生,其基部呈广楔形,端部三裂,边缘有粗锯齿。花单生或两朵并生,花梗短,紧贴生在枝条上,花径约2 cm,先于叶开放,初开多为深红,渐渐变为粉红色,最后变为粉白色。花瓣倒卵圆形,先端圆钝或微凹。花有单瓣、重瓣和半重瓣之分。果红色,球形。花期3~4月,果熟期6~7月。单瓣花品种的榆叶梅结果,重瓣或半重瓣的一般不结果,因这两个品种花的雄蕊与雌蕊退化,不好传粉。

(二)生态习性

榆叶梅喜欢略微湿润或干燥的气候环境。喜光、耐寒、抗旱、耐瘠薄,对土壤要求不严,在肥沃、疏松的沙质壤土和腐殖质较多的微酸性土壤上生长良好,也可耐轻度盐碱土,以通气良好的中性土壤生长最佳。

(三)栽植技术

1.苗木选择

根据工程要求选择生长势好、树形优美的苗木,叶子发黄和生长不良的不宜选用,有病虫害和机械损伤的苗木也应避免选用。

2.栽植时间

栽植榆叶梅可在秋季落叶后至早春芽萌动前进行。小苗木可裸根栽植,大苗要求带土球。反季节栽植榆叶梅要带土球,并且土球直径要大于正常季节栽植的直径。

3.栽植前准备

栽植成龄榆叶梅植株,可在需栽植的上年7~8月间,以保留根系的完好为度,在两面或三面施以断根,促使多长须根,对栽后成活有利。栽植时注意修剪根系和侧枝,对过长的枝条应做适当短截和疏枝,以减少水分蒸发。

4.起苗与运输

起挖带土球的榆叶梅后,要用草绳扎紧扎牢,避免损坏苗干、苗根。在运输途中,苗木应覆盖,避免风吹日晒失水,并经常检查温度。如果温度过高,应洒水或者换湿的铺垫物进行降温。

5.定植

苗木运到后尽快定植。不能立即栽植的植株,要及时进行假植,防止失水风干影响成活。

栽植地宜选择光照充足、排水良好的沙质壤土,在光照不足的地方栽植,植株瘦小而花少,甚至不能开花。清除地面上的杂草及建筑垃圾后,按照株距20 cm、行距60 cm,挖定植穴,穴深50~60 cm。挖好定植穴后,在每穴内施足基肥。将苗木置于穴中央,使根系舒展;然后培入心土,待土填到坑的一半时,将苗轻轻向上一提,轻轻左右摇动一下,使细土与根密接,将已埋的土向下踩实,最后将栽植穴填满。栽植好之后,浇透水。

(四)植后养护管理

1.水肥管理

榆叶梅要注意浇好三次水,即早春的返青水、仲春的生长水、初冬的封冻水。榆叶梅怕涝,所以在夏季雨天应及时排去积水,以防烂根而导致植株死亡。

榆叶梅可于每年春季花落后进行追肥,有利于植株花后的生长;夏季花芽分化期适量施入一些磷钾肥,利于花芽分化,而且有助于当年新生枝条充分木质化;入冬前施一些圈肥,可以有效提高地温,增强土壤的通透性,而且能在翌年初春及时供给植株需要的养分。

2.整形修剪

在幼龄阶段,每当花谢以后应对花枝适当短截,促使腋芽萌发后多形成一些侧枝。当植株进入中年以后,株丛已长得相当稠密,这时应停止短截,将丛内过密的枝条疏剪掉一部分。花谢后要及时摘除幼果,以免消耗营养而影响来年开花。还可在定植以后修剪成小乔木状,由于这种小乔木形树冠,主干上的侧枝稠密适度,营养分配更加合理,因此不必再摘除幼果,让成串的果实挂满枝头,鲜红美丽,仍具有一定的观赏价值。花后需施以追肥,以利花芽分化,使翌年花大而繁。如盆栽或孤植,应注重其姿态和神韵。

3.病虫害防治

榆叶梅常见的病害有黑斑病、根癌病,常见的虫害有蚜虫、红蜘蛛、刺蛾、介壳虫、叶跳蝉、芳香木蠹蛾、天牛等。

三十二、李

李(*Prunus salicina*)为蔷薇科李属落叶乔木。在我国主要分布于南方地区,包括广东、广西、福建、四川等地,北方地区主要分布于河北和辽宁一带。

(一)形态特征

高9~12 m,树冠广球形;树皮灰褐色,起伏不平;小枝平滑无毛,灰绿色,有光泽;叶片长圆倒卵形或长圆卵圆形,花通常3朵并生,核果球形,卵球形、心脏形或近圆锥形。开花期4月中旬,果熟期7~8月,落叶期11月中旬。

紫叶李(*f. atropurpurea*):别名樱桃李、紫叶李。灌木或小乔木,高可达8 m;多分枝,小枝暗红色。叶片椭圆形、卵形或倒卵形,先端急尖,叶紫红色。花1朵,稀2朵;花瓣白色,核果近球形或椭圆形,红色,微被蜡粉。花期4月,果熟期8月。

(二)生态习性

适应性强,对土壤要求不严格,生长迅速,结实期早,产量高。抗灰腐蚀病强,果实耐储藏,花期较早。在寒冷地区有时易受早霜影响。对气候的适应性强,对土壤只要土层较深,有一定的肥力,不论何种土质都可以栽种。对空气和土壤湿度要求较高,极不耐积水,果园排水不良,常致使烂根、生长不良或易发生各种病害。宜选择土质疏松、土壤透气和排水良好,土层深和地下水位较低的地方建园。

(三)栽植技术

1.苗木选择

选苗时应选择树木分枝均衡、枝叶繁茂、主根及侧根完整、无病虫害、无机械损伤的苗木进行移栽。

2.栽植时间

李树物候期较早,其大树春季栽植的时间应提前到2月中下旬为宜,也可秋末冬初进行栽植。冬季寒冷的地区以春栽为宜,时间在土壤解冻至发芽前。冬季较温暖的地区,以秋季栽植为好,翌年萌芽早、生长快,但必须采取防寒措施。冬季较温暖的地区可进行冬季栽植,但要避开冻害天气时段。夏季栽植应避开高温天气,并采取相应措施减少树木蒸腾,提高成活率。

3.栽植前准备

大树移栽根部需带土球,土球的大小是树干直径的8~10倍。移栽李大树的地径大多为12 cm左右,应挖直径为100~120 cm的土球。为了防止挖土球时土块易散落,以干基为圆心,在半径60 cm处向外下挖宽50~60 cm、深80~90 cm的沟,将主根在80 cm左右处截断,把树挖出。为了防止树刨出坑后晾根失水,断根后可不把树抬出坑,用土暂时盖住树根,根系处理时才抬树出坑。

移栽前必须先整形,缩小冠幅,减少地上部枝量,减少蒸腾。一级枝去掉枝长的1/3,二级枝去掉枝长的1/2,三级枝去掉枝长的2/3,四级枝留基部3~5 cm短截,花芽尽可能去掉。

4.起苗与运输

李树要带土球栽植,并要封底,保证土球完好,土球规格一般按干径的6~10倍,高度一般为土球直径的2/3左右,这样可以保证根系少受损伤,易于成活。起挖后要对苗木根系喷浓度50 mg/L的APT-3号生根粉溶液,再将根蘸泥浆,这样既可护根保水,又可避免根系染病。然后用彩条布等,将蘸过泥浆的根系包好上口扎在主干上。苗木起挖过程中要注意保护根部及枝干,可以用刷子蘸石灰浆涂抹大枝剪截口,以防病菌侵染。苗木起挖好以后应用草绳扎紧,以免运输途中土球松散。

在刨树的第 2 天用吊车或人工装车。装车时,车厢前部树可横放,待呈斜面时,再将树根朝前、树冠朝后,以此堆压斜放。在装树前,车厢底部要堆放玉米秸秆等,在四周车厢板处用草苫隔垫,以免运输过程挤压磨坏树皮。树装好车后,用帆布篷将树盖严,并用绳索将篷布拴紧系好,以防运输途中风干失水。运到新植地后,要迅速组织机械或人力卸车,卸车后的大树要先喷水保湿,后成堆摆放,并用篷布盖严,以免风吹日晒。

5.定植

原植地起挖树的同时,在新植地应按照比所刨树根系直径大 20~30 cm 的尺寸,挖直径 120~140 cm、深 100 cm 的大坑,挖出的坑土中表土和心土应分放;也可将挖出的坑土混匀腐熟圈肥以备栽树后回填。运到新植地后,应在当天,最晚第 2 天栽植。栽植时,根据主根长度,先向坑底回填一茬原表土或混合粪土,约 20 cm,用脚踩实,然后将树按所标原植方向放入坑中央,再分茬回填心土或混合粪土,用脚踩实或粗杠捣实,直至地平面。栽植深度以原土印高出地面 5 cm 左右,浇水渗下后,原土印与地面相平或低于地面不超 3 cm 为宜。并在栽植穴四周用土筑成直径 1 m 的定植圈并灌水,水渗后封土保墒。栽植后用木棍或方木条作三角支柱,上部在树高 150 cm 左右的部位交叉后,用铁丝或绳捆紧,以防浇水或风吹树歪。

(四)植后养护管理

1.水肥管理

李树喜湿润环境,对于新栽植的苗木,除浇好 3 水外,还应于 4 月、5 月、6 月、9 月各浇 1~2 次透水。7 月、8 月两月降雨充沛,如不是过于干旱,可不浇水,雨水较多时,还应及时排水,防止水大烂根。11 月上中旬还应浇足、浇透封冻水。在第二年的管理中,也应于 3 月初、4 月、5 月、6 月、9 月和 11 月上中旬各浇水 1 次。从第 3 年起,只需每年早春和初冬浇足、浇透解冻水和封冻水即可,可靠天自然生长。需要注意的是,进入秋季一定要控制浇水,防止水大而使枝条徒长,在冬季遭受冻害。

移栽当年要追肥 3 次。第 1 次,在发芽后 1 个月左右,环形沟每株施入粪尿 50~75 kg;第 2 次,在栽后 2.5 个月左右,用尿素+多元复合肥,按 1∶1 的比例,每株 0.75 kg;第 3 次,在栽后第 4 个月左右,每株施多元复合肥 0.75~1.0 kg。李树施肥要适量,如果次数过多或施肥量过大,会使叶片颜色发暗而不鲜亮,降低观赏价值。

2.整形修剪

李树的整形一般分 4 年进行。第 1 年的修剪在栽植后进行,移栽当年生长季节中,在大剪、锯口处会抽生许多萌条,对于骨干枝头的萌条,除留下 1~2 个斜生枝和水平枝用作延长枝头或培养枝组外,其余直立状萌条则应在早期抹掉或中期疏除;对于主干和主侧枝上萌发的长势强旺的萌条,应及早抹除。移栽当年冬季的修剪,应掌握"量要小、度要轻"的原则,以使树冠尽快恢复和结果。

第 2 年冬剪时,还应适当短截丰枝延长枝,选取壮芽,在其上 1 cm 处短截,芽的方向应与上年主干延长枝的方向相反,主枝也应进行短截,留粗壮的外芽。第 3 年冬剪时,主下延长枝再与第 2 年的主干延长枝方向相反,并选留第 2 层主枝,也同样保留外芽,长成后与第2年主枝错落分布。第4年照此法选留第3层主枝。

3.病虫害防治

李树主要虫害有红蜘蛛、蚜虫、介壳虫、金龟子、叶跳蝉、刺蛾、布袋蛾、蓑蛾和夜蛾等，主要病害有黑斑病、细菌性穿孔病及蚜虫引起的煤污病。

三十三、杏

杏树（*Armeniaca vulgaris*）别名归勒斯、杏花、杏树，为蔷薇科杏属落叶乔木，本属8种，中国有7种，分布范围以秦岭和淮河为界，淮河以北杏的栽培渐多，尤以黄河流域各省为其分布中心，淮河以南杏树栽植较少。

（一）形态特征

乔木，高可达5～8 m，胸径30 cm；树冠开阔，圆球形或扁球形；干皮暗灰褐色，无顶芽，冬芽2～3枚簇生。单叶互生，叶卵形至近圆形，长5～9 cm，宽4～8 cm，先端具短尖头，基部圆形或近心形，缘具圆钝锯齿，羽状脉，侧脉4～6对，叶表光滑，叶背有时脉腋间有毛，叶柄光滑，长2～3 cm，近叶基处有1～6腺体，花两性，果球形或卵形，熟时多浅裂或黄红色，微有毛；种核扁平圆形；花期3～4月，果熟期6～7月。

（二）生态习性

喜光，耐寒，可耐-40 ℃低温，也耐高温；对土壤要求不严，耐轻度盐碱，耐干旱，极不耐涝，空气湿度过高也生长不良。萌芽力和成枝力较弱。生长迅速，5～6年开始结果，可达百年以上。

（三）栽植技术

1.苗木选择

选择适合当地的优良品种，苗高100 cm以上，基部粗0.8 cm以上，植株健壮、芽眼饱满、根系完整，无病虫害和机械损伤的苗木。

2.栽植时间

杏树最好是在开春栽植，而且要带土球。具体时间在3月底到4月上旬，此时杏树已为花蕾膨大露红（白）期，若杏树物候期较早，其大树春季栽植的时间应提前到2月中下旬。杏树栽植易产生伤流，所以不宜在炎热的夏季和寒冷的冬季栽植。

3.栽植前准备

栽植前一年秋季，按规划在定植点上挖长、宽各1 m，深0.8 m的定植穴，将表土和心土分开堆放，穴底填入15 cm厚的碎秸秆，然后，将腐熟的优质农家肥与表土混合后，回填到定植穴中，浇水沉实待植。

移栽前必须先整形，缩小冠幅，减少地上部枝量，减少蒸腾。将苗木截留主干高50～70 cm，再剪短苗木过长的主根和侧根，根长留15～20 cm，再用凉水浸泡苗木一天以上，使其充分吸足水分。栽植前用生根粉或吸水剂蘸根，可明显提高杏树抗旱能力和成活率。

4.起苗与运输

一般来说，大树移栽土球的大小是按照树干直径的8～10倍，将主根在80 cm处挖土，根土轻轻分开，尽量少伤根，保留较多的须根，以利于成活。对大根进行适当的修剪，伤口要修剪平，以利于伤口的愈合。切忌在挖掘时用力推拉树干，防止伤根过多，影响成活率。为了防止树刨出坑后晾根失水，断根后可不把树抬出坑，用土暂时盖住树根，根系处理时才抬树出坑。第一天起好的树，当天或第二天运回并且及时定植。起苗、整枝、打捆要同步进行，打捆后的苗木就地临时假植，这样苗木才不会因失水过多导致死亡。树运到新植地后，要迅速组织机械或人力卸车，卸车后的大树要先喷水保湿，后成堆摆放，并用篷布盖严，以免风吹日晒，不允许苗木裸露过夜，确保苗木不失水分。苗木运到后最好应及时假植、浇水，随栽随取。

5.定植

栽植采用"三埋二踩一提苗"法，将苗木按所标原植方向放入栽植穴中央，扶正，边填土边轻轻向上提苗，使根系充分舒展，栽植深度以苗木原土痕与地面持平为宜。踏实土壤，打好树盘，灌足水，浇水渗下后，原土印与地面相平或低于地面不超 3 cm 为宜。并覆盖 1 m^2 地膜，以保墒增温。若在旱地栽植，应适当深栽，有利于抗旱，保证成活。栽植深度以原苗木根颈土痕以上 5～8 cm 为宜。浇足定根水后立支架，以防倒伏。

（四）植后养护管理

1.水肥管理

新梢长到 15 cm 左右时，开始施速效肥料，地下追肥与叶面喷肥交替进行。9 月底至 10 月初施有机肥和复合肥。扣棚后，萌芽前施尿素，谢花后至果实膨大期追施硫酸钾复合肥，10～15 天喷施尿素和磷酸二氢钾，此外，可同时喷 500 倍增产菌。苗木定植后浇一遍透水，此后视具体情况确定浇水量和浇水时间。

2.整形修剪

移栽后，要及时将折断受损的枝条在合适的部位进行回缩和剪截，并及时用石灰水或杀菌剂等处理伤口，以防病菌感染。移栽当年生长季节中，在大剪、锯口处会抽生许多萌条，对于骨干枝头的萌条，除留下 1～2 个斜生枝和水平枝用作延长枝头或培养枝组外，其余直立状萌条则应在早期抹掉或中期疏除；对于中干和主侧枝上萌发的长势强旺的萌条，应及早抹除。移栽当年冬季的修剪，应掌握"量要小、度要轻"的原则，以使树冠尽快恢复和结果。

春季解冻后，将树盘覆盖地膜，具有增温保湿作用，有利于苗木生根。具体操作为：以树干为中心，将树盘整修成浅锅底状，四周挖浅沟，将地膜剪成 80 cm 见方，两人撑开地膜，从树干穿孔覆于树盘，四周用土封严，树干处放适量土封口。

3.病虫害防治

杏树的主要病虫害有杏疮痂病、黑斑病、流胶病、杏象甲、蚜虫、红蜘蛛、球坚蚧、舟形毛虫等，而以杏疮痂病、黑斑病、球坚蚧等危害较重。

三十四、梅

梅（*Armeniaca mume*）别名垂枝梅、乌梅、干枝梅、春梅、白梅花等，为蔷薇科杏属落叶乔木，多野生于西南山区，栽培的梅树在黄河以南地区可露地安全过冬，华北以北则只见盆栽。日本、朝鲜亦有栽植，欧美则栽植较少。

（一）形态特征

梅花是落叶小乔木，树冠呈不正圆头形。干褐紫色，多纵皱纹，小枝是绿色或以绿为底色。叶广卵形至卵形,先端长渐尖或尾尖,边缘具细锐锯齿,托叶脱落性。花多每节1～2朵,多无梗或具短梗,淡粉红或白色,有芳香,多在早春先叶而开,花瓣5枚,常近圆形,萼片5枚,多呈绿紫色。核果近球形,径2～3 cm,黄色或绿黄色,密被短柔毛,味酸。核面有小四点,与果肉黏着,6月果熟。

中国梅花现有300多个品种,陈俊愉教授按进化与关键性状将其分为3系、5类、18型。

(1)直脚梅类(*var. mume*):枝条直立或斜展,按花形和花色分为江梅型、宫粉型、大红型、朱砂型、玉碟型、绿萼型、洒金型七种类型。

(2)垂枝梅类(*var.pendula* Sieb.):别名照水梅,此类梅花枝条下垂,洒脱飘逸,最宜种植在水边,临水照花,花柔水娇,可分为单粉照水型、双粉照水型、骨红照水型、残雪照水型、白碧照水型、五宝照水型等六种类型。

(3)龙游梅类(*var. tortuosa* T. Y. Chen et H. H. Lu):枝条自然扭曲如游龙;花碟形,半重瓣,白色,如龙游梅。此类梅花古朴奇特,颇为珍贵。

(4)杏梅类(*var. bungo Makino*):枝和叶似山杏;花半重瓣,粉红色,枝、叶、花都似杏。花托肿大,花常无香味或略有微香。

(5)樱李梅类(*Blireana Group*):是紫叶李与重瓣宫粉梅花品种杂交后选育而成,是梅花中唯一花叶同放的红叶品种,还是梅花中开花最晚的品种,华中地区花期2～3月。仅美人梅1型,如'俏美人梅'、'小美人梅'等。

(二)生态习性

喜阳光,性喜温暖而略潮湿的气候,有一定耐寒力,多种置于背风向阳的小气候环境,对土壤要求不严格,较耐瘠薄土壤,亦能在轻碱性土中正常生长。根据江南经验,栽植在砾质黏土及砾质壤土等下层土质紧密的土壤上,枝条充实,开花结实繁盛。梅树最怕积水之地,要求排水良好,因其最易烂根致死,又忌在风口处栽植。

(三)栽植技术

1.园林栽培

露地定植梅花,要选择适合当地气候条件的品种,选背风、向阳、排水良好之地。定植时间,黄河以南大部地区、淮河以南可于冬季以前栽植,有利于梅花提前扎根生长。北方干旱地区,可于春季栽植。提前购进的苗木先假植,待土壤解冻后方可栽植。栽植前要挖好树穴,混施积肥,若土壤过于黏重,须在树穴内加细沙石、碎秸秆或煤灰等,以利于排水。栽植前须将过长的根系修剪一下,可将根系蘸泥浆后栽植,泥浆内可加入生根粉、多菌灵等。栽植深度以与原苗木地平处相同。栽后浇透水,小苗留50～70 cm剪截。在北方栽植的大树,枝条应尽量多剪去一些,以减少水分蒸发,提高成活率。为防止大风吹摇,可用三角架固定。北方寒冷地区头两年上冻前要适当培土保护,驯化几年后便可解除防冻措施。

2.切花栽培

切花生产圃也要选土壤肥沃、通风向阳、排水好的地块。深耕,施足积肥。栽植以行距3 m、株距1.5～2.0 m为宜。栽植时最好按品种分行分区,便于日常管理和方便分品种剪切花枝。栽植时期依据各地气候条件于秋冬及早春栽植。我国北方地区为提早及延长剪切花时间,也可用大棚设施栽培。

3.盆景栽培

盆栽时，宜在9~10月进行，此时花芽已经分化，花苞初步形成，上盆植株还能经过较长时间的生长，但若是翻盆换土，则应在花期后的3月为宜。梅花根系发达，再生能力强，要求年年换盆。换盆时要剪除腐根，填腐熟底肥。换培养土，以保证年年开花。同时，在营养生长期最好用普通瓦盆栽培，置于室外或埋于地下，绽花期再掘起，装套盆置于室内。年年翻盆换土，对培养古老梅桩特别有利，每次换盆都可以适当提高植株的位置，使基部曲根一次一次露出土面，使之达到悬根露爪或盘根错节的目的，不但能提高造型技艺，而且能增添梅桩的风姿和美态。

（四）植后养护管理

1.水肥管理

一般露地栽培的梅花除长期干旱需浇水外，一般不需要单独浇水；但盆栽梅花由于盆土有限，必须注意浇水。天旱时每天下午浇水1次，若盆土过干，上午也要浇水，一定要保持盆土湿润，原则是"盆土不干不浇，见干就浇"。如青叶萎蔫则是盆土过干，叶片发黄脱落则是盆土过湿。营养生长季节，若叶片过早脱落，会影响花芽分化；秋季以后，花芽逐渐形成，这时老叶脱落对开花有利。

露地栽培的梅花，在春、夏季营养生长期间，可以采用环状开沟的方法，施人粪尿1次，适当增施豆饼、油渣肥等肥料。盆栽梅花可以结合浇水，每10天左右施腐熟的油渣或豆饼水1次。秋季花芽分化时，应停止施用氮肥，增施少量磷肥，以保证花芽正常分化所需要的养分；10月上旬，不论地栽还是盆栽，可施液肥1次，以促使早春开花鲜艳和延长开花期。

2.整形修剪

修剪方式主要有短截和疏剪，其他还有折枝、开甲等。春季花后修剪步骤：由远及近观察树的生长、枝条分布情况，对病虫枝、内膛枝、枯死枝等，一律从基部剪去；对发枝力强、枝多且细的，如玉蝶类等，枝多影响树冠的通风透光，且养分分散，修剪时应短截大部分当年生枝条，疏剪部分枝条，以增强树势，多形成花芽；对发枝力弱、枝少且粗，如朱砂类等，应轻剪长留，少疏剪；对壮年树，发枝力较强，不宜重剪，尤其在冬季；对老龄树，若开花，生长状态不错，则花后轻剪即可。若需更新复壮，恢复树势，剪去枝条1/3~1/2。对发育枝则重短截。从树冠内选择合适新枝代替主枝和花枝。当然，还要配合施肥、松土等措施。

3.病虫害防治

梅树与桃、李树的病虫害大部分是兼害的。主要病害有穿孔病、炭疽病、白粉病、枯枝流胶病、干腐流胶病等，虫害有桃蚌螟、红颈天牛。但不可使用乐果杀虫，其会对梅花产生药害而导致落叶。

三十五、樱花

樱花（*Cerasus serrulata*）别名含桃、朱樱、表桃、梅桃等，为蔷薇科樱属落叶乔木。分布于北半球温和地带，在我国北京、西安、青岛、南京、南昌等城市常于庭园栽培。

（一）形态特征

落叶乔木或灌木，高4~16 m，树皮灰色；叶片椭圆卵形或倒卵形，先端渐尖或骤尾尖，基部圆形,稀楔形,边有尖锐重锯齿。花常数朵着生在伞形、伞房状或短总状花序上,有花3~4朵,先叶开放;花瓣白色或粉红色,先端圆钝、微缺或深裂;樱花可分单瓣和复瓣两类。单瓣类能开花结果,复瓣类多半不结果。核果成熟时肉质多汁,不开裂。花期4月,果熟期5月。

(二)生态习性

樱花性喜阳光和温暖湿润的气候条件,有一定抗寒能力。对土壤的要求不严,宜在疏松肥沃、排水良好的沙质壤土上生长,但不耐盐碱土。根系较浅,忌积水低洼地。有一定的耐寒和耐旱力,但对烟及风抗力弱,因此不宜种植在常刮台风的沿海地带。

(三)栽植技术

1.苗木选择

选择根系完整发达、无病虫危害、树冠丰满匀称、生长健壮的樱花苗木。提倡栽植大苗或成树,特别是2年生大苗或3~6年成树,成活率高。

2.栽植时间

樱桃树栽植时间不宜过早、过晚。秋季和春季栽植均可。秋季移栽在落叶后至土壤封冻前进行;春季移栽一般于3月上中旬土壤解冻后立即移栽,此时气温较低,苗子地上部还未发芽生长,但地温回升较快有利于根系的恢复和生长,故成活率较高。

3.栽植前准备

除极端低温及寒冷之地外,一般区域均可进行栽植。适宜在避风向阳、通风透光、疏松肥沃、排水良好之处栽植。注意,尽量不要在以前栽植过樱花或桃、梅、李等蔷薇科树木的地方栽植樱花。在栽植地易积水或地下水位较高的地方采用高栽法,北方碱性土,需要施硫黄粉或硫酸亚铁等调节pH至6左右。

对裸根苗修剪,树冠采取重剪,一般以短截为主,疏枝与短截相结合,要剪到原有树冠枝条的1/3以上;带土球苗木修剪时以疏为主,剪除内膛枝、重叠枝,保留骨架枝,疏除过密枝条,过长枝条留2/3~3/4截头,剪掉原树冠枝条的1/4,剪口要封涂,并把留在枝上的花蕾疏掉1/3~2/3,以减少对水分和养分的消耗,促使樱花在栽植后尽快得到恢复。起苗时土球外过长的根系也应修剪整齐。

4.起苗与运输

樱花移栽容易成活,近距离移栽可裸根起苗,远距离移栽大苗按高度进行截干,树根要挖大,多带侧根,蘸泥浆运输,应带球,土球直径一般按苗地径的8倍确定,厚度35~50 cm。用草绳将土球捆紧扎牢,避免松散。大规格苗木,应用草绳将树冠部分收紧,及时运输,及时栽植。

采用苗木装车后整体包装,将苗木分株从车体前部至后部装车,要求苗木在车体内根系朝下、树冠朝上竖立放置,分株间主侧枝适当交叉,以增加全车株数,同时又可减轻行车中的撞击摩擦,降低枝皮损伤。卸车时要轻起轻放,单株取下,防止主侧枝受伤。

5.定植

栽植前仔细整地。栽植穴的大小可根据树木根系的大小而定,一般深60~80 cm,直径为80~100 cm。若栽植地土质较差,可挖大栽植穴,换土改良。先在穴内填约一半深的改良土壤,放入樱花苗木,裸根栽植时应使根系舒展,带土球栽植的应剪断草绳。填土在断根的伤口涂抹杀菌剂。填土时应一边填土一边用脚踏实或用栽打锤打实,使根与土壤密接。栽苗深度要使最上层的苗根距地面5 cm。栽好后浇足定根水,水渗后在树干基部培一个小土堆。最后用竹片等支撑,以防刮风吹倒。

(四)植后养护管理

1.水肥管理

定植后苗木易受旱害,除定植时充分灌水外,以后8~10天灌水一次,保持土壤潮湿但无积水。灌后及时松土,最好用草将地表薄薄覆盖,减少水分蒸发。在定植后2~3年内,为防止树干干燥,可用稻草包裹。但2~3年后,树苗长出新根,对环境的适应性逐渐增强,则不必再包草。

樱花每年施肥2次,以酸性肥料为好。一次是冬肥,在冬季或早春施用饼肥、鸡粪和腐熟肥料等有机肥;另一次在落花后,施用硫酸铵、硫酸亚铁、过磷酸钙等速效肥料。

2.整形修剪

幼树整形,使主干上的3~5个主枝成自然开心形。树冠形成后,冬季短剪主枝延长枝,刺激其中下部萌发中长枝,每年在主枝的中、下部各选定1~2个侧枝,其他中长枝可疏密留稀,以增加开花数量;侧枝长大、花枝增多时,主枝上的辅养枝即可剪去。

每年冬季短剪主枝上选留的中长枝,其余的枝条则缓放不剪,使先端萌生长枝,中下部产生短枝开花。过几年后再回缩短剪,更新老枝,其粗度应在3 cm以内,以免剪口难以愈合。

3.病虫害防治

易感染流胶病、根瘤病、枯梢及烟煤病,常见虫害有蚜虫、红蜘蛛、介壳虫等,加强水肥管理,以及时预防为主。

三十六、梨

梨树(*Pyrus sorotina*)为蔷薇科梨属落叶乔木,分布全国各省份。河北、山东、辽宁三省是中国梨的集中产区,栽培面积占一半左右,产量占60%。

(一)形态特征

主干在幼树期树皮光滑,树龄增大后树皮变粗,纵裂或剥落;嫩枝无毛或具有茸毛,后脱落;2年生以上枝灰黄色乃至紫褐色。冬芽具有覆瓦状鳞片,一般为11~18个,花芽较肥圆,呈棕红色或红褐色,稍有亮光,一般为混合芽;叶芽小而尖,褐色。单叶,互生,叶缘有锯齿,托叶早落,嫩叶绿色或红色,展叶后转为绿色;叶形多数为卵圆形或长卵圆形,叶柄长短不一;花为伞房花序,两性花,花瓣近圆形或宽椭圆形;果实有圆、扁圆、椭圆、瓢形等;果皮分黄色或褐色两大类,果肉中有石细胞,内果皮为软骨状;种子黑褐色或近黑色。

(二)生态习性

梨树喜温、喜光。对土壤的适应性强,以土层深厚、土质疏松、透水和保水性能好、地下水位低的沙质壤土最为适宜。对土壤酸碱适应性较广,耐盐碱性也较强。梨寿命长,可达100年以上。其根系发达,水平根分布较广。梨干性强,层性较明显。结果早,结果期长。

(三)栽植技术

1.苗木选择

根据苗木生长情况和苗木标准进行分级，把一级苗和二级苗检出备用栽植，把有病虫害和机械损伤的苗剔除。

2.栽植时间

从秋季落叶后到春季树液流动前这段时间内进行栽植，以早春 2 月中旬根系刚开始活动时移栽成活率最高。夏季移栽应避开高温天气，做好喷水灌水的工作。冬季较温暖的地区可进行冬季栽植，要避开冻害天气时段。

3.栽植前准备

秋季起苗、春季栽植的苗木，必须对苗木进行越冬假植。在土壤结冻前，选择排水良好、背风的地方挖东西向沟，将单株苗木顺风方向摆放，与沟壁倾斜成 45°，使苗根舒展开，用湿土将苗根和苗茎下半部盖严、踏实。沟内土壤干燥时，假植后可适当浇水，但切忌过湿，以免苗根腐烂。若发现苗根腐烂，必须及时倒沟。

起苗时，如圃地干旱，应预先适当灌水，使土壤湿润、疏松。成龄梨树栽植前要实施重修剪，每株树留 3~4 个主枝进行重剪截。树体高度留 1.4~1.5 m 即可，其他大小枝一律疏除。大剪锯口封蜡或用薄膜保护。将根系浸泡在 APT-3 号生根粉 100 mg/L 浓度溶液中 30~60 秒。

4.起苗与运输

起树时，在距主干 1 m 处挖土，根土轻轻分开，尽量少伤根，保留多的须根，以利于成活。对大根进行适当的修剪，伤口要修剪平，以利于伤口的愈合。切忌在挖掘时用力推拉树干，防止伤根过多，影响成活率。第一天起好的树，当天或第二天运回并且及时定植。随起随栽的苗木，如不能立即栽完，应进行临时假植。苗木包装时，如短途运输，可用车辆散装运输，底部垫些保湿材料，苗木摆放应做到苗根相对，并用湿物隔开；如长途运输，宜用植物蒸腾抑制剂喷洒植株，以减小叶片气孔开张度，降低蒸腾强度，保持苗木体内的水分。

5.定植

根据移栽树冠大小，挖穴径 100~150 cm、深 80~100 cm 的坑，挖时将表土与底土分开放置。穴挖好后，要适当施入有机肥并混合表土填入穴底。将梨树放入坑中，一人扶直苗木，另一人填土。按每坑使用 15.0~20.0 kg 煤渣或木炭的标准，与表土掺匀后放入坑底，后填心土。在定植埋土时，埋至 1/3 时，将梨树轻轻向上提一下，让根系充分舒展，然后填入底土。埋土至原根茎处即可，踏实，浇足水，待水完全渗透后，再覆土踏实即可。栽植后及时覆膜，以减少水分蒸发，提高地温，促发新根，提高成活率。

(四)植后养护管理

1.水肥管理

秋冬栽植的，栽后至芽发前灌水 4~5 次；春季栽植的，栽时灌足水，发芽后每 15~20 天灌 1 次，共 3~5 次。

移栽成活后，生长季节遵照薄肥勤施的原则，每月追施 1 次肥，以氮肥为主，配合磷、钾肥；秋冬季节重施、深施有机肥。在梨树生长期，要及时追肥，以速效肥为主，可随浇随施，也可采用叶面喷施。花芽分化期，在叶面以喷洒磷、钾肥为主。秋季果实采收后开沟施肥。

2.整形修剪

春季抹除主干上多余的萌蘖,并及时疏花疏果,移栽当年一般不留根,长势较好的植株,可每株留 10~14 个果。苗木成活后、芽萌动前,进行定干。密植的梨树,干高以 60 cm 为宜,随着栽植密度的增加,干高可提高到 80 cm。定干时剪口下要有 4~6 个饱满芽。剪口芽的位置,尽量留在同一方向,以便使树形整齐一致。

苗木定植后,经过近 1 年的生长,根系已经恢复,新梢生长逐渐旺盛。此期是幼树整形的关键时期,修剪技术正确与否,对树形及结果的早晚非常重要。此时修剪的任务主要是调整枝条势力,促使发生分枝,为培养健壮、均匀的长放枝组创造条件。

3.病虫害防治

梨树的主要病害有黑斑病、褐斑病、黑星病、锈病、轮纹病等,主要虫害有梨木虱、梨二叉蚜、梨茎蜂、梨小食心虫、吸果夜蛾等。

三十七、苹果

苹果(*Malus pumila*)为蔷薇科苹果属落叶乔木。苹果原产于欧洲、中亚、西亚和土耳其一带,于 19 世纪传入中国。中国是世界最大的苹果生产国,在东北、华北、华东、西北和四川、云南等地均有栽培。

(一)形态特征

乔木,高达 15 m,树干灰褐色,小枝幼时密生茸毛,后变光滑,紫褐色。叶序为单叶互生,椭圆形到卵形,先端尖,缘有圆钝锯齿,幼时两面有毛,后表面光滑,暗绿色。伞房花序,花白色带红晕,径 3~5 cm,花梗与花萼均具有灰白色茸毛,萼叶长尖;果为略扁的球形,径 5 cm 以上,两端均凹陷,端部常有棱脊。花期 4~6 月,果熟期 7~11 月。

(二)生态习性

通常生长旺盛,树冠高大,喜光,喜微酸性到中性土壤。与土壤接触面大,根系入土深而广,可适应沙质土、壤质土、黏质土。最适于土层深厚、富含有机质、心土为通气排水良好的沙质土壤。

(三)栽植技术

1.苗木选择

本着"适地适栽"的原则选择品种,提倡采用优质壮苗,杜绝栽植"三当苗"。应选择树皮新鲜、失水少、无皱皮、无机械损伤、无病虫害、枝条表皮光滑、成熟度好的苗木。

2.栽植时间

大树移栽以早春最好,栽植后树木活动力逐渐转强,有利于根系恢复长势,也易成活。我国北方秋季降雨较多,土壤墒情较好,此时栽植果树也有利于提高成活率,秋季栽植从落叶开始至土壤封冻前均可进行,只要土壤不结冰,方便作业便可。

3.栽植前准备

土壤对苹果的生长、产量、质量的好坏影响很大。主要因素是土层、土壤通气、土质。总之,苹果需要土层深厚、排水良好、含丰富有机质、微酸性到微碱性的土壤。

栽植穴 1.5 m 见方,挖出的生土和熟土分开放,然后将熟土与不少于 50 kg 的优质土粪混合均匀后回填到树穴距地面 20 cm 处，灌水待栽。

移栽前 1 年秋天，在树干周围 70～80 cm 处挖深 50～70 cm 的环状沟，切断侧根，然后填入拌有肥料的熟土，促进伤口愈合，萌发新根。做到少伤根，大根截留要长，须根要多。

对苗木损伤的根系适当修剪，以利于促发新根；对远距离运输和假植等原因造成苗木失水的，栽前一定要浸泡够 12 小时，充分补足苗木的水分；剪掉伤根、烂根，将主根剪成 45°斜茬；然后用 3% Be 石硫合剂浸根 10～20 分钟，再用清水冲 1 次；最后用 1∶1∶100 波尔多液等杀菌剂浸根 10～20 分钟进行根系消毒，预防根系的病虫害；栽时在地头蘸泥浆，泥浆掺磷肥液，用磷肥液浸根 30 分钟。

4.起苗与运输

移栽前如园土干燥，可于上冻前每株浇水 50～100 kg。起苗前 8 小时往树体上均匀喷 1 次苗木休眠剂 200 倍液，使树木进入休眠状态，减少树木水分蒸发，再喷 1 次杀菌杀虫药，将树干包扎好，以免损伤树皮。为了减轻运输重量，土球愈向深处愈小，使之成圆锥体。断根时最好用锯锯断，以免伤根。在锯口处喷 APT-6 号生根粉 50 mg/L 浓度溶液，可促进新根生长。挖出后，要用湿草帘和草绳把土球包好捆实，草绳要捆至树干 1.5～2 m 高处。将捆紧的草绳淋湿，既防止土壤松散，又利于保护树干，还可避免阳光直射，保温保湿。运输途中要进行保水处理和防止风吹。树木装进汽车时，要使树冠向着汽车尾部。树干包上柔软材料放在木架上，用软绳扎紧，树冠也要用软绳适当缠拢。无论是装、运、卸，都要保证不损伤树干、树冠以及根部土块。

5.定植

可在栽植穴内每穴填入充分腐熟的土粪 10～15 kg，将肥料与熟土混匀，进行填穴。大面积栽植时，肥料没有保障，栽植时应重点以换土为主，优化根际土壤，可用行间熟土填穴。栽树时要扶正，按原方向栽植。一般 60 cm 深的穴在填土一半左右时，将苗放入。然后再填土，埋住根系后，稍提树苗，以舒展根系，最后将穴埋平，踏实坑内土壤，将坑整修成内低外高的盘状，浇足定根水，以利根土密接。水渗后用干土覆平坑，及时在树下覆地膜，以提温保墒，提高成活率。

苹果为异花授粉树种，自花结实率较低，在今后的生产中，对授粉树的搭配应高度重视。授粉品种在园内最好插花栽植，以提高授粉效果。应选花期基本一致、花粉量大、亲和力强、商品价值高的品种做授粉树，授粉树数量应是主栽品种株数的 20%左右。

（四）植后养护管理

1.水肥管理

一般为了便于埋土，秋栽苗多不定干，在春季出土后进行定干，以防风吹树冠歪斜，同时固定根系。大树一般采用三柱支架固定法，上支撑点应在树高的 2/3 处，并加保护层，以防擦伤树皮。将树牢固支撑，确保大树稳固。一般 1 年后大树根系恢复好方可撤除。

生长季结合浇水施入速效肥。移栽后第一年以叶面肥为主。以后坚持早施基肥、巧追肥、及时喷叶面肥。基肥在早秋施入，追肥在萌芽前后、花后及秋季施入。

2.整形修剪

剪锯口周围的萌蘖可利用的要注意保护，没用的要及时抹除。当年冬剪时要多截、少疏，短截的对象为枝组和发育枝，多截新梢，剪口留饱满芽。避免在骨干枝上疏枝，花芽应全部剪掉,以后按改良纺锤形的标准修剪。若据树形要求对树冠进行重修剪,一般剪掉全部枝叶的1/4~1/3;树冠越大,伤根越多,越应加重修剪,尽量减少树冠的蒸腾面积。修剪后枝、干伤口及时涂抹花木愈伤剂——愈伤膏,以减少水分蒸发、抵御病菌侵入。

3.病虫害防治

苹果主要病害有苹果斑点落叶病、白粉病、腐烂病、炭疽病,主要虫害有红蜘蛛、食心虫类、苹果黄蚜、介壳虫类、苹果绵蚜。应注意及时防治。

三十八、西府海棠

西府海棠(*Malus pectabilis*)别名小果海棠等,为蔷薇科苹果属小乔木,原产我国,现陕西、辽宁、河北、河南、山东、江苏、云南、四川等地均有分布。

(一)形态特征

高达5 m。树冠紧抱,枝直立性强;小枝紫红色或暗紫色,幼时被短柔毛,后脱落。叶椭圆形至长椭圆形,长5~10 cm,锯齿尖锐。花序有花4~7朵,集生于小枝顶端;花淡红色,初开时色浓如胭脂;萼筒外面和萼片内均有白色茸毛,萼片与萼筒等长或稍长。果近球形,径1.5~2 cm,红色,基部及先端均凹陷;萼片宿存或脱落。花期4~5月,果熟期9~10月。

垂丝海棠(*M. alliana* Koehne):落叶小乔木,高达5 m,树冠开展;叶卵形至长卵形,伞房花序,具花4~6朵,花梗细弱下垂,有稀疏柔毛,紫色;萼筒外面无毛;萼片三角卵形,花瓣倒卵形,基部有短爪,粉红色,常在5数以上;果实梨形或倒卵形,略带紫色,成熟很迟,萼片脱落。花期3~4月,果熟期9~10月。

(二)生态习性

西府海棠喜光,耐寒,忌水涝,忌空气过湿,较耐干旱,对土质和水分要求不高,最适生于肥沃、疏松又排水良好的沙质壤土上。

(三)栽植技术

1.苗木选择

要求品种准确,选择分枝均衡、枝叶繁茂、树形较好、生长正常、无病虫害和机械损伤的树木。

2.栽植时间

栽植在秋季落叶后至春季芽萌动前进行,冬季较温暖的地区,以秋季栽植为好,翌年萌芽早、生长快,但必须采取防寒措施。在夏季,雨季栽植也可。在冬季土壤不冻结的地区也可冬栽,但要做好苗木栽植后的防寒工作。

3.栽植前准备

起苗前10天要对苗木浇一次透水,要灌足灌透,以防挖掘后土壤过干使土球松散,也使根系能充分吸水,利于成活。

移栽前应该对植株进行修剪,对于已成形的大规格海棠,应以中短截和疏枝为主,对主枝进行中短截,只保留原有枝条长度的1/2,对侧枝进行疏除,保留一些辅养枝即可,大的主枝短截后要及时进行涂漆处理。

4.起苗与运输

苗木起挖时,小苗带宿土或蘸泥浆,大苗要尽量保留大土球,土球的规格一般为地径的6~8倍。树干直径小于10 cm的海棠树,若是带土球正常季节移栽,可不必进行断根处理。土球要挖成倒圆锥形,初步成形后进行削圆处理,使其表面尽量光滑一些,以利包扎。起挖时要尽量少伤根,对于一些大根,应用手锯锯断,使锯口平滑。不可用铁锹铲断或用刀砍断,伤口处应用硫黄粉涂抹进行消毒,以利伤口愈合。

挖好土球后,用湿草绳包扎缠绕,使草绳略嵌入土球表面,并尽量减少接头,最后将绳头紧绑在树的根部,并包裹树干和比较粗壮的分枝,也可用塑料薄膜包裹树干。运输前要捆扎树冠,以缩小树冠体积,便于运输。要将树体固定牢固,防止运输途中擦伤树皮;要保护好土球,不使其破碎;根部和树冠用帆布覆盖,以防失水。

5.定植

挖定植穴应早于起苗15天左右,长、宽应各大于土球直径的20 cm左右,深度应大于土球高度30~40 cm,树球的大小上下应该一致,或者"上大下小"。挖定植穴时一定要挖到老土,清除干净土中的杂质,如土壤成分复杂,则应进行换土。表土、底土分开,并摊开进行晾晒。定植穴底部铺20 cm厚经腐熟发酵的腐叶肥做底肥,并拌入20 g呋喃丹防止害虫伤根,底肥上铺15 cm厚的表土,土铺上后要用脚踩实。

种植时,将大树轻轻斜吊于定植穴内,撤除缠扎树冠的绳子,剪除多余的壮枝,保留部分弱枝。苗木要放到种植穴正中央,然后填土,填土时要注意先填表土,后填底土。确定合适的定植深度,以根颈部位略高于地面为准,将苗根均匀舒展,做好拦水树盘,同时将树冠立起扶正,使细土进入根隙,填土压实,使土壤与根系紧密接触。定植完毕后,要及时设立三角形支柱支撑树体,以防地面土层湿软遇大风时发生歪斜或倾倒。

(四)植后养护管理

海棠大树移栽后,经1年的精心养护,即使生长良好,但成活与否仍难确定,需经2~3年的逐步适应才能完全成活,因此还必须加强定植后第2~3年的管护。

1.水肥管理

新栽植大树,根系吸水能力弱,种植完后要马上浇透水,浇水时要掌握"不干不浇,浇则浇透"。5天后浇二水,及时封堵坑洞,防止根系外露。浇二水待表土干后要及时培土封堰,培土厚为30~40 cm,所培土堆要踩实。翌年早春应及时将土堆拔开,并浇好返青水,宜早不宜晚,3月下旬或4月初应再浇一次透水,以后每月也要浇一次水;雨季在树盘两边挖排水沟,及时排水,防止水大烂根;12月初浇一次封冻水。定植初期若遇晴天,树体地上部分蒸腾失水会影响生长,还可通过树冠喷水或喷抑制剂两种方法保持树体水分平衡。每次浇水后都应该及时进行中耕松土保墒。每年秋季落叶后在其根际挖沟施入腐熟有机肥,覆土后浇透水。

海棠喜肥,施肥原则为弱树多施、壮树少施。一般一年可施三次肥,一是春季的花后肥,以氮肥为主;二是在7月、8月其花芽分化期间,施用一些磷、钾复合肥,可以促进花芽分化,增加着花数量;三是在入冬前结合浇冬水施用一次肥,以经腐熟发酵的牛马粪或鸡粪最好,不仅利于植株安全越冬,还可使其来年花大色艳。对于生长特别弱的树,还可采用树体输液的方法恢复树势。

2.整形修剪

3月下旬以后萌芽抽梢,不定芽也会萌生新梢。如果萌发新梢数量太多,应及时抹除,去密留疏,去弱留强,去基部、留中部和顶部梢。每株保留3~5个粗壮主枝,每个主枝上保留3~5个二次枝,以便形成丰满的树冠,达到理想的景观效果。海棠的修剪原则为内高外低、内疏外密,要注意在修剪时将过密枝、病虫枝、交叉枝疏除掉,以保持树体疏散、通风透光、树冠圆整。为促进植株开花旺盛,须将徒长枝进行短截,以减少发芽的养分消耗。结果枝则不必修剪。避免重短截,因为重短截会出现许多徒长枝。

3.病虫害防治

要注意防治金龟子、卷叶虫、蚜虫、袋蛾和红蜘蛛等害虫,以及腐烂病、赤星病等。

三十九、山楂

山楂(*Crataegus pinnatifida*)别名红果、棠棣、绿梨等,为蔷薇科山楂属落叶乔木。山楂主产山东、河南、山西、河北、辽宁。

(一)形态特征

落叶小乔木。枝密生,有细刺,幼枝有柔毛。小枝紫褐色,老枝灰褐色。叶片三角状卵形至棱状卵形,长2~6 cm,宽0.8~2.5 cm,基部截形或宽楔形,两侧各有3~5羽状深裂片,基部1对裂片分裂较深,边缘有不规则锐锯齿。复伞房花序,花序梗、花柄都有长柔毛;花白色,有独特气味。直径约1.5 cm;萼筒外有长柔毛,萼片内外两面无毛或内面顶端有毛。山楂果深红色,近球形。花期5~6月,果熟期9~10月。

(二)生态习性

山楂对环境要求不严,山坡、岗地都可栽种。抗寒、抗风能力强,一般无冻害问题。为浅根性树种,主根不发达,但生长能力强,在瘠薄山地也能生长。其顶端优势强,顶芽肥大、饱满,延伸能力强。

(三)栽植技术

1.苗木选择

选择品质好、根部粗壮的苗。一般苗的地径为1.2~1.5 cm,且根系部分必须格外发达。侧根的数量可以控制为5~6条,且不允许有病虫害出现。

2.栽植时间

定植的最佳时间为每年的10月中旬至11月中旬,这一阶段对植株进行定植可以使幼株的伤口愈合速度加快,进而不影响第2年的发芽与生长。

3.栽植前准备

选土层深厚肥沃的平地、丘陵和山地缓坡地段,以东南坡向最宜,次为北坡、东北坡。整地时间,应以前一年的雨季为好,最晚不要迟于前一年的秋季,这样就可以起到蓄水保墒的作用。

4.起苗与运输

可采用带土球包装的方式挖掘大树,所掘根系直径一般是胸径的8~10倍,且在主干一定高度截干,选留几个主枝缩剪外,其余部分全部剪除。树木挖掘时,粗根必须用锋利的手锯或枝剪切断,然后用利刀削平切口。主根和全部侧根切断后,将操作沟的一侧挖深,轻轻推倒树干,拍落根部泥土,尽量不伤须根,并保护好树皮和细根,在裸露的根系空隙填入湿苔藓,再用湿草袋、草绳等软质材料将根部包缚,随挖随栽。装车时根系向前、树梢向后,根部应用苫布包严,并用绳捆好。苗木运回后,要及时假植,以防风吹日晒,以免苗木损失水分。

5.定植

在已整好的地上,采取行距大于株距的长方形和三角形栽植,南北行向,通风透光好;肥沃的土地上株行距 4 m × 5 m;为了提高产量,也可采取变化性密植,株行距 2 m ×(1.5~3)m,一般 5 年后酌情进行一次或数次间伐,达到永久性密度。栽植时宜 2~3 个品种分行混栽,以提高着果率。

栽植时先将栽植坑内挖出的部分表土与肥料拌匀,将另一部分表土填入坑内,边填边踩实。填至近一半时,再把拌有肥料的表土填入。然后,将山楂苗放在中央,使其根系舒展,继续填入残留的表土,同时将苗木轻轻上提,使根系与土壤密切接触并踩实。表土用尽后再填生土。苗木栽植深度以根颈部分比地面稍高为度。避免栽后灌水,苗木下沉造成栽植过深现象。栽好后,在苗木周围培土埂,浇水,水渗后封土保墒。在春季多风地区,可在根颈部培土 30 cm 高,以免苗木被风吹摇晃使根系透风。

(四)植后养护管理

1.水肥管理

山楂大树栽植后,由于根系的损伤和环境的变化,对水分的多少十分敏感。一般情况下,移栽后第一年应灌水 5~6 次,特别是干旱高温时更需注意抗旱,最好保证土壤含水量达到最大持水量的 60%。也可采用喷雾器或喷枪,直接向树冠上喷水。每隔 1~2 小时喷一次,必要时还应架设遮阳网,以防过强日晒。

基肥掌握秋季早施,追肥可在发芽展叶、开花着果及果实膨大等几个时期中,根据具体情况施用。春季花期追肥和叶面喷硼。大年树则应加强后期追肥,促进花芽分化。遇有旱情引起落果时,应进行灌溉或松土覆草,减轻旱情。

2.整形修剪

山楂果树的修剪同一般果树修剪方法。在树木移栽中,强度较大的修剪,可使树干或树枝上萌发出许多萌蘖,消耗营养,扰乱树形。在树木萌芽以后,除选留长势较好、位置合适的嫩芽或幼枝外,其余的应尽早抹除。

3.病虫害防治

为害山楂的病虫害主要有山楂圆斑病、日灼病、桃小食心虫、桃蛀螟、红蜘蛛、果实烟灰病等。

四十、无花果

无花果(*Ficus carica*)别名奶浆果、天生子、蜜果,为桑科榕属落叶灌木或乔木植物。无花果是一种稀有水果,原产于欧洲地中海沿岸和中亚地区,唐代传入我国,以长江流域和华北沿海地带栽植较多,在新疆阿图什地区栽培品质最优。

(一)形态特征

高可达 10 m,有乳汁。树皮灰褐色,皮孔明显。小枝粗壮。叶广卵形或近圆形,长

10~20 cm,常3~5掌状裂,边缘波状或成粗齿,表面粗糙,背面有柔毛。隐花果梨形,长5~8 cm,绿黄色。花果期5~7月。

(二)生态习性

喜温暖湿润的海洋性气候,喜光、喜肥,不耐寒,不抗涝,但较耐干旱。在华北内陆地区如遇-12 ℃低温,新梢即易发生冻害,-20 ℃时地上部分可能死亡,因而冬季防寒极为重要。无花果耐瘠薄,土壤适应性很强,尤其是耐盐性强,但以肥沃的沙质壤土栽培最宜。

(三)栽植技术

1.栽植时间

无花果在华北应在清明前后,东北宜在谷雨前后,南方可在秋季落叶后移栽定植,但应避开开花结果期。

2.栽植前准备

无花果耐寒性、耐涝性较差,建园地应尽量选在背风向阳、土层深厚、易于排灌的地块。栽前应挖除所有老根,然后将定植穴扩大,填入客土,并喷洒50%多菌灵可湿性粉剂和40%辛硫磷乳油等杀菌、杀虫剂,进行土壤消毒。

栽植前为了便于栽植,种苗过长的根也要适当修剪。另外,受伤、腐烂、干枯的不良根也要剪去,以防霉变腐烂。剪修适度,防止过度修剪,损伤的根齐基部剪去,剪口要平滑。修根要在遮阴处进行,以免苗木干枯。修剪根系后用生根粉蘸根。

3.起苗与运输

起苗非常重要,挖掘过程根系应全部切断,切口要保持根系不劈裂,尽量完好。起苗时,要注意保护根系完整,从起苗到栽植的间隔时间要尽量缩短,以随起随栽为最佳。运输过程中应对树干、枝条、根系采取保护措施,避免劈裂。装车时根系向前树梢向后,顺序安放,不要压得大紧,根部应用苫布包严,并用绳捆好。苗木运回后,要及时假植,以防风吹日晒,随栽随取,以免苗木损失水分。

4.定植

除栽植时挖大穴进行土壤改良外,还应每年逐步对土壤进行改良。深翻改土可在夏季结合翻压杂草进行,也可在秋季结合施基肥进行,此时有利于根系伤口愈合,生长出新根。深翻深度一般要达到80~100 cm。早春栽植时,先挖1 m见方的大坑,将表土、心土分开放置,然后在表土中掺入足量腐熟农家肥拌和均匀,防止根部接触肥料,回填到坑底部,用脚把土踏实。先浇水,待水下渗、土壤下沉后,再用心土填平。栽植时,注意根系周围要用表土,以便于根系及时吸收养分。

(四)植后养护管理

1.水肥管理

无花果根系发达,比较抗旱,但其叶片大,春天干旱季节要浇水,夏季水分蒸发多也要及时补水。无花果不耐涝,一般受积水极限2~4天,过长易引起叶片、果实萎蔫脱落,因此每年雨季到来前做好田间清沟,以利排水。落叶后结合施基肥和冬耕进行浇水,还能增强其越冬能力。

幼苗期需肥量大,必须早施追肥。追肥分2~3次施入复合肥,施用时尽量不接触根系以防止烧根,一般对水浇施或结合浇水撒施。对长势旺盛的苗木,应适当控制氮肥,以防氮肥施用过多、过迟降低树苗抗寒力而遭受冻害。

2.整形修剪

无花果喜光，生产中主要应用的树形有自然开心形、自然圆头形、杯状形、水平一字形和水平X形等。因幼树生长很快，隐芽寿命长，潜伏芽很多。冬季修剪一般定干高度为40~60 cm。整形时对各级主枝的延长枝进行短截，以促侧芽萌发而形成健壮的侧枝，促使树冠丰满。春天萌芽前，将冠内杂枝剪除，以保证树枝的生长空间。夏季应对侧枝的延长枝进行摘心，留枝长30~50 cm，发育后的二次枝即夏梢仍可结果。

3.病虫害防治

无花果病虫害较少，主要病虫害有锈病、桑天牛和金龟子。因果实生长期中散发特殊气味易招桑天牛危害，故桑天牛发生危害较多一些。可采用人工捕捉成虫或向虫孔插毒签防治幼虫，也可人工或药物灭卵。

四十一、白蜡

白蜡（*Fraxinus chinensis*）别名中国蜡、虫蜡、川蜡等，为木樨科白蜡树属落叶乔木。北自中国东北中南部，南达广东、广西，东南至福建，西至甘肃均有分布。

（一）形态特征

落叶乔木，树冠卵圆形，树皮黄褐色；小枝光滑无毛。奇数羽状复叶，对生，小叶5~9枚，通常7枚，卵圆形或卵状披针形，长3~10 cm，先端渐尖，基部狭，不对称，缘有齿及波状齿，表面无毛，背面沿脉有短柔毛；圆锥花序侧生或顶生于当年生枝上，大而疏松；椭圆花序顶生及侧生，下垂，夏季开花；花萼钟状，无花瓣；果翅披针形，长3~4 cm；花期3~5月；翅果扁平，果10月成熟。

（二）生态习性

喜光，稍耐阴，喜温暖湿润气候，颇耐寒，喜湿耐涝，也耐干旱。对土壤要求不严，碱性、中性、酸性土壤上均能生长。抗烟尘，对SO_2、Cl_2、HF有较强抗性。萌芽、萌蘖力均强，耐修剪，生长较快，寿命较长。

（三）栽植技术

1.苗木选择

挑选树势强壮、无病虫害的苗木栽植。最好是挑选二次栽植成活后生长1~3年的苗木最合适。

2.栽植时间

栽植白蜡树，春、秋两季均可。白蜡春季也宜晚栽，以4月中旬为宜。夏季栽植，起苗最好选在阴雨天或在早、晚进行，苗木应全部带土球，多保留一些根系，有利缓苗。

3.栽植前准备

移栽前，于大树胸径约5倍以外的四周挖沟，断根时挖宽30~40 cm、深40~50 cm的断根沟，沟内根系用锋利的刀式锯条切断。此项工作在移栽前的休眠期到萌动前进行。

截干时间在移栽头一年6月底前完成。高度为离地4~5 m。截干同时修去主干上的小侧枝。要求上口端面平整，无裂皮、滑皮现象，同时截面用塑料膜包扎，以减少水分散失。

被移栽的大叶白蜡在移栽前应先进行方位标记，然后起树。起树时为保证土球不散，应用草绳进行绑扎，如果土壤过干，可在起树前7天适当浇水，以保持土壤湿润，方便起树。

4.起苗与运输

胸径10 cm以下的可以裸根栽植，大树胸径小于20 cm的，土球直径为80 cm；胸径超过20 cm的，土球直径为100 cm。起苗后立即将破损严重的根系用快剪剪掉，使剪口平滑。同时在土球周围喷施或细管流施提前准备好的生根剂。如果起苗时间与装苗时间相差2小时以上，先期起的苗最好保留2~3个粗根，等后期苗木起完后同时装车时，再对先期苗木做断根处理。土球先用湿草片包好内层，外层加湿草绳打包，要求包装结实、不裂不散并且封好土球底部。

在苗木起好后到装车前这段时间要进行假植，将截干后的苗木集中运送到方便装车的路边处，挖沟培土进行假植，以免苗木根系的水分流失。

5.定植

为了使移栽工作进行顺利，定植穴应于移栽前2天准备好。定植穴深度应以超出移栽树木土球15 cm左右为宜，直径要比移栽树木土球直径大50 cm左右。挖定植穴时最好将表土和心土分开放置，回填时备用。为保证移栽白蜡不受病虫危害，对新的定植穴和挖出的移栽土均要进行多菌灵粉剂和辛硫磷拌土，人工除菌除虫处理。对排水不良的种植穴，可在穴底铺10~15 cm沙砾或铺设渗水管，加设盲沟，以利排水，然后再栽植苗木。

定植时，根据事先标记好的方位，扶正树干，调整深度及方位，使其与原来方位完全一致，去除树干上的包裹物，开始回填土。操作时先下腐熟的基肥，将基肥均匀撒在栽植穴四周，然后往栽植穴中回填土，回填时先填表土，后填心土。为防止栽后下沉，栽时应适当浅栽，即将土球高度的3/4放入穴中，然后回填土，填后踏实，以防日后浇水倒伏。为防止移栽后树干摇动，移栽后根据树木的大小给树加一三角形支架，上支撑点在树干2/3处。

（四）植后养护管理

1.水肥管理

为保证树木根系发育，移栽后应立即浇水。第1水一定要浇透，等水全部渗透后，再一次对栽植穴进行回填土，填平或略高于周围地面。第2水间隔3~5天，第3水间隔10天左右，以后浇水间隔时间逐渐延长。考虑新移栽树根系尚未完全愈合，浇水时应控制水量，保持土壤湿润即可。

栽植当年一般不进行土壤施肥，只进行叶面施肥。施肥采用尿素和磷酸二氢钾，二者交替使用，浓度视嫩枝情况适当配制，一般尿素浓度为0.4%左右，磷酸二氢钾浓度为0.6%左右。栽植后第2年开始土壤施肥，方法是在栽植穴外四周挖一深30 cm的坑，将腐熟的有机肥施入坑中，然后回填土。

2.整形修剪

一般于早春对植株进行截干，根据需要不同，定干高度在1~2 m（丛式树形要从基部截干）。进入生长季节后，植株会从截干处萌生出2~4个主枝，主枝长至10~15 cm以上时，对主枝实施短截，待主枝分生出侧枝后，对侧枝再行短截，这样经过3~4次修剪，植株的树形就接近球形了。秋季落叶后，根据每个树形的具体情况，再进行1~2次的细部修剪，一般即可成形。修剪好的白蜡树枝条茂密、错落有致，犹如一个个刻意雕琢的灯笼。

3.病虫害防治

主要病害有干基腐烂病、枝枯病,虫害有槐坚蚧、柳干木蠹蛾、细翅天社蛾。

四十二、连香树

连香树(*Cercidiphyllum japonicum*)别名山白果、紫荆叶木等,为连香树科连香树属落叶乔木,连香树主要生长在温带,是一种古老稀有的珍贵乔木,被列为国家二级保护树种。

(一)形态特征

落叶大乔木,高10~20 m;树冠幼时塔形,成年后卵形或圆形;树皮灰色,纵裂,呈薄片剥落;小枝无毛,短枝在长枝上对生;芽鳞片褐色;单叶对生,心形,宽5~10 cm,具香味,新叶紫红色;花单性,雌雄异株,雄花杯状,4朵簇生,雌花2~6朵簇生,4月先叶开放;蓇葖果,2~4个簇生,形状似微型香蕉,有香味;种子纸质,有翅,褐色;花期4月,果熟期8月。

(二)生态习性

不耐阴,喜湿,多生于海拔400~2 700 m的向阳山谷、沟旁低湿地或杂木林中。中性、酸性土壤上都能生长。分布区气候冬寒夏凉,多数地区雨水较多,湿度大。年平均温度10~20 ℃,年降水量50~2 000 mm,平均相对湿度80%。

(三)栽植技术

1.苗木选择

定植苗木品种一定要准确、纯度要高,苗干充实健壮、芽多而饱满,根系发达、须根要多。

2.栽植时间

连香树采用植苗造林,其栽植时期宜在春天萌芽时或秋冬季落叶后进行,春栽应适时早栽,秋栽宜土壤封冻前进行,成活率较高。

若选择在夏季栽植,尽量选择下雨天气,或者是下午天气凉爽之时,避免栽植过程中因蒸腾过大而导致失水过多,造成死亡。

3.栽植前准备

大树栽植根部需带土球,土球的大小是按照树干直径与土球直径1∶(8 ~10)的比例断根刨树挖土球。以干基为圆心,在半径60 cm处向外下挖宽50~60 cm、深80~90 cm的沟,将主根在80 cm左右处截断,把树挖出。为了防止树刨出坑后晾根失水,断根后可不把树抬出坑,用土暂时盖住树根,根系处理时才抬树出坑。

为提高大树栽植成活率,最好对侧枝进行适量疏剪,并将1年生的枝条剪掉。大树则要重剪或截干。对大规格树干用草绳将树干包扎到分杈处,主枝以包扎1/3左右为好,对较大的树枝也应该缠上草绳,然后喷洒水以保湿。栽植前1周先把栽植树浇1次透水。浇水可增加树体水分,且起苗时易带土球。

4.起苗与运输

栽植大苗要带好土球,土球呈半球形,土球直径一般为树干近地端直径的6~8倍,高度为土球直径的65%~80%,并将露出土球的过长主、侧根剪断。土球过小则根系损伤严重,造成吸水困难而影响树木成活。土球应挖成陀螺形,而非盘子形和圆锥形,土球应用草绳扎紧,以免运输途中土球松散。

起苗时，用草绳将土球严密包装扎紧，使整个土球呈半球形，随起随运。在装车时，用稻草装入塑料包装袋内放置在车厢后挡板上，以防止树皮被车厢挡板磨损。装车时，苗木要轻装轻放，以免碰损土球而影响苗木成活率并影响其树形。

5.定植

应在造林前几个月整地。将栽植田施足底肥，深耕细耙，按苗圃打畦整平。整地方式有全垦、带垦和鱼鳞坑整地。缓坡荒山用全垦，坡度较大的用带垦，梯度大的可用鱼鳞坑整地，以有利于树木生长和保持水土为原则。采用大穴整地，大穴宽 70 cm、深 30 cm，株行距 2.5 m× 2.5 m。栽时要求穴大、根舒、深栽、实埋。栽后浇透水，以提高造林成活率。

由于新栽苗木根系不发达，固定性差，尤其发叶后遇大风容易倒伏，故需在苗木四周培土的同时，搭支撑架固定以防倒伏。

（四）植后养护管理

1.水肥管理

苗木栽植后，要把水浇足灌透，使苗木土球充分吸水。待水完全渗下后，扶正苗木并在苗木四周培土，确保苗木成活，大约 7 天后，对新栽苗木再浇足水一次。

7 月中下旬进行追肥，每亩开沟施入尿素 20 kg，及时浇水。8 月中下旬，每亩施入磷钾复合肥 10 kg。9 月初停止追肥，去掉遮阳网。

2.整形修剪

一般初栽 3~5 年之内宜密植，并注意及时剪除侧枝和扶直主干，可使树干挺直，提高分枝部位。5~6 年后，树高 3 m 以上，可作绿化树种，栽植宜稀，有利于树形美观。

3.病虫害防治

连香树病虫害以蚜虫、金龟子等为害较多。防治蚜虫喷洒 50%乐果乳油 2 000 倍液，每隔 7 天喷洒 1 次；防治金龟子使用 90%的敌百虫 800~1 000 倍液喷洒。

第三节　常绿灌木的栽植与养护

一、大叶黄杨

大叶黄杨（*Euonymus japonicus*）别名冬青卫矛、正木等，为卫矛科卫矛属常绿灌木或小乔木。大叶黄杨原产日本。我国南北各地均有栽培，尤以长江流域各地为多。

（一）形态特征

高达 8 m，栽培变种一般不超过 1~2 m，小枝绿色，略为四棱形。叶革质而具光泽，椭圆形至倒卵形，长 3~6 cm，缘有钝齿，两面无毛，叶柄长 0.6~1 cm。花绿白色，5~12 朵成聚伞花序，腋生枝条顶部，花各部 4~5 基数，雄蕊着生于花盘边缘。蒴果扁球形，径约 0.8 cm，淡粉红色，熟时 4 瓣裂，假种皮橘红色。花期 5 月，果熟期 10 月。

（二）生态习性

阳性树种。久经栽培，喜温暖湿润的海洋性气候，对土壤要求不严，以中性、肥沃的土壤最为适宜。耐寒性较差，在-17 ℃低温下容易受冻。耐干旱瘠薄，极耐修剪造型。生长缓慢，寿命较长。

(三)栽植技术

1.苗木选择

选择分枝均衡、枝叶繁茂、苗木健壮、根系完整的苗木。

2.栽植时间

栽植3~4月进行，小苗可裸根移栽，大叶黄杨壮龄树的栽植一般在秋季或春季进行，反季栽植选择枝繁叶茂、生长健壮的大叶黄杨，一定要选择三角土球，或者无纺布包土再过水。

3.栽植前准备

按工程设计规格和客户要求选大叶黄杨并做上明显的标记。如果起苗时土壤过于干燥，应在操作前3天浇一次透水，待不沾锹时起挖。剪除病虫枝、枯死枝、内膛过密枝、徒长枝及疏除一定叶量，减少蒸腾作用，提高成活率。用草绳把大叶黄杨球的树冠捆扎起来，防止侧枝受损。

4.起苗与运输

根据树木规格、生长情况确定起树方法。一般情况下，小苗可裸根移栽，大叶黄杨绿篱苗带10 cm左右的三角土球。起苗的时于圆外绕大叶黄杨球起挖，垂直挖至根系密集层以下切断所有侧根。然后于一侧向内掏挖到一定程度后适当摇动大叶黄杨找出粗根的位置，轻轻除掉根际土壤，修剪劈裂或病伤虫根，保湿待运。起挖后最好将幼苗根部蘸上厚泥浆，起苗后必须假植或用保湿材料包扎、覆盖。苗木运到应及时卸下，要求轻拿轻放，不应抽取或整车推下。

5.定植

黄杨喜光、稍耐阴，应选背风向阳，土质疏松、肥沃处栽植，整地时要求地形平整，结合深翻，加施充分腐熟的有机肥，深施在栽植穴内。

做到及时、合理地栽植，提前把地整好，最好是随到随栽。采用深挖浅植法，把握合适的栽植深度，苗木扶正，边填土边踏实，同时要保证根系舒展向下，不发生盘根、翘根现象，使土壤与根系密切接触。要保证根系内根间空间充实，植后浇足定根水，可连续浇2~3次；在工地不能及时移栽的大叶黄杨及时假植好，做好遮阴处理。

(四)植后养护管理

1.水肥管理

大叶黄杨喜湿润环境，三水过后要及时松土保墒，并视天气情况浇水，以保持土壤湿润而不积水为宜。夏天气温高时也应及时浇水，并对其进行叶面喷雾，需要注意的是，夏季浇水只能在早、晚气温较低时进行，中午温度高时则不宜浇水，夏天大雨后，要及时将积水排除，积水时间过长容易导致根系因缺氧而腐烂，从而使植株落叶或死亡。

每年仲春修剪后施用一次氮肥，可使植株枝繁叶茂；在初秋施用一次磷、钾复合肥，可使当年生新枝条加速木质化，利于植株安全越冬。在植株生长不良时，可采取叶面喷施的方法来施肥，常用的有0.5%尿素溶液和0.2%磷酸二氢钾溶液，可使植株加速生长。

2.整形修剪

小苗萌发力强，可根据观赏需求，不同的季节，夏季将大叶黄杨修剪成球形、方形、锥形、蘑菇形，剪去徒长枝、重叠枝及影响树形的多余枝条；立秋以后，秋梢又开始旺盛生长，这时应进行第二次全面修剪，在严冬到来之前完成伤口愈合。栽植后如果苗木生长迅速，可对分枝少于4个的植株进行摘心，以促进侧芽萌发成为长枝。

3.病虫害防治

大叶黄杨虫害有长介壳虫、扁刺蛾及黄杨斑蛾危害叶部，病害有白粉病、煤污病、叶斑病、茎腐病、炭疽病等。用常规的杀虫剂速扑杀等和杀菌剂、多托布津、多菌灵等除治。

二、枸骨

枸骨（*Ilex cornuta*）别名鸟不宿、猫儿刺、枸骨冬青、老虎刺等，为冬青科冬青属常绿灌木或小乔木。产于我国长江流域、秦岭山脉的局部及以南各地，多遍布生于山坡、谷地、溪边杂木林或灌丛中，山东青岛、济南有栽培。

（一）形态特征

枸骨高3~4 m，最高可达10 m以上。树皮灰白色，平滑不裂；枝开展而密生。叶硬革质，矩圆形，长4~8 cm，宽2~4 cm，顶端扩大并有3枚大尖硬刺齿，中央一枚向背面弯，基部两侧各有1~2枚大刺齿，表面深绿而有光泽，背面淡绿色；叶有时全缘，基部圆形，这样的叶往往长在大树的树冠上部。花小，黄绿色，簇生于2年生枝叶腋。核果球形，鲜红色，径8~10 mm，具4核。花期4~5月，果9~10月成熟。

无刺枸骨（*var. fortunei*）：无主干，基部以上开杈分枝。叶硬革质，椭圆形，全缘，叶尖为骤尖，较硬，叶面绿色，有光泽，叶互生。伞形花序，花米色。果球形，成熟后红色，直径约0.7 cm，大小一样。果经冬不调，艳丽可爱。

（二）生态习性

喜光，稍耐阴；喜温暖气候及肥沃、湿润而排水良好的微酸性土壤，耐寒性不强；颇能适应城市环境，对有害气体有较强抗性。生长缓慢，萌蘖力强，耐修剪。

（三）栽植技术

1.栽植时间

枸骨种植季节以10~11月或3~4月为宜，地面冻结的冬天或酷热的夏天不宜移栽。

2.栽植前准备

栽植地应选择在背风向阳、排灌方便的地段，地势平坦、土层深厚肥沃、排水良好、光照充足、微酸的沙壤土或壤土，地下水位1.2 m以下的地方。一般每公顷施腐熟饼肥1 500 kg，或施优质有机肥3 000 kg。

栽前应对植株进行整理修剪，剪去枯枝、弱枝、伤枝，确保日后株形整齐、丰满美观，有利于成活和观赏。栽植前2~3天对枸骨浇1次透水，使苗木吸收充足的水分，利于移栽后成活，同时挖掘时易形成土球。

3.起苗

起苗移栽所带土球大小视苗木大小而定，通常土球是苗木地径的8~10倍。一般情况下无须包装，规格较大的用草绳或稻草包装。如遇高温天气或雨天，应加以遮蔽，以保证成活。枸骨装车可以立装，自后往前逐层密摆，以防摆动。一般30 cm土球可码5~6层，切忌土球上站人或摆放重物，长途运输注意洒水保湿，并用苫布覆盖。防止风吹日晒。

4.定植

枸骨喜阳光充足，也颇耐阴，在华北地区宜种植在背风向阳的位置，特别是围墙或置石的南侧。枸骨直根系多、须根少，栽植时要特别注意勿散土球，尽量少伤根。移栽按株行距 30 cm × 30 cm 打穴，穴径 15 cm，穴深 10~12 cm。

（四）植后养护管理

1.水肥管理

生长旺盛时期需勤浇水，一般需保持土壤湿润、不积水，夏季需常向叶面喷水，以利蒸发降温。一般春季每 2 周施 1 次稀薄的饼肥水，秋季每月追肥 1 次，夏季可不施肥，冬季施 1 次肥。

2.整形修剪

枸骨萌发力很强，很耐修剪，对成景的作品，平时可剪去不必要的徒长枝、萌发枝和多余的芽，以保持一定的树形和冠间空气流通，经过 3~4 次整形修剪，就能培养出优美的冠形。对需加工的树材，可根据需要保留一定的枝条，以利加工造形。

3.病虫害防治

枸骨病虫害很少，有时枝干因生木虱而引起煤污病，可在梅雨季节前 4~5 月，每 10 天喷洒一次波尔多液或石硫合剂。

三、石楠

石楠（*Photinia serrulata*）别称石楠千年红、扇骨木等，为蔷薇科石楠属常绿灌木或小乔木。主产长江流域及秦岭以南地区，华北地区有少量栽培。

（一）形态特征

高 4~6 m，有时可达 12 m。叶片革质，长椭圆形、长倒卵形或倒卵状椭圆形，长 9~22 cm，宽 3~6.5 cm，先端尾尖；基部圆形或宽楔形，边缘有疏生具腺细锯齿，近基部全缘，上面光亮；幼时红色，中脉有茸毛，成熟后两面皆无毛。复伞房花序顶生，花瓣 5，白色。梨果球形，直径 5~6 mm，红色，鲜艳著目，后成褐紫色。花期 4~6 月，果熟期 10 月。

红叶石楠（*photinia × fraseri*）：蔷薇科石楠属杂交种的统称，为常绿小乔木或多枝丛生灌木，单叶轮生，叶披针形至长披针形，新梢及嫩叶鲜红色，老叶革质，叶表深绿具光泽，叶背绿色，光滑无毛。顶生伞房圆锥花序，小花白色，花期 4 月上旬至 5 月上旬；红色梨果，夏末成熟，可持续挂果到翌年春。园林中常用的有红罗宾‘*Red Robin*’和红唇‘*Red Tip*’两个品种，其中，红罗宾的叶色更加持久鲜艳，观赏性更强。

（二）生态习性

喜温暖湿润的气候，尚耐寒，能耐短期-15 ℃低温，久则会落叶、死亡；喜光，稍耐阴；对土壤要求不严，以肥沃湿润的沙质中性土壤最为适宜，也耐干旱贫瘠，萌芽力强，耐修剪，对烟尘和有毒气体有一定的抗性。生长较为缓慢。

（三）栽植技术

1.苗木选择

在苗木选择时应选择容器苗或带土球大苗，并且要求选择的苗木形态符合要求、无偏缺枝、生长势强、无病虫害、土球完整或容器完好。

2.栽植时间

移栽的时间一般在春季和秋季。要结合当地的气候条件来确定，一般选在晴朗的下午进行栽植。

冬季栽植石楠要注意避免冻害，选择晴朗、无风的天气进行栽植。夏季栽植石楠要避开干旱高温期，选择阴天移栽，当然如果雨季移栽，注意防止感染细菌。

3.栽植前准备

较小的石楠苗基本上不用修剪，为了保证移栽的成活率，对于较大的石楠，移栽前需要修剪，需剪去一半以上的叶片。摘叶以每枝组保留3~5片完整的功能叶、每小枝保留2~3片完整的功能叶为宜，完成枝条的整形修剪后，叶片过大时要剪去一半或大半。

对于大型石楠，移栽时要对树干进行包扎，树干包扎主要是防止水分损失和日灼伤害。树干包扎用稻草做成的简易单股粗绳进行，松紧适度，其中主干要全部包扎。

4.起苗与运输

石楠的移栽多为无根小苗或袋苗，起苗时注意防止根系损失即可。大型石楠的移栽需要带土球，这样可以保证根系少受损伤，易于恢复树势。土球大小要适宜，过小则根系损伤严重，不利于移栽后树势的恢复，过大则不利于运输。土球应用草绳扎紧，以免运输途中土球松散。

在运输和存放时要注意遮阴和根部保湿，防止苗木枯萎死亡。高温高湿天气也要注意通风散热，防止真菌感染。

5.定植

虽然石楠的适应性较强，但是为了提高栽植的成活率，促进石楠的生长，最好选择质地疏松、排水良好、微酸性的肥沃土壤。在地理位置的选择上，要注意选择灌溉方便的地块进行。栽植之前，为了提高土壤的肥力、防治病虫害，应该施用腐熟的厩肥、过磷酸钙和杀虫剂。施肥可以结合翻耕进行，土壤翻耕的深度应保持在25 cm以上，翻耕之后将地块耙平，清除石块垃圾，挖排水沟，根据绿化规划目标挖好定植穴或种植槽。小心除去包装物或脱去营养钵，保证根系土球完整，裸苗栽植时要用细土堆于根部，提一提苗使根系舒展，轻轻压实。栽后浇透定根水。

（四）植后养护管理

1.水肥管理

在定植后的缓苗期内，要特别注意水分管理，如遇连续晴天，在移栽后3~4天要浇一次水，以后每隔10天左右浇一次水；如遇连续雨天，要及时排水。

约15天后，种苗度过缓苗期即可施肥。在春季每半个月一次亩施5 kg尿素，夏季和秋季每半个月一次亩施5 kg复合肥，冬季一次亩施腐熟的有机肥1 500 kg，以开沟埋施为好。施肥要以薄肥勤施为原则，不可一次用量过大，以免伤根烧苗，平时要及时除草松土，防土壤板结。栽植发芽后应及时补充肥料，采用根外追肥，施速效肥应采用叶面喷洒，待根系较多时再进行土壤施肥，采用少施多遍，以防烧根。也可用0.1%的磷酸二氢钾或尿素进行叶面追肥。

2.整形修剪

修剪时，对枝条多而细的植株应强剪，疏除部分枝条；对枝少而粗的植株轻剪，促进多萌发花枝。树冠较小者,短截一年生枝,扩大树冠;树冠较大者,回缩主枝,以侧代主,缓和树势。如石楠生长旺盛,开完花后将长枝剪去,促使叶芽生长。冬季以整形为目的,疏除部分密生枝以及无用枝,保持生长空间,促进新枝发育。对于用作造型的树种,一年要修剪1~2次,如用作绿篱,更应该经常修剪,以保持良好形态。

3.病虫害防治

石楠的抗病能力较强,至今尚未发现有毁灭性的病虫害,但若是管理不善或者苗圃的环境较差,则可能发生叶斑病、灰霉病或遭受蚜虫和介壳虫的危害。因此,为了防治病虫害,应该及时清扫落叶枯枝,保持园林的环境卫生。

四、十大功劳

十大功劳(*Mahonia fortunei*)别名黄天竹、土黄柏等,为小檗科十大功劳属常绿灌木。产于江西、湖北、四川、浙江、台湾等省。

(一)形态特征

高达2 m,全体无毛。小叶5~9,无柄或近无柄,侧生小叶狭披针形至披针形,长5~11 cm,宽0.9~1.5 cm,顶生小叶较大,边缘每侧有刺齿5~10。花黄色,总状花序长3~7 cm,4~10条簇生,花梗长1~4 mm。果实蓝黑色,外被白粉。花期7~9月;果期10~11月。

(二)生态习性

喜暖湿气候,不耐严寒。对土壤要求不严,以沙质壤土生长较好,但不宜在碱土地栽培。十大功劳性强健,生长2~3年后可进行一次平茬,进行更新。阔叶十大功劳稍耐寒,耐阴,耐干旱,适应性强,对土壤要求不业,但以排水良好的沙壤土为好。

(三)栽植技术

1.苗木选择

选择分枝多且紧密,无病虫害,株型高度、冠幅一致的植株。

2.栽植时间

栽植可在春季2~3月或秋季10~11月进行,夏秋反季节栽植十大功劳宜晚,修剪注意宜少而轻,最好在入伏之后,当年生枝条半木质化后进行。

3.栽植前准备

将植株多余枝条全部从基部疏除,并且疏除全部当年生嫩枝,对保留枝进行摘叶处理,只保留1/4左右的老叶,以平衡根冠比,减少蒸腾,提高栽植成活率。十大功劳性强健,在南方可栽在园林中观赏树木的下面或建筑物的北侧,也可栽在风景区山坡的阴面。选择疏松、肥沃的沙质土壤或冲积土。清理栽植地上的杂物、石块等。

4.起苗与运输

为提高栽植后的成活率,十大功劳灌木最好带土球栽植。起苗土球依树形而定,圆柱形可小,圆锥形宜大,一般不小于冠径的1/3。起挖尽量保持根系和地上茎完好,做到土球不松不散,起苗后立即用草绳、草袋或蒲包等材料严密包裹土球。

搬运苗木要做到轻搬轻放,避免土球散裂。运输用苫布等进行遮盖,时间不宜过长,休息时车应停在阴凉处。苗木运到应及时卸下,要求轻拿轻放,不应抽取或整车推下。

5.定植

植株运回后应立即栽植。不能立即栽植的应进行假植；假植沟的规格因树木的大小而异，假植沟内的土壤要干燥，假植后应适量浇水，但切忌过多，否则会使苗根腐烂。

种植穴要提前2~3天挖好，坑穴的深度要视分枝量多少而定，10分枝以上的，一般要求树坑宽在80 cm以上，深度要求达到100 cm以上，在水分条件不好的地方栽植时坑要深。挖坑时要将表土和心土分放，在树坑的最下层放一层有机质基肥，碾碎表土，均匀地放在肥料上。将苗木放到坑中央，根系过长的要截根、干。培入心土，在培土到一半时将树苗稍微向上提一下，防止窝根。提苗后，将已埋的土向下踩实，使树苗的根须和土壤紧密接触，尽快吸收水分和营养元素，以便扎根生长，但注意不要把土球弄散，以免伤到根系。随后将剩下的心土一直埋到与地面平齐，二次踩实，与土壤紧密结合，以防被风吹斜。

(四)植后养护管理

1.水肥管理

一般在浇透第1次水后7天左右开穴浇2次水，以后每10~15天浇1次。地上部分因蒸腾作用而易失水，必须经常喷水保湿，喷水要细而均匀，且喷及地上各个部位和周围空间，为树体提供湿润的小环境。在抽出的新枝有5~10片叶后，停止喷水。

除施足够的基肥外，还要及时追肥，以氮为主，磷、钾结合群施薄施，必要时还要进行根外施肥，并且剪后必施，施肥种类可用有机肥料或氮磷钾复合肥。栽后第二年早春施肥，为新枝萌发提供充足养分，每20天施一次液肥，花果期每周喷施一次0.3%磷酸二氢钾，生长期间每月应施1次20%的饼肥水等液肥。

2.整形修剪

十大功劳萌蘖性强，耐修剪，定植时可强行修剪，以促发新枝。通过整形修剪，使之有稀有密、有型有款、错落有致，是观赏效果发挥的关键之一。总的修剪原则是宜早不宜迟，先定根后定干，线条流畅不徒长，多剪少截，按需定型。

入冬前或早春前疏剪过密枝或截短徒长枝；在早春或生长季节对茂密的株丛进行疏剪和短截，剪去老枝、弱枝和病残枝，促使萌发新枝新叶；花后通过打尖控制生长高度，使株形圆满。

3.病虫害防治

十大功劳抗病虫害能力强，最常见的病害是炭疽病、斑点病、茎枯病，虫害主要为叶夜蛾和大蓑蛾。

五、南天竹

南天竹(*Nandina domestica*)别名红杷子、天竹、兰竹等，为小檗科南天竹属常绿丛生灌木。产于中国与日本，我国分布于华东、华南至西南，北达河南、陕西。广泛栽培。

(一)形态特征

株高约2 m，全株无毛。丛生少分枝。老茎浅褐色，幼枝红色。叶互生，2~3回奇数羽状复叶，小叶椭圆状披针形，3~5片，先端渐尖，基部楔形，长3~10 cm，全缘，两面无毛，冬季叶变红色。圆锥花序顶生，花小，白色；浆果球形，鲜红色，种子扁圆形。花期5~7月，果熟期9~10月。

(二)生态习性

喜半阴,但在强光下亦能生长,唯叶色常发红。喜温暖气候及肥沃、湿润而排水良好的土壤,较耐寒,对水分要求不严。生长速度较慢。萌芽力强,萌蘖性强,寿命长。

(三)栽植技术

1.苗木选择

选择分枝多且紧密,无病虫害,株形高度、冠幅一致的植株。

2.栽植时间

南天竹的栽植春、秋两季均可。夏秋反季节栽植南天竹宜晚,修剪注意宜少而轻,最好在入伏之后,当年生枝条半木质化后进行。

3.栽植前准备

将丛状植株掘出,抖去宿土,从根基结合薄弱处剪断,每丛带茎干 2~3 个,需带一部分根系,同时剪去一些较大的羽状复叶,地栽或上盆,培养一两年后即可开花结果。

4.起苗与运输

南天竹起挖尽量保持根系和地上茎完好,小苗裸根带泥土,或是蘸泥浆,而大苗需带土球,做到土球不松不散,起苗后立即用草绳、草袋或蒲包等材料严密包裹土球,栽植时应注意不可损伤其根系。苗木运到应及时卸下,要求轻拿轻放,不应抽取或整车推下。

5.定植

南天竹运回后应立即栽植,不能立即栽植树木可选排水良好、背风的地方,与主风向垂直挖一条沟,进行假植,假植后应适量浇水,但切忌过多,否则会使苗根腐烂。

南天竹适生于肥沃、疏松、排水良好的沙质壤土或石灰质土上。庭院栽植无论大苗还是小苗,为免去以后换土麻烦,地表树盘可稍小,但地下最好应挖大坑,施足拌匀的有机底肥和过磷酸钙。栽植前先挖 70 cm 见方的坑,底土和表土分别放置,栽植时先填入表土和粗大的有机肥,然后再填入底土和精细充分腐熟的有机肥,放入苗木,最后再填入一部分表土踏实;边填土边向上提苗,使根系与土壤充分密接。南天竹根系较浅,栽植不宜过深。浅根不耐干旱,平时应注意浇水,特别在干旱季节。

(四)植后养护管理

1.水肥管理

南天竹浇水应见干见湿。干旱季节要勤浇水,保持土壤湿润;夏季每天浇水一次,并向叶面喷雾 2~3 次,保持叶面湿润,防止叶尖枯焦,有损美观。开花时尤应注意浇水,不使土壤发干,并于地面洒水提高空气湿度,以利提高受粉率。浇水时间,夏季宜在早、晚时进行,冬季宜在中午进行。

南天竹在生长期内,细苗半个月左右施一次薄肥。成年植株每年施三次干肥,分别在 5 月、8 月、10 月进行,第三次应在移进室内越冬时施肥,肥料可用充分发酵的饼肥和麻酱渣等。栽后第一年内在春、夏、冬三季各中耕除草、追肥 1 次,同时还要补栽缺苗。以后每年只在春季或冬季中耕除草、追肥 1 次。

2.整形修剪

剪枝宜在春季进行,依栽培地大小,保留 5~10 根主干,其余剪去。通过适当短截主干,以控制过高生长。因南天竹是在 2~3 年生枝上抽发一年生的枝上开花结果的,因此在修剪时不可误剪或修剪过度，否则很难结果。修剪时需剪去干枯的果穗、干枯的叶柄。通过整形修剪，可使南天竹生长健壮，萌生较多新梢，达到叶密、花繁、果盛的观赏效果。

3.病虫害防治

南天竹的主要病害有茎枯病，在通风不良的情况下也会受到煤污病与介壳虫危害。

六、海桐

海桐（*Pittosporum tobira*）别名海桐花、宝珠香、山瑞香等，为海桐花科海桐花属常绿小乔木或灌木。原产于日本、韩国、中国台湾和南部沿海，生长于林下或沟边，常被栽植于路旁。

（一）形态特征

株高可达 5 m。单叶互生，有时在枝顶呈轮生状，厚革质，狭倒卵形，全缘，顶端钝圆或内凹，基部楔形，边缘常外卷，有柄。聚伞花序顶生；夏季开花，花白色或带黄绿色，芳香；萼片、花瓣、雄蕊各 5；子房上位，密生短柔毛。蒴果近球形，有棱角，长达 1.5 cm，果瓣木质，成熟时 3 瓣裂，露出鲜红色种子；种子鲜红色，有黏液。花期 3～5 月，果熟期 9～10 月。

（二）生态习性

海桐对气候的适应性较强，能耐寒冷，亦颇耐暑热。对光照的适应能力亦较强，较耐阴蔽，亦颇耐烈日，但以半阴地生长最佳。喜肥沃湿润土壤，干旱贫瘠地生长不良，稍耐干旱，颇耐水湿。

（三）栽植技术

1.苗木选择

选择分枝多且紧密，无病虫害，株形高度、冠幅一致的植株。

2.栽植时间

海桐的栽植于落叶后或春季发芽前均可。

3.栽植前准备

起苗前 2 小时浇透水，使苗木吸收充足的水分，利于移栽后成活，同时挖掘时易形成土球。

将植株多余枝条全部从基部疏除，并且疏除全部当年生嫩枝，对保留枝进行摘叶处理，只保留 1/4 左右的老叶，以平衡根冠比，减少蒸腾，提高栽植成活率。

栽植前一个半月，应进行苗圃地清理，除去杂草和石砾，深挖翻土 40 cm 左右，经过一段时间的暴晒和风化，施足有机底肥。

4.起苗

大苗在挖掘前必须用绳索收捆，以防折断枝条，且挖掘时一定要带土球，土球的大小根据主干的粗细而定。小苗可裸根栽植，但也要及时。盆栽海桐每年春季换盆一次，换盆时需将枯根剪除，盆土应加入含有机质较多的新培养土。

5.定植

海桐运回后应立即栽植。不能立即栽植的树木，可选排水良好、背风的地方，与主风向垂直挖一条沟，进行假植，可用苫布或湿草袋盖好。

种植穴要提前 2~3 天挖好,坑穴的深度要视分枝量多少而定。挖坑时要将表土和心土分放,把石块及建筑垃圾捡出,将有机质基肥放在树坑的最下层,然后将表土碾碎均匀地放在肥料上。将海桐放到坑中央,如果树木过大、根系过长,要截根、干。培入心土,在培土到一半时将树苗稍微向上提一下,防止树苗窝根。提苗后,将已埋的土向下踩实,使树苗的根须和土壤紧密接触,尽快吸收水分和营养元素,以便扎根生长,但注意不要把土球弄散,以免伤到根系。随后将剩下的心土一直埋到与地面平齐,二次踩实,使树苗树干挺直、与土壤紧密结合,以防被风吹斜。用土在树木根部打成倒漏斗状的围土堰,这样可使水顺着树根流下,如打成覆碗状,水分就会散向四周。

(四)植后养护管理

1.水肥管理

水分管理坚持保湿而不渍、表土干而不白的原则。春季海桐生长旺盛,萌发新芽并孕育花蕾,要保持土壤湿度,可 1~2 天浇水 1 次;夏季消耗大量水分,应经常浇水,结合向植株及周围进行喷雾,湿润环境;秋季要减少浇水量,可每 2~3 天浇水 1 次;冬季如果所处温度较低,浇水量应减少。

海桐周年常绿,营养消耗大,除栽植时需要施用基肥,日常管理中也要进行追肥。每年春季要每 15~20 天追施全效肥 1 次;夏季要薄肥勤施;秋季和春季一样,每 15~20 天施用全效肥 1 次;冬季如果所处温度较低,可不施用肥料。

2.整形修剪

海桐分枝能力、萌芽力强,耐修剪。可根据观赏要求,在开春时进行修剪整形,修剪成多种形态,经过修枝整形的植株,树形优美,价值高。如欲抑制植株生长,枝繁叶茂,应长至相应高度时,剪去枝条顶端。植株出现徒长枝条,使植株长势出现不平衡,可在秋季植株顶梢生长基本完成时,进行短剪,保持株形。

3.病虫害防治

海桐抗性强,病虫害主要是叶斑病、介壳虫、红蜘蛛等。

七、火棘

火棘(*Pyracantha fortuneana*)别名救兵粮、火把果、赤阳子等,为蔷薇科火棘属常绿灌木或小乔木。分布于中国黄河以南及广大西南地区。全属 10 种,中国产 7 种。

(一)形态特征

高达 4 m,侧枝短,先端成刺状,嫩枝外被锈色短柔毛,老枝无毛。叶互生,在短枝上簇生;叶柄短,无毛或嫩时有柔毛;叶片倒卵形至倒卵状长圆形,先端圆钝或微凹,有时具短尖头,基部楔形,不延连于叶柄,边缘有锯齿,近基部全缘。花两性,集生复伞房花序;叶柄长约 1 cm;萼筒钟状;萼片 5,三角形,先端钝;花瓣近圆形,白色;雄蕊 20,花药黄色,花柱 5,离生,子房上部密生白色柔毛,果实近球形,直径约 5 mm,橘红或深红色。花期 3~5 月,果熟期 8~11 月。

(二)生态习性

喜强光,耐贫瘠,抗干旱;黄河以南露地种植,华北需盆栽,塑料棚或低温温室越冬,温度可低至 0 ℃。对土壤要求不严,而以排水良好、湿润、疏松的中性或微酸性壤土为好。

（三）栽植技术

1.苗木选择

最好选择成苗高 1 m 左右、根茎齐全、小根发达完好、主茎在 10 cm 以上、无病虫害、无机械损伤的优质壮苗。

2.栽植时间

火棘的栽植在全年各季节均可进行，但以每年的 11 月上旬至翌年 3 月下旬为最佳季节。最好在阴天移栽，晴天移栽要适当遮阴。应该尽量避免在夏季和冬季进行，在过于高温或低温的环境下栽植，它不但恢复慢，而且还有可能因此而死亡。

3.栽植前准备

起苗前一天浇透水，使苗木吸收充足的水分，利于移栽后成活，同时挖掘时易形成土球。将植株多余枝条全部从基部疏除，并且疏除全部当年生嫩枝，对保留枝进行摘叶处理，只保留 1/4 左右的老叶，以平衡根冠比，减少蒸腾，提高栽植成活率。

4.起苗

为提高栽植后的成活率，火棘最好带土球栽植。起苗土球依树形而定，圆柱形可小，圆锥形宜大，一般不少于冠径的 1/3。起挖尽量保持根系和地上茎完好，做到土球不松不散，起苗后立即用草绳、草袋或蒲包等材料严密包裹土球。

5.定植

选择地势平坦，富含有机质的沙质壤土，按株行距 2 m × 2 m，挖 0.6~0.8 m 的坑，填入基肥和表土，栽入穴中，踏实，浇足定根水。

盆栽时，选择与苗木相称的火烧泥盘，用瓦片盖好盆底排水孔后装入半盆营养土成馒头形。栽植时，将苗木立于盆中，让根系充分舒展，再沿盆的四周填入营养土，填至距盆口 3 cm 左右时为止。随后将苗木轻轻上提，按实四周营养土，浇足水，以后每隔 3~4 天视天气情况浇水。

（四）植后养护管理

1.水肥管理

火棘耐干旱，但春季土壤干燥，可在开花前浇水 1 次，要灌足。开花期保持土壤偏干，有利坐果，故不要浇水过多。如果花期正值雨季，还要注意挖沟、排水，避免植株因水分过多造成落花。果实成熟收获后，在进入冬季休眠前要灌足越冬水。

每年 11~12 月施 1 次基肥，在距根颈 80 cm 处，沿树挖 4~6 个放射状施肥沟，深 30 cm，每坑施有机肥 3~5 kg，花前和坐果期各追施尿素 1 次，每株施 0.25 kg。

2.整形修剪

火棘栽植成活后宜重剪定干，定干高度 30~40 cm，此后可采用“主干分层型”剪枝整形法培育结实面大的树形。火棘萌芽力强，春季开花期间，需适当修剪过多的花枝并疏除花枝上过密的小花；夏季随时剪掉徒长枝和根部萌蘖枝，防止植株丛状生长，利于通风和保证充足的光照；秋剪须保留夏秋萌发的短枝或对长枝短截，确保翌年的花繁果盛。

3.病虫害防治

火棘抗逆性强、病虫害较少，主要虫害有蚜虫、刺蛾等，可喷洒 40%氧化乐果乳剂或 90%敌百虫进行防治。主要病害是根腐病，多由根部积水引起，发病初期可用 50%多菌灵灌根，后期需将植株拔除，病穴撒石灰粉消毒。

八、月季

月季（*Rosa chinensis*）别名月月红、长春花，被称为“花中皇后”，为蔷薇科蔷薇属落叶灌木或常绿灌木。中国是月季的原产地之一，为北京市等市市花。

（一）形态特征

月季茎为棕色偏绿，具有钩刺或无刺，但也有几乎没有刺的月季。小枝绿色，叶为墨绿色，叶互生，奇数羽状复叶，小叶一般 3～5 片，宽卵形（椭圆）或卵状长圆形，长 2.5～6 cm，先端渐尖，具尖齿，叶缘有锯齿，两面无毛，光滑；托叶与叶柄合生，全缘或具腺齿，顶端分离为耳状。

月季栽培历史悠久，因此栽培品种、变种丰富，正式登记的品种有 3 万个左右，种类主要有食用玫瑰、藤本月季（CI 系）、大花香水月季（HT 系）、丰花月季（F/FI 系）、微型月季（Min 系）、树状月季、壮花月季（Gr 系）、灌木月季（Sh 系）、地被月季（Gc 系）等。

（二）生态习性

月季适应性强，耐寒、耐旱，对土壤要求不严格，但以富含有机质、排水良好的微带酸性沙壤土最好。盆土疏松，盆径适当，干湿适中，薄肥勤施，摘花修枝，防治病虫，每年换盆。喜欢阳光，但是过多的强光直射又对花蕾发育不利，花瓣容易焦枯，喜欢温暖，一般气温在 22～25 ℃最为花生长的适宜温度，夏季高温对开花不利。月季需日照充足，空气流通，排水性较好而避风的环境，盛夏需适当遮阴。

（三）栽植技术

1.苗木选择

选择生长健壮、无病虫害、无机械损伤的植株。

2.栽植时间

月季只要管理措施得当，一年中随时可以种植。在我国南方以冬季栽种最安全，北方地区除严寒的冬季外，晚秋、早春均可种植。

3.栽植前准备

栽植前 2～3 天对月季浇 1 次透水，使苗木吸收充足的水分，利于移栽后成活。栽前应对植株进行整理修剪，原则是每株保留 3～5 个健壮枝条，同时剪去枯枝、弱枝、伤枝，确保日后株形整齐、丰满美观，有利于成活和观赏。

月季根系生长在 30 cm 的范围内，因此整地的最低要求必须达到 30 cm 深，同时对于 pH 值不合适的土壤要进行改良，通常用硫酸亚铁或石灰加以调节，另外要施足磷肥、复合肥、有机肥等底肥，有时为了促进营养生长，常常另加尿素。注意在整地时不要把肥料翻入土过深，保持在 20 cm 以内。土质不好的地方要换 40～50 cm 的土。

4.起苗

将整株玫瑰带土挖出进行分株，每株有 1～2 条枝并略带一些须根，将其定植于盆中或露地，当年就能开花。

树状月季栽植时宜多带土球，土球大小依树形而定，圆柱形可小，圆锥形宜大，一般不小于冠径的 1/3。起挖尽量保持根系和地上茎完好，做到土球不松不散，起苗后立即用草绳、草袋或蒲包等材料严密包裹土球。

5.定植

立地条件应选择地势较高、阳光充足、空气流通、土壤微酸性的地方。栽前深翻土地，施有机肥料作基肥。

露地栽月季，根系发达，生长迅速，植株健壮，花朵微大，观赏价值高，在管理时根据不同的类型、生长习惯和地理条件来选择栽培措施，嫁接的月季苗最适宜的种植深度是当挖松的新土下沉后，嫁接的结合部正好位于土表下面约 2.5 cm 处，起到被保护的作用；没有嫁接的月季，茎秆在土表的位置应与种苗原来的种植深度保持相同的水平，芽眼必须露出土面，芽眼方向朝南，根茎稍向北倾斜。月季适宜的种植间距取决于其枝条性状和植株高矮，栽培密度直立品种为 75 cm × 75 cm，扩张性品种株行距为 100 cm × 100 cm，丛生性品种株行距为 40 cm × 50 cm，藤木品种株行距为 200 cm × 200 cm。月季地栽的株距为 50~100 cm，根据苗的大小和需要而定。栽时要求根系完整，短截枝条。月季栽后需立即浇第一遍水，3~5 天内浇第二遍水，其后 5~10 天内浇第三遍水。待水下渗后，及时进行中耕扶直，以保持土壤中的水分。旱季要适当浇水，雨季要注意排水，及时松土和除草。

（四）植后养护管理

1.水肥管理

月季浇水要做到“见干见湿，不干不浇，浇则浇透”。月季怕水淹，浇水因季节而异。冬季休眠期保持土壤湿润、不干透就行。开春枝条萌发，枝叶生长，应适当增加水量。夏季高温，水的蒸发量加大，植物处于虚弱半休眠状态，最忌干燥脱水，每天早、晚各浇一次水，避免阳光暴晒。浇水时不要将水溅在叶上，防止病害。

月季喜肥。生长期每半月加施腐熟的饼肥水一次，能常保叶片肥厚、深绿有光泽。早春发芽前，可施一次较浓的液肥，在花期注意不施肥，花谢后追施 1~2 次速效磷肥，9 月间第四次或第五次腋芽将发时再施一次中等液肥，休眠前施迟效性腐熟的有机肥越冬，冬季休眠期不可施肥。

2.整形修剪

露地栽培月季的修剪分为生长期修剪（夏剪）和休眠期修剪（冬剪）。生长期修剪通常轻剪。当月季花初现花蕾时，拣一个形状好的花蕾留下，其余的一律剪去。目的是每一个枝条只留一个花蕾，将来花开得饱满艳丽，花朵大而且香味浓郁。每季开完一期花后进行全面修剪，及时剪去开放的残花和细弱、交叉、重叠的枝条，留粗壮、年轻枝条。为使株形美观，对长枝可剪去 1/3 或一半，中枝剪去 1/3，在叶片上方 1 cm 处斜剪，若修剪过轻，植株会越长越高，枝条越长越细，花也越开越小。及时剪除嫁接砧木的萌蘖枝。休眠季修剪时将枯枝、病枝、弱枝、过密的内向枝、重叠枝及破坏树形的徒长枝自基部剪除，每株留主枝 3~5 条，最多 7 条。蔓生或藤本品种则以疏去老枝，剪除弱枝、病枝和培育主干为主。

3.病虫害防治

月季的病虫害种类较多，常见的病害有白粉病、黑斑病、锈病和根癌病等，其中白粉病和黑斑病是世界性病害。常见虫害有月季长管蚜、拟蔷薇白轮盾蚧、二点叶螨、月季叶蜂和月季茎蜂等。

九、小叶黄杨

小叶黄杨(*Buxus sinica*)别名山黄杨、千年矮、万年青、瓜子黄杨等,为黄杨科黄杨属灌木或小乔木。原产我国中部各省,各地都有栽培。

(一)形态特征

常绿灌木或小乔木,树皮淡灰褐色,小枝具四棱脊,小枝及冬芽外鳞均有短柔毛。叶对生,革质,倒卵形或椭圆形,先端圆,基部楔形,全缘,表面暗绿色,背面黄绿,两面均光亮,长 2~3.5 cm,叶柄及叶背中脉基部有毛。花簇生叶腋或枝顶,雌花生于花簇顶端,雄花数朵生于雌花两侧,黄绿色,无花瓣。蒴果卵圆形,熟时紫黄色。花期 4 月,果熟期 7 月。

(二)生态习性

为亚热带北缘树种,性喜温暖气候,不耐寒,喜疏松肥沃的沙质壤土。耐半阴,畏强阳光,生长极慢,萌芽力较强,耐修剪,易造型。

(三)栽植技术

1.苗木选择

选择生长健壮、无病虫害、无机械损伤的植株。

2.栽植时间

翌春与母株分离移栽。栽植前,地栽应先施足基肥,生长期保持土壤湿润。每月施肥 1 次,并修剪使树姿保持一定高度和形式。

3.栽植前准备

黄杨喜光稍耐阴,应选背风向阳,土质疏松、肥沃处栽植,整地时要求地形平整,结合深翻,加施充分腐熟的有机肥,深施在栽植穴内。

栽植前 2~3 天对小叶黄杨浇 1 次透水,使苗木吸收充足的水分,利于移栽后成活,同时挖掘时易形成土球。将植株多余枝条全部从基部疏除,并且疏除全部当年生嫩枝,对保留枝进行摘叶处理,只保留 1/4 左右的老叶,以平衡根冠比,减少蒸腾,提高栽植成活率。

4.起苗

小叶黄杨栽植时宜多带土球,土球大小依树形而定,圆柱形可小,圆锥形宜大,一般不少于冠径的 1/3。起挖尽量保持根系和地上茎完好,做到土球不松不散,起苗后立即用草绳、草袋或蒲包等材料严密包裹土球。

5.定植

小叶黄杨树对土壤要求不严格,沙土、壤土、褐土地都能种植,但最好是含有机质丰富的壤土地。小叶黄杨树露地栽植一般株行距为 0.5 m×1.5 m 或 0.4 m×1.2 m。随着树龄的增长,以后可以隔株起苗。小叶黄杨树营养钵苗可以穴植或沟植。栽苗前根据计划的行株距打线定点,按点挖穴或是按栽植的行距开沟,开沟深度应大于苗根深度,约为 40 cm 深。栽植时将苗木去掉营养钵,按株距排列沟中,使根系接触土壤,填土踩实。覆土后踩实时,不可将土球踩碎,应踩在土球与树穴空隙处。覆土深度以比原有土印略深为宜,以免灌水后土壤下沉而露出根系,影响成活。

(四)植后养护管理

1.水肥管理

浇水是确保移栽苗成活的关键措施,特别是北方地区春季干旱少雨,蒸发量大,如果供水不足,会严重影响苗木成活率。栽苗后可每隔4~6行在行间用土培起垄,以利浇水。要求栽苗后浇完3次水后,可视天气和苗木情况再决定是否浇水以及何时浇水。浇水时水量要适中,不可过大或过小。水量过大,土壤变软,易造成苗木倒伏;水量过小,影响成活。

在苗木栽植后,可叶面喷施0.4%的磷酸二氢钾溶液,宜在阴天或早、晚空气湿润时进行。一般每月叶面喷施3~4次磷酸二氢钾即可。8~9月一定要停施氮肥,施肥以磷、钾肥为主,促进小叶黄杨苗木的木质化和根系生长,提高苗木抗寒能力。

2.整形修剪

小叶黄杨本身具有很强的顶端优势,萌芽力强,但成枝力相对较弱。通过适当的整形修剪可培养出理想的主干、丰满的侧枝,使树体圆满、匀称、紧凑、牢固。一般整形修剪多在夏秋树木生长季进行。在整形修剪时一般不采用截干的做法,以保留主干,保持顶梢的生长态势,进而为以后树体的通直高生长创造条件。对幼树基部的侧枝,则可整个短截或做轻短截,只保留少量芽即可。一般情况下对成树的修剪只是剪除自干茎萌生出的徒长枝及竞争枝,避免形成双头双干现象。

3.病虫害防治

小叶黄杨主要虫害有介壳虫和黄杨尺蠖,介壳虫可用人工刷洗杀之。主要病害有煤污病,会引起落叶现象,防治关键是清除介壳虫,并经常喷叶面水,冲洗灰尘,使之生长良好。

十、夹竹桃

夹竹桃(*Nerium indicum*)别称柳叶桃、半年红、甲子桃等,为夹竹桃科夹竹桃属常绿大灌木。原产印度、伊朗和阿富汗,在我国栽培历史悠久,遍及南北城乡各地。

(一)形态特征

高可达5 m,无毛;叶3~4枚轮生,在枝条下部为对生,窄披针形,全缘,革质,长11~15 cm,宽2~2.5 cm,下面浅绿色;侧脉扁平,密生而平行。夏季开花,花桃红色或白色,成顶生的聚伞花序;茎直立、光滑,为典型三叉分枝;三叶轮生,线状披针形至长圆披针形,全缘、革质,叶面光亮,侧脉羽状平生。聚伞花序顶生,花萼直立,花冠漏斗形,有红、黄、白三种,单瓣、半重瓣或重瓣,有香气。花期几乎全年,夏秋为最盛;果期一般在冬春季,栽培很少结果。

(二)生态习性

喜温暖湿润的气候,耐寒力不强,在中国长江流域以南地区可以露地栽植,但在南京有时枝叶冻枯,小苗甚至冻死。在北方只能盆栽观赏,室内越冬,白花品种比红花品种耐寒力稍强。夹竹桃不耐水湿,要求选择高燥和排水良好的地方栽植,喜光、好肥,也能适应较阴的环境,但庇荫处栽植花少色淡。萌蘖力强,树体受害后容易恢复。

（三）栽植技术

1.苗木选择

应选择生长健壮、根系发达、无病虫害和机械损伤的壮苗。

2.栽植时间

夹竹桃栽植宜在黄河流域及其以南地区露地栽培，北方寒冷地区盆栽，室内越冬栽植时须带土球栽植；夏季也可栽植，但需修掉部分枝条、剪去适量叶片，以减少水分流失，促进成活。

3.栽植前准备

栽植前一周对苗木浇1次透水，使苗木吸收充足的水分利于移栽后成活。栽前应对植株进行整理修剪，剪去枯枝、弱枝、伤枝，确保日后株形整齐、丰满美观，有利于成活和观赏。夹竹桃喜肥怕涝，宜种植于向阳、地势较高、排水良好的避风处。盆栽宜选肥沃疏松的土壤作为盆土。

4.起苗与定植

起苗时中小苗要多带宿土，大苗需带土坨；夏季移栽要疏枝剪叶，以减少水分蒸发。北方栽培此花，一要在栽前选好避风处，二要在冬季来临前在根部培土御寒；若苗枝较幼嫩，还应包草防冻。盆栽的，冬季应移入室内防冻；露地栽培的，在经常有-5 ℃低温的地带，还必须在秋末将植株挖出，上盆栽植，再移至温室内，翌年4月下旬再移出室外向阳处栽植。栽植后第1水必须灌足。

（四）植后养护管理

1.水肥管理

春、秋两季每隔3~5天浇一次水，夏季适当增加浇水次数。若天气干热，且又在生长旺盛时期，最好每天浇一次并向叶面喷水。但雨季要及时排掉积水，冬季则应在出现土干时才浇，且浇水量要小。初春进行强修剪后，要注意少浇水，防止根部感染病菌腐烂。要经常疏松表层土壤。不论露地栽培或盆栽，都应在栽培以前在土中施些基肥。并在开花以前，每隔半月追施一次腐熟液肥。

2.整形修剪

夹竹桃树势强健，幼苗从第2年开始定干整形，保留3个主枝，让它们同时向上生长，以后每年秋末或早春对主枝和侧枝进行短剪，促使形成三杈大顶的树形，同时剪掉多余枝条，以减少养分消耗。花谢后剪去枝梢，促使不断开花。幼苗时摘心1~2次，使之形成主干低矮、分枝茂密的圆形树冠。萌芽力强，耐修剪。

3.病虫害防治

夹竹桃病害主要有叶斑病，虫害主要有蚜虫、介壳虫，夏季偶有蚜虫和红蜘蛛危害，可用一般农药防治。

十一、迎春

迎春（*Jasminum nudiflorum*）别名金腰带、小黄花等，为木樨科素馨属的落叶灌木。因其在百花之中开花最早，花后即迎来百花齐放的春天而得名。它与梅花、水仙和山茶花统称为“雪中四友”，是我国常见的花卉之一。

(一)形态特征

枝条细长,呈拱形下垂生长,植株较高,可达 5 m,是一种常见的观赏花卉。侧枝健壮,四棱形,绿色。三出复叶对生,小叶卵状椭圆形,表面光滑,全缘。花单生于叶腋间,花冠高脚杯状,鲜黄色,顶端 6 裂,或成复瓣。花期 3~5 月,可持续 50 天之久。通常不结果。

(二)生态习性

温带树种,适应性强,喜温暖、湿润环境,较耐寒耐旱,但怕涝,在排水良好的肥沃地生长繁茂。浅根性,萌芽、萌蘖力强,可行摘心、修剪、扎型。在华北地区和河南鄢陵县附近地域均可露地越冬。

(三)栽植技术

迎春花要求疏松、肥沃和排水良好的沙质土,在酸性土中生长旺盛,碱性土中则生长不良。迎春花分株通常在春、秋季节进行,在春季刚萌动时最适宜,通常选用小苗进行。栽植时将植株地上部分短截,带宿土,成活率更高。栽植前施基肥,栽植后每月施 1 次追肥,及时剪去徒长枝。秋后,留当年枝条 10 cm 左右进行短截,促翌年花繁叶茂。随即浇第一次定植水,促进苗木成活。

(四)植后养护管理

1.水肥管理

迎春在 1 年生枝条上形成花芽,第二年春季开花,因此在每年花谢后应对所有花枝短剪,促使长出更多的侧枝,增加着花量,同时加强肥水管理。7~8 月是迎春花芽分化期,应施一次磷肥,以利于花芽的形成。迎春花在每年春天 1 月、2 月陆续开花,所以在迎春刚刚吐露花苞的时候施一次磷肥,例如过磷酸钙等,可使花色艳丽、减少落花并延长花期。还要注意拔除田里的杂草,花开后浇一次水,保证迎春花开花时对水分的需求。

2.整形修剪

迎春花的花朵多集中在一年生的枝条上,二年生枝着花较少,所以每年花后要对花枝进行重截,只留基部 3~4 个芽,弱枝还应少留。当新枝长到一定长度时,进行适度的摘心,或反复短截,可以避免枝条冗长。修剪后要施一次腐熟的饼肥或基肥,并在生长季每隔半月施一次粪肥。再记住在生长后期增施些磷、钾肥,这样才能在修剪后,促进多发壮枝。

3.病虫害防治

迎春花常见病虫害较少,主要就是蚜虫危害,注意及时防治。

第四节　落叶灌木的栽植与养护

一、红瑞木

红瑞木(*Swida alba* Opiz)别名红梗木、凉子木等,为山茱萸科梾木属落叶灌木。

(一)形态特征

落叶灌木,高可达 3 m。干直立丛生,枝条鲜红色,无毛,常被白粉;枝条在春、秋、冬为血红色,夏季为暗绿色。单叶对生,卵形或椭圆形,叶端尖,叶基圆形或广楔形,全缘,侧脉 5~6 对,叶柄长 12 cm。叶表面暗绿色,叶背粉绿色,两面均疏生柔毛。叶片春夏绿色,秋季经霜后变为红色。花为两性花，花小，顶生，黄白色，聚伞花序。花期 5～6 月，果熟期 8～9 月，核果长圆形，成熟时果先乳白色，后变蓝色或紫色。

（二）生态习性

红瑞木喜光，也耐半阴环境，可种植于光照充足处或林缘，耐寒力强，也能耐夏季湿热。喜肥沃、湿润而排水良好的沙壤土或冲积土，耐干瘠，又耐潮湿，可植于沟渠边、池塘边。对土壤要求不严，耐轻度盐碱，在 pH 值 8.7、含盐量 0.2%的盐碱土上能正常生长。

（三）栽植技术

1.苗木选择

栽植时应对种苗进行严格的分级，选择生长健壮、无病虫害、无机械损伤、根系完好的植株进行栽植。

2.栽植时间

红瑞木在秋季落叶后至春季芽萌动前栽植均可，在华北地区春季移栽成活率较高。小苗可裸根栽植，大苗栽植需带土球。夏季栽植红瑞木可以在雨季初进行栽植。苗木地上部分可进行适当的修剪，栽植后要喷水雾保持树冠湿润，还需要遮阴防晒，经过一段时间的过渡，苗木即可成活。

3.栽植前准备

起苗时，如果土壤过于干旱，应在起苗前 3～5 天浇足水。起苗后立即修剪根系并喷 APT-3 号生根粉溶液。土球用湿草片或湿草绳打包，包装结实，不裂不散并且封底。

4.起苗与运输

苗木的运输应避开中午高温时间，最好选在阴天或晚上运输。苗木运到现场后应及时栽植，当天不能种植的苗木应进行假植。运输时树体用湿草帘覆盖，如果是长途运输，外面还应用苫布苫盖，这样可以减少苗木在运输途中自身水分的蒸发。

5.定植

栽植地要选择地势平坦、排水良好、土质肥沃疏松的地块，土壤为湿润肥沃的壤土、沙壤土。种植前将地深翻 50 cm，除净杂物，同时施入腐熟堆肥作底肥。

按栽种密度为 80 cm × 80 cm，深度以略深于原来栽植地径痕迹的深度为宜，一般也可略深 2～5 cm。栽植时注意适当地修剪侧根及枝干，在树穴内所施的基肥上覆盖 5～10 cm 的泥土，以使根系不直接接触肥料。然后将苗木放入穴中，在穴四周及其上回填泥土。当回填土达到根系一半深度时，要将苗木向上稍稍提起，然后继续回填土并分层压实，种植时不要过深，否则易感病。定植完成后，及时浇水定干，一般浇缓苗水 3 次，每间隔 5～7 天浇水 1 次，确保苗木成活。定干高度 70 cm。

（四）植后养护管理

1.水肥管理

成活后的红瑞木，早春 3 月初应浇足浇透解冻水，3 月中下旬、4～6 月的上下旬都应各浇 1 次透水，进入 7 月后，降水逐渐增多，可少浇水或不浇水，在华北地区，封冻前浇 1 次封冻水，雨后要注意排涝。

进入正常管理后，于初春萌芽前施 1 次氮肥，花后再施一些磷钾肥；进入秋季则不施肥，施肥不仅会引起植株秋发，不利于安全越冬，而且会使植株枝条颜色不红，影响冬季观赏;初冬结合浇防冻水,可以施一些经腐熟发酵的芝麻酱渣。

在苗木生长时期,根据土壤杂草生长情况和水分状况,及时进行中耕除草和浇水。在浇水后24小时,土壤半干半湿时进行中耕,既疏松表土又除掉杂草,中耕深度一般为3~5 cm。

2.整形修剪

每年早春萌芽应进行修剪,要将老枝进行疏剪,将上年生枝条截短,促其萌发新枝,保持枝条红艳。栽培中出现老株生长衰弱、皮涩花老现象时,应注意更新,可在基部留1~2个芽,其余全部剪去。新枝萌发后适当疏剪,当年即可恢复。进行修剪时,也应及时疏除掉病虫枝、交叉枝、过密枝、冗杂枝等。应及时松土、除草,达到促进苗木生长的目的。

3.病虫害防治

红瑞木的主要病害有叶枯病、叶斑病和茎腐病,虫害有蚜虫和浮尘子等。

二、海州常山

海州常山(*Clerodendrum trichotomum*)别名臭梧桐、泡花桐、后庭花等,为马鞭草科大青属落叶灌木或小乔木。产于我国中部,各地均有栽培。

(一)形态特征

高达4 m,嫩枝和叶柄有黄褐色短柔毛;枝髓有淡黄色薄片横隔;裸芽,侧芽叠生。叶对生。聚伞花序顶生或腋生,有红色叉生总梗;萼紫红色,深5裂;花冠白色,雄蕊与花柱均突出;但花柱不超出雄蕊。果球形,蓝紫色。花期8~9月,果熟期10月。

(二)生态习性

喜阳光、稍耐阴、耐旱,有一定的耐寒性,喜湿润土壤,但不耐积水,能耐瘠薄土壤。适应性好。耐盐碱,分蘖能力强。以肥水条件好的沙壤土生长旺盛,花序大,花量多。

(三)栽植技术

1.苗木选择

根据工程要求,选择生长势好、树形优美的植株,最好选择经过移栽或人工培育的植株。

2.栽植时间

栽植海州常山应在春季3~4月初、秋季9~11月,通常以早春为宜。夏季栽植海州常山要选择降雨量大、空气湿度高的梅雨季节中连阴天或多云天气,近距离快速进行栽植,并及时并大量地疏剪叶片,这样可以提高成活率,且植株恢复快。

3.栽植前准备

起苗前一周对苗木浇一次透水,目的是使植株吸收充足的水分,以利于移栽后成活,同时挖掘时易形成土球。为了保证树木成活率,在起挖前对常山枝叶进行修剪,修剪应在按修剪要求保证树形美观的前提下剪去多余的枝叶,即减少栽植过程中及栽植后树体水分的蒸腾量,又方便树木运输。栽植较大的海州常山时,或在夏季栽植时要喷抗蒸腾剂,防止叶片水分的过度蒸发。

4.起苗与运输

带土球栽植海州常山时,土球大小直接影响植株的成活与树势的恢复。土球的直径根据海州常山的高度及冠径而定,土球高度根据植株主根的深浅而定,保证带有适当的土球根盘,尽量减少主根的损失。装车要使树冠向着车尾部,枝干和土球要用柔软材料或木板进行固定和防震处理,减少车厢及苗木之间的互相影响。如需要长途运输,要对树枝叶面进行保湿工作,用防风遮雨布将车厢遮盖严实、扎紧,避免透风,运输途中定时查看并向车厢内喷洒水。

5.定植

栽植穴须在栽植前 2~3 天完成,穴底施基肥、混合疏松的沙质壤土备用。树穴直径要大于土球直径 30~60 cm,深度高于土球高度 30 cm,栽植穴底部深翻 20 cm,再回填 20 cm 肥土,整平,后灌水润穴,备用。将植株垂直放入穴中央,填土,分层踏实让土球与土壤紧密结合。为防止灌水下沉,使土球稍高于地面 3~5 cm,摆平树盘周围堆堰,以便灌水,随后浇透水填土封堰。

(四)植后养护管理

1.水肥管理

除栽后及时浇水 2 遍,然后划锄保墒,以后每年从萌芽至开花初期,可灌水 2~3 次,夏季干旱时灌水 2~3 次,秋冬时灌 1 次冻水即可。除当年在定植时施足基肥外,生长季节可追施氮肥 1~2 次。

2.整形修剪

当幼树的主干达到 1.5~2 m 的高度时,应根据需要截干,也可在主干 30 cm 以内短截,培养丛枝灌木。留 4~5 个强壮枝作主枝培养,使其上下错落分布。短截主枝先端,剪口下留一下芽或侧芽。主枝与主干角度小则留下芽,反之留侧芽。过密的侧枝可及早疏剪。当主枝延长到一定程度,互相间隔较大时,宜留强壮分枝作侧枝培养,使主枝、侧枝均能接收到充分阳光。每年秋季落叶后或早春萌芽前,应适度修枝整形,疏剪枯枝、过密枝及徒长枝,使枝条分布均匀,则来年生长旺盛,开花繁茂。多年老树要重剪,以利更新复壮。

3.病虫害防治

海州常山病虫害极少,生长容易。

三、锦带花

锦带花(*Weigela florida*)别名锦带、海仙等,为忍冬科锦带花属落叶灌木。主要分布在黑龙江、吉林、辽宁、河北等地。近年来,河南地区也多有应用。

(一)形态特征

高可达 3 m,枝条开展,树形圆筒状,有些树枝会弯曲到地面,小枝细弱,幼时具 2 列柔毛。单叶对生,叶椭圆形或卵状椭圆形,端锐尖,基部圆形至楔形,缘有锯齿,表面脉上有毛,背面尤密。花 1~4 朵组成伞房花序,着生小枝的顶端或叶腋,花冠漏斗状钟形,紫红至淡粉红色、玫瑰红色,里面较淡。蒴果柱形,种子无翅。花期 4~6 月,果熟期 10 月。

(二)生态习性

喜光,耐阴,耐寒;对土壤要求不严,能耐瘠薄土壤,但以深厚、湿润而腐殖质丰富的土壤生长最好,怕水涝。萌芽力强,生长迅速。

（三）栽植技术

1.苗木选择

选用分枝均衡、枝叶繁茂、树形较好、生长正常、无病虫害和机械损伤的苗木进行栽植。

2.栽植时间

春季以3月初到4月中旬为宜，太早易造成枯梢，太迟因气候干旱、降雨量少，应浇足定根水，勤浇水抗旱，以提高成活率。秋季以10月下旬至11月下旬为好。北方以春栽为宜。

3.栽植前准备

苗木在春季移栽时，不需带土球。在夏、秋两季移栽需带土球，且夏季栽植前应加大修剪量，对树体进行疏剪，以减少水分散失。对各主枝的延长枝，截去1/2~1/3，疏除内膛的密生枝、背上枝，重剪无花枝，在粗枝的剪锯口上涂一层油脂或泥浆，以减少叶面呼吸和蒸腾作用。栽植前先将根部断茬剪平，这样伤口平滑，有利愈合。根部蘸生根粉，以促进根系的恢复和生长，进而提高成活率。

4.起苗与运输

苗木栽植尽量避开高温干燥的天气，起苗最好安排在早晨或下午16:00时以后，以减少苗木水分损失。起苗之前可对树冠喷抗蒸腾剂，起苗后马上运输。装车前，应先用草绳、麻布或草包将土球、树干、树枝包好，并进行喷水，保持草绳、草包的湿润，这样可以减少在运输途中苗木自身水分的蒸腾量。夏季应尽量避免长途运输。

5.定植

栽植选择地势平坦、背风向阳、水源充足、土层较为肥沃、排水良好的沙壤土。栽植前将地翻耕25 cm，将土块充分打碎。掺入一定量的腐熟粪便和草炭土，耙平。提前挖好栽植穴，一般长、宽、深各50 cm。栽植不宜太深，在原根颈土壤痕迹以上2~3 cm为宜。先在栽植穴的底部施入基肥，并在所施的肥料上覆盖5~10 cm的泥土，使根系不直接接触肥料。将苗木在穴中央放稳，然后将种植土回填在苗木周围，并进行分层压实。栽后做水碗，浇透水，水渗干后再覆一层土，以保证成活率。

（四）植后养护管理

1.水肥管理

生长季节注意浇水，春季萌动后，要逐步增加浇水量，经常保持土壤湿润。夏季高温干旱易使叶片发黄、干缩和枝枯，要保持充足水分并喷水降温，或移至半阴湿润处养护。每月要浇1~2次透水，以满足生长需求。每隔2~3年于冬季或早春的休眠期在根部开沟施一次肥。在生长季每月要施肥1~2次。

2.整形修剪

每年的春季萌动前，应将植株顶部的干枯枝以及其他的老弱枝、病虫枝剪掉，并剪短长枝。若不留种，花后应及时剪去残花枝，以免消耗过多的养分，影响生长。对于生长3年的枝条要从基部剪除，以促进新枝的健壮生长。由于它的着生花序的新枝多在1~2年生枝上萌发，所以开春不宜对上一年生的枝做较大的修剪，一般只疏去枯枝。

3.病虫害防治

此花病虫害不多，偶尔有蚜虫和红蜘蛛为害，可用乐果喷杀。

四、金银木

金银木(*Lonicera maackii*)别名鸡骨头,为忍冬科忍冬属落叶灌木或小乔木。花开之时初为白色,后变为黄色,故得名“金银木”。

(一)形态特征

高达 6 m,茎干直径达 10 cm;凡幼枝、叶两面脉上、叶柄、苞片、小苞片及萼檐外面都被短柔毛和微腺毛。叶纸质,形状变化较大,通常卵状椭圆形至卵状披针形,稀矩圆状披针形或倒卵状矩圆形,更少菱状矩圆形或卵圆形,顶端渐尖或长渐尖,基部宽楔形至圆形。花芳香,生于幼枝叶腋;花冠先白色后变黄色,外被短伏毛或无毛,唇形,内被柔毛。果实暗红色,圆形,种子具蜂窝状微小浅凹点。花期 5~6 月,果熟期 9~10 月。

(二)生态习性

阳性树种,耐庇荫,喜湿润,也耐干旱,对土壤要求不严,常生于林缘或溪流附近,或生于针阔混交林及次生的阔叶林下,在林内蔽荫条件下也能正常生长发育。抗性强,适应性强,耐寒。

(三)栽植技术

1.苗木选择

因金银木生长较慢,宜选择根系发达、生长健壮、长势一致、无病虫害和机械损伤的高达 40~45 cm 的三年生苗木进行栽植。

2.栽植时间

金银木栽植可于早春萌芽前或晚秋落叶后进行。春季栽植,要掌握“宁晚勿早”的原则,以植株临近发芽期定植为宜。

3.栽植前准备

起苗前半个月,浇透水 1 次,使植株吸足水分。栽植前必须进行修剪,对过密枝和病虫枝进行疏除,以减少树木体内原有水分的蒸发和大风摇晃,保证成活率。修剪后也便于运输和栽植。

4.起苗与运输

起挖时要保证苗木具有应有的根系直径和深度,尽量做到不伤根或少伤根。运输过程中,要注意不能过度损伤侧枝。确保整个栽植过程中能够保持苗木的冠形原貌。长途运输时,应注意保湿防风。

5.定植

栽植地宜选择土层深厚、土壤湿润肥沃的中性、微酸性土壤的地块。栽植穴要挖得足够深和宽大,以能放下根系且四周各空余 10 cm 为最好。栽植前穴底要施入适量的农家肥做底肥,底肥要充分腐熟发酵,与底土充分拌匀。然后放入植株,填入穴土并分层踏实,严格执行“三踩一提”,种植好后,立即浇水。种植金银木穴土回填时,春季可高于原土痕 3~5 cm,秋季可再略高些,但不宜埋得太深,埋得过深容易发生闷芽,降低成活率。

(四)植后养护管理

1.水肥管理

金银木喜湿润环境,除种植时浇好三水外,还应在初春和初冬各浇一次解冻水和封冻水，不仅起到保护植株安全越冬的作用，还可及时供给植株所需的水分。新栽植的金银木应在头3年的3~6月、9月各浇1~2次透水，7月、8月降水较多可不浇水。10月不浇水，否则易使植株秋发，不利于安全越冬。第4年后，如天气不是特别干旱，则只可浇解冻水和封冻水即可，其他季节可靠天生长。

金银木喜肥，除种植时施用底肥外，以后每年的花后、入冬前应各施一次肥。花后可施用复合肥，初冬施用经腐熟发酵的芝麻酱渣或烘干鸡粪，用量为每株3~5 kg。

2.整形修剪

金银木的修剪整形都应在秋季落叶后进行，剪除杂乱的过密枝、交叉枝以及弱枝、病虫枝、徒长枝，并注意调整枝条的分布，以保持树形的美观。此外，金银木每年都会长出较多新枝，因此要将部分老枝剪去，以起到整形修剪、更新枝条的作用。

3.病虫害防治

金银木病虫害较少，初夏主要有蚜虫，有时也有桑刺尺蛾发生；常见的病害有叶枯病等。

五、猬实

猬实（*Kolkwitzia amabilis*）别名美人木，为忍冬科落叶灌木。产于我国中部及西北部，如河南、陕西、湖北、四川等省。

（一）形态特征

株高3 m，幼枝被柔毛，老枝皮剥落。叶椭圆形至卵状矩圆形，叶面疏生短柔毛，先端尖，基部圆形，边缘疏生浅齿或近全缘。花粉红至紫红色，花冠钟状，伞房状聚伞花序生于侧枝顶端，每小花梗具2花。果实卵形，两个合生，其中一个不发育。花期5~6月，果熟期8~9月。

（二）生态习性

喜温暖湿润和光照充足的环境，有一定的耐寒性，-20 ℃地区露地越冬。耐干旱，在肥沃而湿润的沙壤土上生长较好。

（三）栽植技术

1.苗木选择

选择根系发达、生长健壮、无病虫害、无机械损伤、根系完整、大小整齐一致的优质苗木。

2.栽植时间

从秋季落叶后到翌年早春萌芽前都可进行。小苗移栽，可采取裸根涂抹泥浆，而大苗则必须带土球。

3.栽植前的准备

移栽前要进行适当的修剪。将植株多余枝条全部从基部疏除，并且疏除全部当年生嫩枝，对保留枝进行摘叶处理，以平衡根冠比，减少蒸腾，提高栽植成活率。

4.起苗与运输

起苗应选择在上午或阴天进行，避免阳光吸收水分。挖土后，将根土轻轻分开，尽量少伤根，保留多的须根，以利于成活。装卸车时应轻拿轻放，不得损伤苗木和造成散球。

装车时按车辆行驶方向，将土球向前、树冠向后码放整齐。裸根苗木必须当天种植，裸树苗木自起苗开始暴露时间不宜超过 8 小时。

5.定植

栽植时选择地块平整、排水方便、土壤结构疏松的土壤。提前 2~3 天按点挖好栽植穴。栽植穴为 50 cm 见方。在备好的栽植穴内，每穴施厩肥作为底肥，与土拌匀施入。栽植时如苗木根系过大，应对栽植穴进行修整，避免根系弯曲；将苗木垂直放入穴内，扶正苗木，细土培根，分层踏实，埋土至苗株根际原有土痕时轻提苗木，使根系舒展。埋土深度不宜超过原土印。栽植后，及时浇定根水，有利成活。当天栽不完的苗木要假植。

（四）植后养护管理

1.水肥管理

成活后，栽植地应始终保持湿润，视土壤墒情浇水。春季风力大，蒸腾量较大，且植株面临萌芽、开花，需水量较大，故应适当多浇水；夏季相对来说雨水较为丰沛，大雨后要及时排水，在遇连续干旱时须浇水抗旱。

每年春季发芽前追施适量腐熟堆肥、有机肥或复合化肥 1 次；在生长期每株施尿素 0.15 kg；5~6月喷施叶面肥促进生长发育。秋季落叶后多施磷肥，可使花繁叶茂。

2.整形修剪

每年早春将树基丛生枝条剪去，促主干生长。修剪以轻剪为主，将过细、过密的枝条及徒长枝从基部剪掉，以利通风透光，并促使老枝不断更新。

3.病虫害防治

病虫害较少，主要害虫有蚜虫、皮虫等，锈病是常见病害，要注意防治。

六、丁香

丁香（*Syringa oblata*）为木樨科丁香属落叶灌木或小乔木，全属约有 27 种植物，自然分布于东亚、中亚和欧洲。中国约有 22 种，其中特有种 18 种。

（一）形态特征

落叶灌木或小乔木。小枝近圆柱形或带四棱形，具皮孔。冬芽被芽鳞，顶芽常缺。叶对生，单叶，稀复叶，全缘，稀分裂；具叶柄。花两性，聚伞花序排列成圆锥花序，顶生或侧生，与叶同时抽生或叶后抽生；具花梗或无花梗；花萼小，钟状，具 4 齿或为不规则齿裂，或近截形，宿存；花冠漏斗状、高脚碟状，裂片 4 枚，开展或近直立，花蕾时呈镊合状排列。果为蒴果，微扁，2 室；种子扁平，有翅。

（二）生态习性

喜充足阳光，也耐半阴。适应性较强，耐寒、耐旱、耐瘠薄，病虫害较少。以排水良好、疏松的中性土壤为宜，忌酸性土。忌积涝、湿热，一般不需要多浇水。要求土壤肥沃、排水好的沙土。不喜欢大肥，不要施肥过多，否则影响开花。

（三）栽植技术

1.苗木选择

一般选择生长健壮、长势一致、侧须根发达、无病虫害和机械损伤的 2~3 年生苗木。

2.栽植时间

一般以2月下旬至3月上中旬移栽为宜。也可以在晚秋落叶后休眠期进行，将挖出的苗埋入栽植地区附近的假植沟中，待第二年植株萌动前再行栽植；或定植后在离地30 cm处截干，植后埋土越冬。夏季栽植丁香可以在雨季初进行。栽植时要起大土球并包装好，保护好根系。栽植后要喷水雾保持树冠湿润，还需要遮阴防晒，经过一段时间的过渡，苗木即可成活。

3.栽植前准备

栽植前，树冠处需修剪掉病虫枝和折断枝。若栽植3~4年生大苗，应对地上枝干进行强修剪，一般从离地面30 cm处截干，第2年就可开花。苗木栽植前最好用水浸根24~36小时，使苗木充分吸水。

4.起苗与运输

起苗时，地播苗用剁铲或起苗器沿幼苗周边8~10 cm带土取苗，取出后尽快用塑料袋包扎。要求当天起苗当天种植，若当天未能种完，则种苗要集中遮阴、防晒、保湿。整个运输过程中，尽量减少树体水分蒸发和土球、枝干的损坏，维持树体水分代谢的平衡，保证苗木栽植成活。

5.定植

丁香栽植时宜选取土壤疏松而排水良好的向阳处，栽前对苗木根部做必要修剪，剪掉腐烂或过长的根系。定植的株行距一般为2~3 m，如在不同园林绿地中作为自然式配景树而栽植时，可根据配植的要求，对株行距进行疏密距离的调整，栽植穴直径70~80 cm，深50~60 cm，栽植4~5年生或株龄更大的植株时，栽植穴应根据根系的大小相应加深加大。每穴施腐熟的有机肥与土壤充分混合做基肥，在所施的基肥上覆盖5~10 cm的泥土，以使根系不直接接触肥料。然后将苗木放入穴中，在穴四周及其上回填泥土，培土时一定将苗扶正，填土一半时，将树苗稍向上一提，使根系舒展开，然后浇透水，再将土填平。埋土后，除根颈处要严格与土面相平外，还须注意土面也要与穴边的地面相平，切忌为便于浇水而使埋土面低于穴边的地面，否则雨季容易积水而造成积涝，植株容易死亡。

栽植后应在穴边周围围以土堰，解决栽后的浇水问题。立即浇灌透水，而后每10天浇透水1次，连续浇3~5次，每次浇水后都要松土保墒，以利提高土温，使植株根部处在适宜的温、湿度的条件下，迅速萌发出新根。

（四）植后养护管理

1.水肥管理

丁香喜湿润环境，早春萌芽前要浇足、浇透返青水。华北地区春季风大，且持续时间长，应于3~6月各浇1次透水，7月、8月可少浇或不浇水，雨后若有积水，还应及时排除。9月、10月应控制浇水，以植株叶片不萎蔫为宜，否则会使植株秋发，不利于安全越冬。秋末初冬浇足浇透防冻水，此次浇水，宁大勿小，以昼化夜冻为宜。

丁香耐瘠薄，成龄苗可不施肥或少施肥。幼龄苗、新栽苗适当施肥可使植株长势旺盛，较快恢复树势。在栽植新苗时，可施入3~4锹经腐熟发酵的圈肥做基肥，基肥应与栽植土拌匀。秋末可结合浇冻水施入一些牛马粪。新栽的苗连续施3年肥后，可不再施肥。

2.整形修剪

栽植后,还要对地上部分的枝茎适度修剪,以利树体的恢复。尤其是栽植 4~5 年生或株龄更大的植株时,要对所栽植株的地上部分枝干进行强度修剪,或从距地面 20~30 cm 处,截掉一切干茎,然后再行挖苗和栽植(栽植的其他技术要点同上)。此后栽植的强度修剪或截干植株很快就能长出健壮的枝条,并能形成丰满的树冠,第二年即始花,第三年则能正常地开出繁茂的花朵。如果栽植前不进行强度修剪或截干,栽后长势较弱,顶端枝条也易枯干,第二年不能开花,第三年少量开花。所以,栽植大龄植株时,实施树冠的强度修剪或截干措施是使树体迅速恢复的关键。

3.病虫害防治

危害丁香的病害有细菌和真菌性病害,如凋萎病、叶枯病、萎蔫病等,另外还有病毒引起的病害。一般病害多发生在夏季高温高湿时期。害虫有毛虫、刺蛾、潜叶蛾及大胡蜂、介壳虫等,应及时防治。

七、木本绣球

木本绣球(*Viburnum macrocephalum*)别名大绣球、荚蒾绣球等,为忍冬科荚蒾属落叶灌木。其为中国原产种,主产浙江、江苏、山东、河南、陕西、河北等省。

(一)形态特征

高达 4 m。枝广展,树冠半球形。芽、幼枝、叶柄均被灰白或黄白色星状毛。单叶对生,卵形或椭圆形,端钝,基部圆形,缘有细锯齿,下面疏生星状毛。4~5 月开大型球状花,聚伞花序,白色。不结实。

(二)生态习性

为温带植物,喜光,喜温暖湿润,也耐阴、耐寒,对气候因子及土壤条件要求不严,最好是微酸性肥沃土壤,地栽、盆栽均可,管理可以粗放。

(三)栽植技术

1.苗木选择

选择 1~3 年生小苗定植,长大后树形优美开张,枝繁叶茂,着花繁盛。大苗(冠径 2 m 以上)移栽后,枝叶稀疏,生长势逐渐衰弱,着花较少,且很难恢复树势。

2.栽植时间

多在春天花前或秋天落叶后进行,起挖后选择傍晚或阴天进行移栽。北方春季一般在 3 月中旬至 4 月下旬移栽,秋季 10 月上旬至 11 月下旬移栽,0 ℃以下时最好不栽植。

3.栽植前准备

起苗时,如果土壤过于干旱,应在起苗前 3~5 天浇足水。起苗后立即修剪根系并喷生根粉剂。土球用湿草片或湿草绳打包,要求包装结实,不裂不散并且封底。

4.起苗与运输

带土球栽植是提高成活率的关键措施,还可以缩短起苗到栽植时间。起挖时用小铲在土层 10 cm 以下连土带苗铲起,不要伤根、伤苗。最好做到当天起苗当天栽植。如果运输距离过长,途中一定要严密覆盖,防止因风吹造成严重失水,影响成活率。

5.定植

根据木本绣球土球大小,严格按照技术要求挖好树坑,坑尽可能挖大点,土球放入后,周围最少要有 20~30 cm 填土空间,将所填土充分踩实,使土球和周围新土紧密结合。

浇第 1 次水,尽量把围堰做大一些,以便储存更多的水,使土球充分渗透。第 1 次充分浇透水非常重要,带土球的木本绣球,只有当新根萌出扎入周围新添土内,浇水才能和日常管理一样。

栽植深度以新土下沉后,木本绣球基部原土即与地平面平行或稍低于地面 3~5 cm 为准;栽植过浅,根系易干燥失水,抗旱性差,根茎易受灼伤;栽植过深,造成根茎窒息,导致荚蒾生长衰弱。修好灌水围堰后,解开捆扎在树冠上的草绳,使枝条舒展。

(四)植后养护管理

1.水肥管理

新栽植的木本绣球栽种后,须保证连续灌 3 次透水,确保土壤充分吸水并与根系紧密接合。在日常养护管理时,只要保持根系土壤适当湿润即可,灌水量及次数可根据树木生长情况及土壤、气候条件决定,做到适时适量,否则土壤含水量过大,反而会影响土壤透气性能,抑制根系呼吸,对发根不利,严重时导致烂根、整树枯亡。

每月施有机肥和氮、磷、钾比例均衡的复合肥各一次,生长旺盛期还应防止枝条徒长,喷施多效唑,后期适当增施磷、钾肥,也可用磷酸二氢钾水溶液进行叶面喷施。花后应施肥 1 次,以利于生长。

2.整形修剪

每年早春萌芽应进行修剪,要将老枝进行疏剪,将上年生枝条截短,促其萌发新枝。冬季修剪应及时疏除掉病虫枝、交叉枝、过密枝、冗杂枝等。新植木本绣球栽植后要视情况松土。及时清除杂草,并清理运出,保持树堰内清洁。

3.病虫害防治

夏季易发生蚜虫、叶螨类,注意消灭越冬虫源,以控制翌年发生量。病害发生前喷洒 65%代森锰锌 600 倍液等,可起到保护作用。平时养护管理中及时剪除患病枝叶。

八、风箱果

风箱果(*Physocarpus amurensis*)别名阿穆尔风箱果、托盘幌等,为蔷薇科风箱果属落叶灌木,是一种叶、花、果并美的优良观赏树种。

(一)形态特征

高达 3 m;小枝圆柱形,稍弯曲,幼时紫红色,老时灰褐色。叶片三角卵形至宽卵形;叶柄微被柔毛或近于无毛;托叶线状披针形,早落。花序伞形总状,总花梗和花梗密被星状柔毛;苞片披针形,早落;花萼筒杯状;萼片三角形;花瓣白色;花药紫色;心皮外被星状柔毛,花柱顶生。蓇葖果膨大,卵形,内含光亮黄色种子 2~5 枚。花期 6 月,果熟期 7~8 月。

(二)生态习性

性喜温暖和阳光照射的环境,也耐半阴,常生于山顶、山沟、山坡林缘的灌木丛中,聚生成丛。落叶后有较强的抗寒能力,要求在疏松、肥沃而又湿润的环境中生长,但不耐水渍,栽培地势略高即可。

(三)栽植技术

风箱果喜湿润而排水良好的土壤,故一般选择水源方便,土壤疏松、有机质含量高的轻沙壤为宜,采用秋翻秋整地的做法,在整地时每亩施有机肥25~30 t、磷酸二氢钾20 kg,整地要求上松下实。一般情况下,播种苗栽植在早春树木未萌动前进行,扦插苗栽植在生根后50天左右或第二年春季进行。组织培养苗栽植应在温室炼苗60天左右进行。栽植苗株行距一般应在60 cm × 50 cm,采用露地高床;栽植2年生苗株行距一般为60 cm × 50 cm,采用露地垄作;若培养路篱苗,株行距应保持在60 cm × 30 cm。苗木栽植时要坐水栽植,即先向栽植坑浇水,然后植苗,待坑内水分完全渗透时再覆土踩实。若带叶移栽,则要用50%的遮阴网遮光,栽后最好采用喷灌,每天喷一次,每次喷水30分钟即可。在缓苗期内,一般7~10天向栽植坑浇水一次。

(四)植后养护管理

1.水肥管理

一般在生长季节要进行3~4次除草松土。在6月下旬追施一次复合肥,每株20 g即可。

2.整形修剪

风箱果一年内必须进行两次修剪,否则影响绿化效果和植株形态,应分别于早春或秋季落叶后和生长季节6月下旬进行。在春季或秋季落叶后修枝,若一年生苗,应保留枝条基部3~4个芽,其余枝条全部剪除;若二年以上苗,要剪除当年枝条上部的1/3和下部弱枝,以保证植株形态丰满和新枝生长健壮。夏季修枝应剪掉徒长枝顶梢的1/3,以保证植株丰满。

3.病虫害防治

风箱果的病虫害很少,主要有黄刺蛾幼虫危害,如发现病虫害,适时对症施药即可。

九、棣棠

棣棠(*Kerria japonica*)别称蜂棠花、黄度梅、黄榆梅等,为蔷薇科棣棠属落叶灌木。分布于我国华北、西北、华东、华中、华南、西南等地区,河南地区多有栽培。

(一)形态特征

落叶灌木,高1~2 m,稀达3 m,常丛生。小枝绿色,略曲折,柔软下垂。叶卵形,先端渐尖,略呈尾状,表面鲜绿色,背面淡绿,具不整齐锯齿。花金黄色,5瓣。瘦果,黑色,扁球形。4~5月开花,8月果实成熟。

(二)生态习性

适应性强,喜温暖湿润环境。稍耐阴,较耐湿。对土壤要求不严,但以湿润肥沃的沙质壤土上生长最旺。根蘖萌发力强,能自然更新植株。耐寒性较差,华北露地栽培冬季需培土,防止枯梢。

(三)栽植技术

棣棠喜湿润环境,种植于沟渠边、池塘边、草坪中等土壤湿润处生长旺盛,不宜种植于高燥处;但也不应种植于低洼积水处,否则会使植物因根系腐烂而死亡。喜肥沃且通透性好的沙质土壤,在轻黏壤土中也能正常生长,在黏壤土中则多生长不良。

棣棠的栽植应在3月中旬未萌芽前进行,植株既可裸根,也可带土球,相对而言,带土球的植株成活率高、缓苗快、开花早。栽植前应施用腐熟发酵的圈肥做基肥,用量为4~5锹,圈肥应与底土充分拌匀,苗子放正后分3次回填土,每次填土后应进行踩实,穴土全部填完后,轻轻提苗,以使植株根系疏展。栽种完后需立即围堰浇头水,2天后浇二水,再过3天浇三水。

(四)植后养护管理

1.水肥管理

苗木成活后,栽植地应始终保持湿润,视土壤墒情浇水。春季风力大,蒸腾量较大,且植株面临萌芽、开花,需水量较大,故应适当多浇水;夏季相对来说雨水较为丰沛,大雨后要及时排水,在遇连续干旱时须浇水抗旱;中秋后,气温降低,蒸腾量减少,应控制浇水量,防止秋发。初冬时应浇足浇透防冻水,第二年初春浇解冻水。

棣棠喜肥而不耐瘠薄,春季植株萌芽前,施用氮磷钾复合肥,使植株花大且花期长;花后肥可施用烘干鸡粪,使植株枝叶繁茂;在秋末落叶前施用1次腐熟发酵的牛马粪,这次肥宜多不宜少,可盖满树穴,厚3~4 cm,这次肥还有一定的保温作用,利于植株安全越冬。初秋一般不施肥,主要原因是怕植株贪青影响安全越冬。

2.整形修剪

棣棠萌蘖性强,耐修剪。棣棠花大多开在新枝顶部,所以修剪宜疏剪,不宜短剪,以免减少着花数量;新枝生出后也不要进行短截和摘心,否则会将花芽剪掉;每4~5年对植株更新1次,将地上部分全部剪除,使萌发出来的新枝颜色鲜亮,着花数量也较多;为促使棣棠多开花,应在萌发新枝、花谢后或秋末疏剪老枝、密枝、残留花枝及病虫枝。

3.病虫害防治

棣棠常见病害有黄叶病、褐斑病、枯枝病,虫害主要有刺蛾、袋蛾、卷叶蛾、蚜虫等。

十、珍珠梅

珍珠梅(*Sorbaria kirilowii*)别名东北珍珠梅、华楸珍珠梅等,是蔷薇科珍珠梅属落叶灌木。

(一)形态特征

落叶小灌木,高达2 m,枝条开展;小枝圆柱形,稍屈曲,无毛或微被短柔毛,初时绿色,老时暗红褐色或暗黄褐色。羽状复叶,小叶对生,11~17枚,披针形至卵状披针形,羽状网脉,小叶无柄或近于无柄,叶背光滑;顶生大型密集圆锥花序,花蕾如珍珠状,小白花,密集生长,花瓣长圆形或倒卵形,雄蕊比花瓣长;蓇葖果长圆形,有顶生弯曲花柱;萼片宿存,反折,稀开展。花期7~8月,果熟期9月。

(二)生态习性

珍珠梅喜温暖湿润气候,喜光又耐阴,耐寒,性强健,萌蘖性强,耐修剪。不择土壤,但在排水良好的沙质壤土上生长较好。生长迅速,是良好的夏季观花植物。

(三)栽植技术

一般在春季萌动前或秋季落叶后进行地栽。珍珠梅在生长过程中,具有易萌发根蘖的特征,可在早春3~4月进行分株繁殖。选择生长发育健壮、没有病虫害,并且分蘖多的植株作为母株。将树龄5年以上的母株根部周围的土挖开，从缝隙中间下刀，将分蘖与母株分开，每蔸可分出5~7株。分离出的根蘖苗要带完整的根，如果根蘖苗的侧根又细又多，栽植时应适当剪去一些。分株时要注意根部的切伤口，在栽植前用草木灰消毒处理。

事先选好地点，根据植株大小，挖相应大小的栽植穴，树穴内先施适量基肥，以腐熟的圈肥为好，与土壤混合均匀，分株栽植后浇透水，春旱时多浇水，以保证花期正常开放，一周后逐渐放在阳光下进行正常的养护。栽在庇荫的环境中能较好地生长，勿栽在强光照射的地方，否则对生长不利。

（四）植后养护管理

1.水肥管理

珍珠梅喜湿润环境，积水易导致植株烂根，缺水则影响植株生长，故雨季应注意及时排水，干旱季节应浇足水，浇水后要及时松土保墒，初冬和初春季还应浇好封冻水和开冻水。

珍珠梅每年冬天施基肥，肥料以腐熟的圈肥为好，做到肥匀、土细，每株施500 g左右。开花前追施磷肥，花后应施氮肥，在植株生长高峰期在体外喷射1%的过磷酸钙，这样可以使植株生长健壮，叶色浓而肥厚，花色鲜艳，花朵大，花期长。在郑州地区冬季能安全越冬，北方寒冷季节可略采取一些防寒措施。

2.整形修剪

珍珠梅萌蘖性强，花谢后及时剪除残存花枝，以减少水分及养分消耗。冬天落叶后剪去病枝、细弱枝、老枝等，每根一年生枝条可只留3~5个芽，将其余部分剪除，促使来年花繁叶茂。对多年生老树可4~5年分栽更新一次或重剪。根据造型需要，每年可进行3~4次摘心或短截，以达到树枝丰满、形态优美的观赏效果。

3.病虫害防治

珍珠梅病虫害主要有白粉病、褐斑病、蚜虫、红蜘蛛、卷叶蛾等。

十一、绣线菊

绣线菊（*Spiraea salicifolia*）别名柳叶绣线菊等，为蔷薇科绣线菊属灌木植物，是典型的两性花，花色以白色为主，花期比较长，所以常用来做园林景观植物栽培种植。

（一）形态特征

直立灌木，高1~2 m；枝条密集，小枝稍有棱角，黄褐色，嫩枝具短柔毛，老时脱落；冬芽卵形或长圆卵形，先端急尖，有数个褐色外露鳞片，外被稀疏细短柔毛。叶片长圆披针形至披针形；花序为长圆形或金字塔形的圆锥花序，被细短柔毛，花朵密集。蓇葖果直立，无毛或沿腹缝有短柔毛，花柱顶生，倾斜开展，常具反折萼片；花期6~8月，果熟期8~9月。

（二）生态习性

性喜温暖和阳光充足的环境，稍耐寒、耐阴，较耐干旱，忌湿涝。分蘖力强，生长适温15~24 ℃，冬季能耐-5 ℃的低温，在华北露地栽培冬季需加保护。土壤以肥沃、疏松和排水良好的沙壤土为宜。生长于河流沿岸、湿草原、空旷地和山沟中，海拔200~900 m。

（三）栽植技术

1.栽植时间

绣线菊苗木在生长季节均可移栽，但春季是移栽的最佳时期，一般可在4月上旬叶芽萌动时进行移栽。夏季栽植绣线菊,最好选在阴雨天或上午10:00前、下午16:00以后进行。

2.栽植前准备

最好选择肥沃、疏松和排水良好的土地,清除地面表层杂物,栽植前施足基肥,一般施腐熟的圈肥,深翻树穴,将肥料与土壤拌均匀。为提高栽植成活率,起苗时要保留较长的根系;苗木起出在苗圃地进行分级处理后,要立即假植,假植时间不宜太长,一般5~10天,时间过长易造成苗木失水,影响成活。如遇大风或日照较强、空气干燥的天气,应适当喷水。

3.定植

栽植前对根系进行修剪,以防须根太多造成窝根。栽植后剪去部分枝条,通过疏枝、短截,减少养分消耗,减少树体水分蒸发量,利于缓苗,促进成活。

由于绣线菊具有喜光、喜肥沃湿润土壤的生态习性,因此栽植密度不宜过大。定植到垄上的适宜株行距为25 cm × 25 cm,在垄上做穴,穴深20 cm为宜。栽植时将苗木置于穴中央,使根系舒展;然后培入心土,待土填到坑的一半时,将苗轻轻向上一提,轻轻左右摇动一下,使细土与根密接,这时要注意将已埋的土向下踩实,最后将栽植穴填满。栽植后,将栽植穴四周做土埂,浇透水,合墒后培土、扶直苗木,用土封沟,保墒增温,这样有利根系伤口愈合,尽快生根。

(四)植后养护管理

1.水肥管理

苗木栽植后,马上进行浇水。春季干旱时要及时浇水,夏、秋干旱时浇水要透,以保持土壤不干旱,入冬前还需浇1次防冻水。对肥料要求也不高,刚栽培时施足基肥就能满足其生长要求,以后不需再追肥,只需浇水。花期施2~3次磷、钾肥,秋末施1次越冬肥,以腐热的粪肥或厩肥为好,冬季停止施肥,减少浇水量。苗木定植当年7月中旬进行1次中耕除草,在定植的第2年,每个生长季对土壤要中耕2次,一般在4月底5月初1次,6月底7月初1次,翻耕深度在20~30 cm。

2.整形修剪

定植当年是缓苗期,修剪量不宜过大。花后要及时修剪掉残留花枝,以保持株形整齐,避免养分消耗,促使其生长健壮,秋后或春初还应剪除病虫枝和老弱枝,对1年生枝条可进行强修剪,促使枝条更新与花繁叶茂。

3.病虫害防治

夏季暴雨后土地积水过多,根部积水时间较长,达3天以上就易导致根腐病的发生。感染此病后应及时排水,并对病株用代森锰锌1 000倍液或百菌清800倍液灌根及喷叶3次。

十二、金露梅

金露梅(*Potentilla fruticosa*)别名金老梅、金蜡梅等,为蔷薇科委陵菜属落叶灌木。因花黄色、似梅而得名。我国分布于东北、华北、西北、西南各地,近年来,河南地区也多有应用。

(一)形态特征

落叶灌木,高可达2 m,树皮纵向剥落。小枝红褐色,羽状复叶,叶柄被绢毛或疏柔毛;小叶片长圆形、倒卵长圆形或卵状披针形,两面绿色,托叶薄膜质,单花或数朵生于枝顶,花梗密被长柔毛或绢毛;萼片卵圆形,顶端急尖至短渐尖,花瓣黄色,宽倒卵形,顶端圆钝,比萼片长;花柱近基生,瘦果褐棕色近卵形,6~9月开花结果。

(二)生态习性

金露梅生性强健,耐寒,喜湿润,但怕积水,耐干旱,喜光,在遮阴处多生长不良,对土壤要求不严,在沙壤土、素沙土中都能正常生长,喜肥而较耐瘠薄。

(三)栽植技术

1.苗木选择

选择适合当地的优良品种,植株健壮,分枝多且紧密,根系完整,无病虫害和机械损伤的苗木。

2.栽植时间

栽植金露梅一般在春季4月初或秋季10月进行。如果秋季栽培,翌年可以开花结实。春季栽培,若水肥充足,当年也可以开花结实。金露梅若选择在夏季栽植,尽量选择下雨天气,或者是下午天气凉爽之时,避免苗木栽植过程中因蒸腾过大而导致失水过多,造成死亡。

3.栽植前准备

为保证苗木成活,若掘树前天气干燥,应提前2~3天灌水,使植株充分吸水。金露梅苗木起挖前,疏除植株密挤枝,同时对保留枝进行摘叶处理,只保留1/4左右的老叶,以减少蒸腾作用。

4.起苗与运输

采挖苗木可用尼龙袋包装或塑料袋包装,尽量不要破坏根系,一边采挖,一边包装,采挖包装后快速运输,运输过程中要尽量保护枝叶和土球,缩短运输时间,尽量保证当天起运当天栽植,必要时要在车厢内垫上草袋等物,以防损伤树皮。

5.定植

栽植时,选择阴天,边起边栽,为防止小苗根系失水风干,栽植时可剪去1/4的主根。随起苗随栽植,当天不能栽植的要进行假植,假植要选在潮湿、阴暗、避风的地方。

选择地势平坦、土层深厚肥沃、排水良好的地块进行栽植,栽前进行穴状整地,定植穴一般50 cm见方。挖好穴后,在穴底部撒上一层有机肥料作为底肥(基肥),厚度为4~6 cm,再覆上一层土并放入苗木,以把肥料与根系分开,避免烧根。苗木栽植不宜太深,一般在原根颈土壤痕迹以上2~3 cm为宜。按照1穴1株放入苗木后,回填土壤,把根系覆盖住,并按“三埋二踩一提苗”的原则,认真栽植,使苗木充分接触土壤,保证成活率。栽植后要及时浇水。

(四)植后养护管理

1.水肥管理

按照“干透灌透”的原则进行浇水。由于金露梅根系发达、耐干旱,因此不需多灌水,当苗木形态上表现缺水现象后再灌透水即可。越冬前灌足冬水,即可安全越冬,不需采取其他措施。

早春应施基肥,以腐熟人粪尿为主;叶面喷肥用尿素,在生长期喷2~3次,以促花芽分化;秋季可施钾肥,以腐熟有机肥为主,有利于苗木生长和木质化,或根外施肥,也可酌情施用化肥。

2.整形修剪

修剪时要注意侧枝的短截,合理短截不仅可以促使冠形更加丰满,而且可促生更多的开花枝条。对于开过花的枝条,如果不为采收种子,应及时将残花剪除。对于过密枝条和影响冠形的枝条,应及时进行疏除。在培养过程中,为了调节树势,还应对徒长枝或者长势过旺的枝条进行短截。

3.病虫害防治

幼苗期主要防治立枯病,速生期后主要防治食叶害虫危害。用50%辛硫磷乳油2 000倍液灌根,以防治地下害虫危害,每隔7天进行1次。

十三、石榴

石榴(*Punica granatum*)别名安石榴、海榴等,为石榴科石榴属落叶灌木或小乔木。石榴树姿健壮古朴,花色艳丽,花期长,又适值夏季花少时开放,是夏季重要的观花树种。

(一)形态特征

高2~7 m。树冠不整齐,小枝常四棱形,端常成刺状。单叶对生或簇生,长椭圆状倒披针形,全缘,亮绿色,无毛。花通常深红色,单生枝端,花萼钟形,紫红色,质厚。浆果球形,古铜黄色或古铜红色,具宿存花萼,种子多数,具肉质外种皮,汁多可食。花期5~7月,果熟期9~10月。

经过栽培驯化发展成为果石榴和花石榴两大类。果石榴花多单瓣,以食为主,也有观赏价值,我国已有70个品种;花石榴花多为复瓣和重瓣,主要为观花和观果。

(二)生态习性

强阳性树,喜光,喜温暖气候,耐寒性强,能适应土壤pH 4.5~8.2范围,喜肥沃而排水良好的石灰质土壤。萌发性较强,耐干旱,生长速度中等,寿命较长,可达200年以上。在气候温暖的南方,一年有2~3次生长。春梢开花结实率最高,夏梢和秋梢在营养条件较好时也可着花,而使石榴的花期大为延长。石榴对SO_2、HF、NO_2等抗性均较强,并能吸收硫和铅,也具有滞粉尘能力。

(三)栽植技术

1.苗木选择

严格挑选根系完整、干径较粗、苗茎光滑、芽眼饱满、无病虫害及机械损伤的优质苗木。

2.栽植时间

石榴一年四季均可栽植,但以秋季或早春栽植最适宜。春季以3月至4月中旬、秋季以10月下旬至11月下旬为好。南方秋栽较好,北方以春栽为宜。

夏季花石榴栽植前应加大修剪量,剪掉植物本身1/2~2/3数量的枝条,以减少叶面呼吸和蒸腾作用。

3.栽植前准备

移栽前一周浇1次透水,可增加树体水分,且起苗时易带土球。移栽前对树体进行疏剪，以减少水分散失。对各主枝的延长枝，截去 1/2~1/3。疏除内膛的密生枝、背上枝，重剪无花枝。在粗枝的剪锯口上涂一层油脂或泥浆。

4.起苗与运输

小苗裸根栽植，大苗需带土球。苗木一般应选择在阴天起苗，起苗之前可对树冠喷抗蒸腾剂，连夜运输至现场，并保证到场苗木枝叶新鲜，土球完整密实，如果土质松散，不易成球，可在起苗后，将根部断茬剪平，伤口平滑有利愈合，并将根系立即蘸泥浆或生根粉，以保持根系湿润，促进根系的恢复和生长，进而提高成活率。

装车前，应先用草绳、麻布或草包将土球、树干、树枝包好，并进行喷水，保持草绳、草包的湿润，这样可以减少在运输途中苗木自身水分的蒸腾量。夏季应尽量避免长途运输。

5.定植

石榴是喜光树种，适宜在光照充足的壤土、沙壤土、油沙土或经过改良的河滩地、峡谷坡地或平地栽植，土壤以中性偏酸或偏碱为好。栽植前对栽植地土壤进行深翻熟化，去除砂石和砖瓦等杂物，深翻深度 50 cm 左右。

栽植前按定植点挖好栽植坑，坑深 40~60 cm，长、宽 60~80 cm。穴内施入有机肥，与表土混合后回填，边填边踩，使之坚实，以免栽苗时土壤下沉使苗木陷下去，造成栽植过深。当肥土填到离穴深还有 20 cm 左右时，放入苗木，边填土、边踩、边将苗木向上轻提，扶正使根系舒展，不窝根。栽植深度以沉实后根颈部原土印与地表相平为宜。栽植后立即修好树盘，浇足定根水，使根系与土壤密接，待水渗透后，再封土，土堆要稍有隆起，以防积水。以后每隔 15~20 天，浇 2~3 次水即可成活。

（四）植后养护管理

1.水肥管理

石榴灌水的关键时期主要是萌芽期、果实膨大期和落叶前三个时期，土壤湿度保持在 60%~80%较为适宜，其他时期主要根据土壤湿度灵活掌握。花石榴抗旱不抗涝，在生长季要注意排水，防止土壤过长时间积水，引起涝害。

石榴花果旺盛，需补充肥料，入冬施基肥，花开前施追肥。同时，生长季注意叶面追肥，前期以氮肥为主，中后期以磷、钾肥为主，肥液总浓度不超过 0.3%。根外追肥也可喷施沼气液或腐熟粪水。

2.整形修剪

花石榴修剪的原则是有形不死，无形不知乱，做到上稀下密、外稀内密，大枝稀、小枝密，保证树冠内膛光照充足。冬剪以疏剪和长放为主，主要疏除交叉重叠枝、密生枝、病虫枝、旺长枝、徒长枝，以免扰乱树形。生长季抹除萌发的多余萌蘖，以减少多余枝叶对养分的消耗。定植后的前 3~4 年以整形为主，从第三年起对部分辅养枝采取环割待处理，促其开花结果。初结果树在促花结果的同时，应继续完善各级骨干枝的培养和结果枝组的配备。

3.病虫害防治

石榴一般病虫害较轻，病害主要有叶枯病和灰霉病，可用 70%甲基托布津可湿性粉剂 1 000 倍液喷洒。虫害有刺蛾、介壳虫和蚜虫，用 50%杀螟松乳油 1 000 倍液喷杀。

十四、黄栌

黄栌(*Cotinus coggygria*)别名红叶黄栌、黄道栌等,为漆树科黄栌属灌木或小乔木。我国重要的观赏红叶树种,叶片秋季变红,鲜艳夺目,著名的北京香山红叶就是本树种的景观。

(一)形态特征

树高 3~5 m,树冠卵圆形或圆形,树皮暗灰褐色,小枝紫褐色,被蜡粉,枝髓黄色。叶互生,倒卵形或卵圆形,先端圆形或微凸,基部圆形或阔楔形,全缘,两面或尤其叶背显著被灰色柔毛,叶柄短。圆锥花序顶生,花小,黄绿色,花瓣卵形或卵状披针形。核果小,肾形,熟时红色。花期 4~5 月,果熟期 6~7 月。

(二)生态习性

黄栌喜光、耐半阴,耐寒抗旱,耐瘠薄和碱性土壤,但以在深厚肥沃、排水良好的沙壤地上生长较好。不耐积水,生长快,根系发达,具有较强的萌蘖能力,对 SO_2有较强的抗性。

(三)栽植技术

1.苗木选择

选择生长健壮、根系发达、无机械损伤和病虫害 1~2 年生的苗木。

2.栽植时间

黄栌宜安排在秋末落叶后或春季萌芽前进行栽植,宜选择阴雨天、阴天。太阳天、天旱土干时不宜栽植。

3.栽植前准备

起苗前先灌足底水,做到不伤根系,尽可能少损伤和碰伤枝芽,保证根全苗壮。起苗最好安排在早晨或傍晚以后,以减少苗木水分损失,起苗之前对树冠喷洒抗蒸腾剂。黄栌须根较少,起挖前应对苗木枝条进行强剪,以保持树势平衡,利于苗木成活。

4.起苗与运输

最好进行带土球栽植,且土球的直径要比春季栽植稍大一些。起出的苗木要及时分级包装,并做好保护,防止风吹日晒和冻害。栽植带土球的苗木,为防止苗木散坨,可使用周转箱装运,装苗时要轻拿轻放,株与株之间要紧凑,每箱装一层。为便于运输和减少苗木损伤,装车时箱与箱之间要固定好,用遮阳网防止阳光直射。不能及时调运的苗木要就地埋土假植。

5.定植

栽植黄栌时选择地势较高、土壤疏松、肥水条件好的壤土地。定植的株距为 4~5 m,种植穴直径 70 cm、深 50 cm,种植穴内的底土拌肥填平。种植前进行必要的修剪,剪去劈裂根、病虫根和过长根。

裸根苗栽植前要做好苗木浆根工作,有条件的话,还可以使用 ABT 生根粉来提高成活率。采用"三埋两踩一提苗"的栽植技术,栽植深度为根际以上 2~4 cm,大苗深些,小苗浅些。填表土及湿土埋苗根,当填到整地坑深度 2/3 左右时,把苗木向上轻提,使苗根舒展、苗木正直,再埋土使苗木达到栽植所要求的深度。踩实后填心土及干土,分层压实。

当填土到穴满,再踩,最后覆细土,并保护窝面呈"馒头状"。栽后及时浇透水。

(四)植后养护管理

1.水肥管理

黄栌移栽之后,要及时浇足定根水,3 天内若天气晴朗,早晨或傍晚浇水 1 次,3~7 天内隔天浇水 1 次,经过 1 周,确保苗木移栽成活。苗木移栽成活后,若圃地在深耕时未施基肥,可每隔半个月施肥 1 次。前期水施尿素为主,中、后期水施复合肥为主,同时每隔 1 个月喷施磷酸二氢钾溶液 1 次。久晴不雨或土壤干旱时,应在早晨或傍晚浇水。如有条件灌溉,也可在夜间进行灌溉。

黄栌不宜用大肥,肥多会使枝条徒长、叶片变大,影响美观。除栽种时施些基肥外,春末、初秋各施一次腐熟的有机液肥即可。

2.整形修剪

可根据园林需求进行修剪,如要培养成小乔木状树形,可在苗高 1.5 m 时于冬季修剪时对主干进行轻短截,将主干上的侧枝全部疏除,翌年在剪口下选择 1 个壮芽作主干延长枝培养,其余的芽子全部疏除,秋末再对这个主干延长枝进行短截,并将其上的侧枝全部疏除。第三年春季选留的芽子要与上年所留芽子的方向相反,按此方法培养主干。待主干长至 2.5~3 m 时可进行定干,次年春天选留 3~4 个分布均匀、开张角度适宜的新枝作主枝培养,秋末对主枝进行短截,在其上培养侧枝。此后,及时剪除病虫枝、下垂枝、过密枝及冗杂枝即可。灌木状树形修剪相对粗放一些,主要依据其自然生长的树形进行修剪,保持树形整体美观、不出现偏冠、树体通透性好即可。

3.病虫害防治

黄栌病害主要是立枯病、白粉病、霜霉病,虫害主要是地老虎、蚜虫、叶蝉。要注意及时防治。

十五、木槿

木槿(*Hibiscus syriacus*)别名无穷花、沙漠玫瑰等,为锦葵科木槿属落叶灌木。原产于亚洲东部,花艳丽,作为观赏植物广泛栽种,为韩国国花,被称为"无穷花"。近年来,河南地区应用越来越广泛。

(一)形态特征

落叶灌木,稀小乔木,高达 3~6 m。小枝幼时密被茸毛,后渐脱落。叶菱状卵形,具深浅不同的 3 裂或不裂,基部楔形,边缘有钝齿,下面沿叶脉微被毛或近无毛。花单生于枝端叶腋间,花萼钟形,密被星状短茸毛,裂片 5,三角形;花朵色彩有白、淡粉红、淡紫、紫红等,花形呈钟状,有单瓣、复瓣、重瓣几种。外面疏被纤毛和星状长柔毛。蒴果卵圆形,直径约 12 mm,密被黄色星状茸毛;种子肾形,背部被黄白色长柔毛。花期 7~10 月。

(二)生态习性

木槿喜温凉、湿润,耐寒,喜光,耐肥。最适中性微酸性土壤,较耐干旱、耐瘠薄等,生长适温 15~28 ℃,忌涝渍。适应性强,南北各地都有栽培,萌芽性强,耐修剪。对烟尘、SO_2、Cl_2等抗性较强。

（三）栽植技术

1.苗木选择

木槿小苗耐寒力相对较差。栽植时应适当选择大规格（3 年生以上）苗木。

2.栽植时间

移栽定植最好在幼苗休眠期进行，也可在多雨的生长季节进行。

3.栽植前准备

移栽前 1 周浇 1 次透水，可增加植株水分，且起苗时宜带土球。移栽前对树体进行疏剪，以减少水分散失。对各主枝的延长枝，截去 1/2～1/3。疏除内膛的密生枝、背上枝，重剪无花枝。在粗枝的剪锯口上涂一层油脂或泥浆。

4.起苗与运输

移栽时要剪去部分枝叶，以利成活，1～2 年生苗可裸根蘸泥浆或稍带泥土。起挖带土球的大苗木，土球外用草绳包扎严实，以防掉土失水死根，降低成活率。运输过程中要尽量保护枝叶和土球，缩短运输时间，必须保证当天起运当天栽植，必要时要在车厢内垫上草袋等物，以防损伤树皮。

5.定植

宜选择深厚、肥沃、疏松的土壤，清除表面杂灌、杂草和采伐剩余物。整地季节以秋、冬为佳，种植地要全面翻耕，翻土深度要求达到 25 cm 以上，翻垦后进行冬晒，促进土壤熟化，利于次年栽植的苗木生长。

以株距（1.5～2）m × 2 m 定植，种植穴规格为 50 cm × 50 cm × 40 cm。穴内要施足基肥，一般以垃圾土或腐熟的厩肥等农家肥为基肥，配合施入少量复合肥。栽植时需将苗木的根部伸展自如地放于定植穴内，然后填土踏实。定植后应浇 1 次定根水，并保持土壤湿润，直到成活。

（四）植后养护管理

1.水肥管理

一般在第一个生长期内浇 5～7 次水，立秋后应适当控制浇水量，防止枝条徒长而木质化程度低。11 月初应浇足浇透防冻水，翌年早春 3 月初可浇解冻水。4 月、5 月两个月，由于春季季风持续时间长，且气温回升较快，应浇 2～3 次水，这两次水也应浇足浇透。若春季缺水，易导致植株叶片窄小发黄，花小或不能完全开放。还需注意的是夏季雨天应少浇水或不浇水，大雨过后还要及时排水，并在适当的时候松土，增加土壤的通透性，防止因积水而烂根。

当枝条开始萌动时，应及时追肥，以速效肥为主，促进营养生长；现蕾前追施 1～2 次磷、钾肥，促进植株孕蕾；5～10 月盛花期间结合除草、培土进行追肥两次，以磷、钾肥为主，辅以氮肥，以保持花量及树势；入秋后一般不施肥，以防止枝条徒长而在冬季遭受冻害；冬季休眠期间进行除草清园，在植株周围开沟或挖穴施肥，以农家肥为主，辅以适量无机复合肥，以供应来年生长及开花所需养分。

2.整形修剪

新栽植的木槿植株较小，用作花篱的木槿，在栽植后进行第一次修剪，以后每年初冬进行一次修剪，主要是保持绿篱的外形美观。对于片植、孤植的木槿，可疏除冗杂的小枝，对于已开花的枝条，应进行短截，留 8～12 cm。对花圃中已成形的主干开心形的木槿，应以培养中、短花枝开花为主。可于每年秋季落叶后将长枝适当短截，疏去过密枝、下垂枝、交叉枝、病虫枝、内膛枝。冬剪时对中花枝在分枝处短截，可有效地控制树势和促进开花。

3.病虫害防治

木槿生长期间病虫害较少，病害主要有炭疽病、叶枯病、白粉病等，虫害主要有红蜘蛛、蚜虫、蓑蛾、夜蛾、天牛等。

十六、紫荆

紫荆（*Cercis chinensis*）别名满条红、苏芳花、紫株、乌桑等，为豆科紫荆属落叶灌木或小乔木，因“其木似黄荆而色紫，故名”。原产我国，分布较广。

（一）形态特征

紫荆耐寒，根深，叶近圆形，先端渐尖或急尖，基部心形或近圆形，无毛。花先叶开放，5～9 朵簇生于老枝上，紫红色，长 15～18 mm，花梗红，长 6～15 mm。荚长 5～17 cm，宽 13～15 mm，沿腹缝线具有窄翅，种子 2～8 粒。花期 4 月，果 10 月成熟。

（二）生态习性

紫荆喜光，在光照充足处生长旺盛，有一定的耐寒性，苗木无须防寒措施可安全越冬。喜肥沃、排水良好的沙质壤土，在黏质土中多生长不良。有一定的耐盐碱力，在 pH 8.8、含盐量 0.2%的盐碱土中生长健壮。不耐淹，在低洼处种植极易因根系腐烂而死亡。

（三）栽植技术

紫荆在每年冬季落叶后的 11～12 月、翌年 2～4 月发芽前均可移栽，大的植株移栽时应带土球，以利于成活。因其根系的韧性大，不易挖断，可用锋利的铁锨将部分根系铲断。对于一些较长的枝条也要适当短截，以方便携带运输；如果花期移栽，还要摘除部分花朵，以避免消耗过多的养分，影响成活。

选择背风、光照充足、肥力充足、排灌正常且土壤深厚松软的地方。不可选择黏性土壤，黏性土壤会导致紫荆生长不良，土壤 pH 值要保持微碱。选好地之后要做好整地工作，进行深翻细耙，施足腐熟堆肥作底肥，提高土壤的肥力，加强紫荆营养吸收，促进紫荆的生长。

种植间距以（1.5～3）m × 2 m 为宜，定植前挖 0.6 m 深的种植穴，穴内施基肥，种植穴要透水。栽植时苗木要扶正，调整方位。填土大半时，轻提树木，使树木根系舒展，踏实土，再填土踏实，埋土超过原土痕 2～3 cm，踩实后随即浇定根水，等水渗透后再扶正。栽植后要打好水盘，及时浇透水并覆上一层干土，减少水分蒸发。

（四）植后养护管理

1.水肥管理

紫荆生长期间应适时中耕，以疏松表土，减少水分蒸发，使土壤里的空气流通，促进养分的分解，为根系的生长和养分的吸收创造良好的条件。每年的早春、夏季、秋后各施 1 次腐熟的有机肥，以促进开花和花芽的形成，每次施肥后都要浇 1 次透水，以利于根系的吸收。天旱时注意浇水，雨季要及时排水防涝，以免因土壤积水造成烂根。

2.整形修剪

紫荆的花芽都是在前一年枝条上形成的,因此修剪宜在5~6月开花过后进行。夏季修剪以疏枝整形为主,剪去交叉枝、徒长枝、密生枝、病虫枝及枯枝,以利通风透光,使养分集中;对花后残留枝梢可截短,促其生长,以利翌年多开花。冬季落叶后至春季萌芽前剪除病虫枝、交叉枝和重叠枝,以保持优美的树形。在较寒冷的地方,新栽植的紫荆苗木越冬需要覆防寒土。

3.病虫害防治

紫荆的病虫害并不是很多,常见的病害有角斑病、枯萎病、叶枯病,常见的虫害有大蓑蛾、褐边绿刺蛾、透翅蛾、蚜虫、金龟子、天牛等。

十七、杜鹃花

杜鹃(*Rhododendron simsii*)别称映山红、山石榴、山踯躅等,是杜鹃花科杜鹃花属植物。杜鹃花是一个大属,全世界约有900种,其中我国有530余种,占全世界的59%,特别集中于云南、西藏和四川三省区的横断山脉一带,是世界杜鹃花的发祥地和分布中心。

(一)形态特征

落叶灌木,高可达3 m;分枝多,枝细而直,有亮棕色或褐色扁平糙伏毛。叶纸质,卵状椭圆形或椭圆状披针形,长3~5 cm,叶表的糙伏毛较稀,叶背者较密。花2~6朵簇生枝端,蔷薇色、鲜红色或深红色,有紫斑;雄蕊10枚,花药紫色;萼片小,有毛;子房密被伏毛。蒴果密被糙伏毛、卵形。花期4~6月,果10月成熟。

(二)生态习性

杜鹃花属种类多,习性差异大,但多数种产于高海拔地区,喜凉爽、湿润气候,不耐酷热干燥。要求富含腐殖质、疏松、湿润及pH值在5.5~6.5的酸性土壤。部分种及园艺品种的适应性较强,耐干旱、瘠薄,土壤pH值在7~8也能生长。但在黏重或通透性差的土壤上生长不良。杜鹃花对光有一定要求,但不耐暴晒,夏秋应有落叶乔木或荫棚遮挡烈日,并经常以水喷洒地面。杜鹃花抽梢一般在春、秋二季,以春梢为主。

(三)栽植技术

1.苗木选择

选择主干粗大、分枝较好、过渡自然、植株健壮的杜鹃。

2.栽植时间

最适合栽植杜鹃的季节为每年的春、秋两季。春季在2月中旬至3月下旬进行,秋季栽植则要集中在8月下旬至10月下旬。

3.栽植前准备

为诱发新根,对将在春季栽植的高大的苗木,于上年8~10月挖开根系,将坏死或着生很少细根的老根剪除;将有机肥同腐殖土拌和后覆土15~20 cm。栽植前一周对杜鹃浇1次透水,利于移栽后成活,易形成土球。剪去枯枝、弱枝、伤枝,确保日后株形整齐、丰满美观,有利于成活和观赏。

4.起苗与运输

起苗时最好用十字锹沿根系方向掏挖,顺势往上提,并不断抖动,直到细根被完整地提出土面。由于杜鹃花的须根密集、呈团块状，若用锄头或顺根系生长方向掏挖，则极易弄断根系，从而导致栽植成活率降低。在搬运苗木时，应注意下托根系、上扶树体，并尽量避免损伤树皮。

杜鹃土球在运输过程中要扎紧并防止土球失水。未带土球的植株采回后，在运输过程中要保持根系湿润，让根系吸饱水分。如果根部伤口大，要涂上掺有生根剂的干净黄泥封口，便于伤口愈合生根，也可以用木胶等其他封口材料封口。

5.定植

杜鹃为浅根系植物，种植坑仅要求深 15～30 cm，且半土半石最好。定植坑可于栽植时临时挖掘，可先在坑内垫一层约 10 cm 厚的肥土，将树移入坑中并调整好朝向。对特大苗采取覆土与浇水同时进行的方式，即覆一层土浇一次透水。一般苗木可在覆土后浇透水，并在覆土层上盖一层草皮，以利于树苗的保墒及防晒。

（四）植后养护管理

1.水肥管理

杜鹃为浅根性植物，怕旱又怕涝，因此浇水一定要适量，原则上不干不浇，浇则浇透。浇水次数视不同生长阶段和天气条件而定。开花期、生长旺盛期需水量大，要多浇，一般每隔 2 天浇 1 次水；夏季高温干燥应早晚多浇，可 1 天浇 1 次，同时要叶面喷水；冬季低温期在中午少浇水，一般 4～5 天浇 1 次，室内有取暖设备的 2～3 天浇 1 次。

杜鹃根群浅，施肥太浅易引起“烧根”，应遵循“薄肥勤施、宁淡勿浓”的原则。开花前施以磷肥为主、氮磷结合的薄肥水 1～2 次，促使花艳叶绿。花谢后施以氮为主的液肥 2～3 次，每次间隔 10 天，以补充开花时所消耗的养分，既促使其多长枝叶，又为多生花蕾提供有利条件，促进花繁叶茂。花芽分化期施 1 次腐熟的饼肥，并加入适量的磷酸二氢钾，促进花芽分化和孕蕾。秋后则不宜多施肥，以免秋梢萌发影响花蕾的形成。有病的杜鹃花应暂停施肥，以利恢复。盛夏 30 ℃以上时，植株处于半休眠状态，应暂停施肥。

2.整形修剪

杜鹃开花耗去大量养分，这时往往因营养不足造成发枝少，长势减弱，花后应适当修剪，以减少多余的营养消耗，有利于萌发新枝。另外，通过修剪破除顶端优势，迫使其萌发侧枝，常常是剪一枝，能萌发若干侧枝，以达到株形丰满的目的，枝繁则花茂。

杜鹃喜半阴，不能忍受夏季烈日暴晒，短期暴晒会使嫩叶灼伤，长期光照过强则使叶片变黄、干枯、脱落，甚至死亡。因此，夏季必须遮阳防晒，养护中应选择蔽荫、湿润、有散射光的地方，或搭遮阳棚，蔽荫度 60%～70%为宜。

3.病虫害防治

杜鹃的病害主要有根腐病、褐斑病、黑斑病、叶枯病、缺铁黄化病等，常见的虫害有红蜘蛛、军配虫、蚜虫、短须螨等。

十八、牡丹

牡丹（*Paeonia suffruticosa*）别名富贵花、木芍药、洛阳花等，芍药科芍药属多年生落叶小灌木，有 30 多种。是中国传统名花，端丽妩媚，雍容华贵，兼有色、香、韵三者之美，让人倾倒，被誉为“富贵花”“百花之王”。中国人民把牡丹看作是人类和平、幸福、繁荣与富足的象征，是河南洛阳与山东菏泽的市花，在洛阳的栽培历史已有1 500多年，拥有近千个品种。

（一）形态特征

高可达2 m，分枝多而短、粗壮，肉质直根系，无横生侧根。叶通常为二回三出复叶，偶尔近枝顶的叶为3小叶。阔卵形至卵状长椭圆形，先端3~5裂，基部全缘，表面绿色，无毛，背面淡绿色，有时具白粉，近无毛。花单生枝顶，直径10~30 cm，花瓣5，或为重瓣，玫瑰色、红紫色、粉红色至白色，通常变异很大。花期4~5月。蓇葖果，种子黑色。果熟期8月中旬至9月上旬。

牡丹花大色艳，品种繁多，根据花瓣层次的多少，传统上将花分为单瓣（层）类、重瓣（层）类、千瓣（层）类。在这三大类中，又视花朵的形态特征和演化规律分为单瓣型、荷花型、菊花型、蔷薇型、千层台阁型、托桂型、金环型、皇冠型、绣球型、楼子台阁型。

（二）生态习性

牡丹为深根形的肉质根，喜深厚肥沃、排水良好、略带湿润的沙质壤土，最忌黏土及积水浸渍之地，较耐盐碱，在pH 8的土壤中能够正常生长。牡丹喜凉恶热，喜干燥，怕烈风，有一定的耐寒性。最适生长温度18~25 ℃，生存温度不能低于-20 ℃，最高不超过40 ℃。牡丹花芽需要满足一定低温的要求才能正常开花，开花适宜温度为16~18 ℃。

（三）栽植技术

1.苗木选择

牡丹品种多，差别较大，选择苗木时要求品种精确，注意品种、花色及开花期的搭配。分枝均衡、枝叶繁茂、主根及侧根完整、无病虫害。

2.栽植时间

牡丹栽植时间不仅有关成活问题，还涉及成活后的开花情况，俗语有“春分栽牡丹，到老不开花”的说法，因此秋季是栽植牡丹的最佳时期，以9月中旬到10月下旬为宜。过早栽植易于“秋发”，过晚根部生长缓慢，植株生长不旺，甚至来年花后容易枯死。在此时期内又以早栽为好，早栽地温尚高，可促使树木早发新根，有利于成活、越冬及翌年的生长。

反季节栽植牡丹尽可能带土球，少伤或不伤根系。春季栽植要尽量选择去年秋季或前年秋季种植的牡丹，同时采取保根、增湿的办法，以保持地上地下水分的供需平衡。冬季栽植牡丹要注意采取防冻、保温、抑制发芽等办法促使牡丹在发芽前长出新根，保证成活。裸根种植要选择气温在0 ℃以上时起苗，并做到当日起苗、当日运输、当日种植。

3.栽植前准备

可先将苗木挖出晾晒1~2天，使根失水变软，便于修剪和栽植，将4~5年生母株去旧根部附土，然后按生长纹理，顺其长势，用双手掰开，或用刀劈开一分为二。反季节栽植运输前将黏土和水搅成糨粥状，苗木根系涂蘸一下，带土球的用湿草绳和蒲包等材料对根部进行软包。

对牡丹植株消毒处理，可用0.1%硫酸铜溶液对根部浸泡半小时，然后取出用清水冲洗后再进行栽植。

4.定植

宜选高燥向阳之处，牡丹栽植选择向阳干燥、土层深厚、排水良好的沙质壤土，在背阴之处植株生长瘦弱，不能开花。栽植地块应施足底肥，深耕整平，可按株行距各 80 cm 定点刨穴，也可筑面宽 60 cm、埂宽 20 cm 的畦，花株中间按畦距 80 cm 定点栽植，开沟排水畅通。种植穴深浅以植株大小而定，一般深为 30~50 cm，穴口直径为 18~24 cm，穴底略小于穴口直径。先将树木垂直放入穴中，放好其根部，要垂直舒展，不能窝根，一手轻轻提苗，一手向坑内填土。待土填到坑的一半时，用手将苗轻轻向上一提，轻轻左右摇动一下，使细土与根密接，用木棍在苗四周捣实，再将土填满、捣实，最后将栽植穴填满。栽植深度以根颈深于地面 2~3 cm 为宜。栽植后用松土将栽植穴封成一个土丘，土丘一般高出地面 15~20 cm。栽植后浇 2 次透水，入冬前灌 1 次水，待水渗下后，封土堆保护苗木越冬。第二年早春随着松土将土堆扒去一半，任其自然生长出土。

（四）植后养护管理

1.水肥管理

开春后视土壤干湿情况给水，牡丹浇水分“定水”与“不定水”两类。“定水”是指“早春水”“花后水”“越冬水”。“早春水”在 3 月初浇，但不要浇水过大，“花后水”在花谢后 15 天左右浇，“越冬水”在 11 月中下旬浇，这 3 水可与施肥相结合，必须浇足浇透。“不定水”指日常管护中视土壤墒情和天气情况浇水，没有固定时间，要掌握“因需而给”的原则。大雨过后及时排水，防止水大烂根。在牡丹花期，切不可叶面喷水，因为喷水易将水珠溅到花朵上，使花朵过早凋谢。

牡丹除在定植时需施基肥外，每年初春、花后半个月及土壤上冻前结合 3 次“定水”各施 1 次肥，以有机肥为主。施用酱渣、熟鸡粪、熟马粪和硫酸亚铁混合而成的肥料最好，不仅营养平衡，还有效地防止土壤碱化和板结。如果植株长势较弱，也可施用三元复合肥，但用量不可过大，次数也不可过多。施肥既可环施，也可穴施。另外，为促进花芽分化，生长季节用 0.2%磷酸二氢钾溶液叶面喷施 3~5 次，6~7 月每周喷洒杀菌剂一次防止叶片早枯。

2.整形修剪

整形修剪是牡丹栽培中的重要措施，对保持株形、开花数量及质量至关重要。牡丹在春季抽梢的顶部开花，花后应剪去残花，不使其结籽，减少养料消耗。植株基部易发生萌蘖，使枝条过密，春季应及时除蘖，每株留 5~8 个主枝。过少花稀，过多则养分不足，影响花朵的形与色。枝条应分布均匀，使株形饱满，主枝间高度不宜相差过多，过高者短剪，用侧芽代替。主枝不足或冠形不完整者，应酌留侧枝。梢部枝条一般不充实，有“长一尺退七寸”之说，冬季常枯梢。应在 7 月之前花芽未分化时，适当短剪，使枝条生长粗壮充实，集中养料供花芽分化，又可获得低矮的株形，翌春花大花多，疏剪或短剪也可于落叶后进行。

牡丹枝条很脆，花朵太大，初开时易被折断枝干或被风吹折，可用细杆立于植株旁来固定花枝，为了美观，支杆可漆成绿色。严寒地区入冬前需灌足封冻水，待土表略干后，再堆出小土堆防寒。地上茎部分还可用保温膜或无纺布等缠绕包裹，以防茎部风干或出现冻梢。

3.催花处理

春节前60天选健壮鳞芽饱满的牡丹品种带土起出，尽量少伤根、在阴凉处晾12~13天后上盆，盆大小应与植株相配，并进行整形修剪，每株留10个顶芽饱满的枝条，留顶芽，其余芽抹掉。浇透水后，正常管理。春节前50~60天将其移入10 ℃左右温室内，每天喷2~3次水，盆土保持湿润。当鳞芽膨大后，逐渐加温至25~30 ℃，夜温不低于15 ℃，则春节可见花。

4.病虫害防治

根颈部易腐烂，叶片易患黑斑病、叶斑病与花叶病，可于发芽后每2周喷等量波尔多液进行预防。如已发病，可喷施1 000倍的代森锌，并将受害部位剪除烧掉。牡丹虫害以介壳虫为主，可用500倍的氟乙酰胺防治。

十九、紫叶小檗

紫叶小檗（*Berberis thunbergii*）也叫红叶小檗，是日本小檗的自然变种，为小檗科小檗属落叶小灌木。华中（河南）地区常见小檗科灌木，中国南北均有栽培。

（一）形态特征

落叶灌木，高1~2 m，多分枝。叶倒卵形或菱状卵形，深红至紫色，幼枝紫红色，老枝灰褐色或紫褐色。花序伞形或近簇生，黄白色。果熟后亦红艳美丽，是良好的观果、观叶和刺篱材料。

（二）生态习性

小檗适应性强，喜凉爽湿润的气候环境，耐寒也耐旱，不耐水涝，喜阳也能耐阴，但紫叶小檗在光线稍差或密度过大时部分叶片会返绿。对土壤要求不严，但以肥沃而排水良好的沙质壤土生长最好，还生于山地灌丛、砾质地、山地林缘、溪边或林下灌丛中。萌蘖性强，耐修剪。

（三）栽植技术

1.苗木选择

选择分枝多且紧密，无病虫害，株形高度、冠幅一致的植株。小檗会出现性状分离现象，叶片颜色和大小有差异，因此要选择纯种小檗。

2.栽植时间

小檗科植物栽植可在春季2~3月或秋季10~11月进行，裸根或带土球均可。夏秋反季节栽植宜晚，栽植最好在阴雨天或早晚进行。

3.定植

植株运回后应立即栽植。不能立即栽植树木可选排水良好、背风的地方，与主风向垂直挖一条沟，进行假植；沟的规格因树木的大小而异，假植沟内的土壤要干燥，假植后应适量浇水，但切忌过多，否则会使苗根腐烂。

种植穴要提前2~3天挖好，坑穴的深度要视分枝量多少而定，10分枝以上的，一般要求树坑宽在80 cm以上，深度要求达到100 cm以上，在水分条件不好的地方栽植时坑要深。将小檗放到坑中央，培入心土，在培土到一半时将小檗稍微向上提一下，防止树苗窝根。提苗后，将已埋的土向下踩实，使树苗的根须和土壤紧密接触，尽快吸收水分和营养元素，以便扎根生长，但注意不要把土球弄散，以免伤到根系。随后将剩下的心土一直埋到与地面平齐，二次踩实，打围土堰后随即浇透第1遍水，水渗下后用围堰土封树穴覆干土保墒。

（四）植后养护管理

1.水肥管理

一般在浇透第1次水后7天左右开穴浇2次水，以后每10~15天浇1次。地上部分因蒸腾作用而易失水，必须经常喷水保湿，喷水要细而均匀，且喷及地上各个部位和周围空间，为树体提供湿润的小环境。在抽出的新枝有5~10片叶后，停止喷水。

除施足够的基肥外，还要及时追肥，以氮为主，磷、钾结合，群施薄施，必要时还要进行根外施肥，并且剪后必施，施肥种类可用有机肥料或氮磷钾复合肥。栽后第二年早春施肥，为小檗新枝萌发提供充足养分，每20天施一次液肥，花果期每周喷施一次0.3%磷酸二氢钾，生长期间每月应施1次20%的饼肥水等液肥。

2.整形修剪

小檗科灌木萌蘖性强，耐修剪，定植时可强行修剪，以促发新枝。入冬前或早春前疏剪过密枝或截短徒长枝；在早春或生长季节对茂密的株丛进行疏剪和短截，剪去老枝、弱枝和病残枝，促使萌发新枝新叶；花后通过打尖控制生长高度，使株形圆满。总的修剪原则是宜早不宜迟，先定根后定干，线条流畅不徒长，多剪少截，按需定形。小檗是很好的观叶植物，8月底前摘除老叶。

3.病虫害防治

小檗最常见的病害是白粉病、茎枯病，虫害主要为大蓑蛾。

二十、紫薇

紫薇（*Lagerstrocmia indica*）别名痒痒树、无皮树、百日红等，为千屈菜科紫薇属落叶灌木或小乔木。

（一）形态特征

高可达7 m，树冠不整齐，枝干多扭曲；树皮灰褐色，薄片状剥落，剥落的主干树皮光滑；幼枝四棱形，稍成翅状，叶互生或对生，椭圆形，全缘，近无柄。圆锥花序顶生，花萼6浅裂，裂片卵形，外面平滑；花瓣6，紫色、红色、粉红色或白色，边缘有不规则缺刻，基部有长爪。蒴果，椭圆状球形，成熟时紫黑色，种子有翅。紫薇先展叶、后开花，花期为6月中下旬至10月上旬；11月果熟叶落，果实大部分宿存于枝头，颈部宿存花萼经久不落。

（二）生态习性

紫薇喜光、耐半阴。喜暖、耐寒、耐旱，浅根性，在较瘠薄土壤上也能生长。萌蘖性强，生长较慢，寿命长，耐修剪，抗污染性强，有较强的杀菌能力。怕涝，在低洼积水的地方容易烂根，喜排水良好的壤土，喜生于石灰性土壤和肥沃的沙壤土上，在黏性土壤中也能生长，但生长速度较慢。

（三）栽植技术

1.苗木选择

品种选用需准确，宜选择分枝均衡、枝叶繁茂、树形较好、生长正常、无病虫害和机械损伤的树木栽植。

2.栽植时间

紫薇栽植在11月落叶后至翌年3月均可，但最好避开土壤封冻期，以提高苗木成活率。夏季栽植，土球要大，尽量少破坏根系，栽植后修剪去一部分枝叶，根据植物根系生长，最好用遮阳网把根部盖住，有利于其生根，比不盖遮阳网的树要早生根。

3.栽植前准备

起苗前10天要对苗木浇一次透水，要灌足灌透，以防挖掘后土壤过干使土球松散，也使根系能充分吸水，利于成活。移栽前应该对植株进行修剪，以中短截和疏枝为主，对主枝进行中短截，只保留原有枝条长度的1/2，对侧枝进行疏除，保留一些辅养枝即可，大的主枝短截后要及时进行涂漆处理。

4.起苗与运输

小苗不必带土球，而大苗最好带土球。挖掘过程中根系应全部切断，切口要保持根系不劈裂，尽量完好，以随起随栽为最佳。苗木运回后，要及时假植，以防风吹日晒，造成苗木水分损失。同时对有轻微损伤的苗根要进行修整，以利提高成活率。

5.定植

选择肥沃、深厚、疏松呈微酸性、酸性土壤，且排水良好、交通方便、有稳定水源的地块，施足腐熟厩肥及过磷酸钙，撒施杀虫剂防治地下害虫后，进行耕翻，耕翻深度25 cm为宜，耕翻后将土地整平，摊平土壤后待植。春季栽植的，尽可能在冬前整好地，清除土中砖砾等杂质，挖好种植穴，使土壤解冻风化疏松，利于成活；冬季栽植的，种植穴要挖大一点，随挖随栽。种植穴内施足腐熟的堆肥，上面盖层土后再栽植。带土球的苗木栽植前喷生根剂，土球入坑后，应先在土球底部四周垫适量土及磷肥的混合土，将土球加以固定，将树干立直，冠型最好的一面应朝向主要的观赏面。随即填土，至坑的1/2深处，用木棍夯实，再继续填满、夯实，但不要砸碎土球，随后开堰。栽后立支柱，浇透水，隔3天再浇水1次，封土保墒。

（四）植后养护管理

1.水肥管理

在整个生长季应经常保持土壤湿润，春旱时15天左右浇水1次；秋季开花期不宜浇水太多，一般25天左右浇水1次；入冬季节浇防冻水。

紫薇施肥主要在秋季或早春，每株可施2~4 kg有机肥。2月中下旬至3月上旬施催芽肥，5月下旬至6月上旬施长花肥，以复合肥为主；7~9月施有机肥液肥为主，使花期长，花色艳丽。冬季休眠期、雨天和夏季高温的中午不要施肥。

2.整形修剪

紫薇萌芽力强，极耐修剪，花芽形成速度快，通常有冬季修剪和花后修剪两种方式。冬季修剪为保证正常开花，且形成大花序，冬季修剪很重要。首先剪去所有的萌蘖枝、病枯枝、交叉重叠枝，在主枝定干高度处剪去当年生枝条，注意在饱满芽的上方1 cm处短截，一般只保留5 cm左右，使来年抽出壮枝开花；夏季待每次花谢后随时剪去残花，防止结果，减少养分消耗，促进萌发新枝和开花，从而多次开花，延长花期。生长期切忌对春季萌发的新枝进行修剪或短截，否则易造成只长枝不开花。

3.病虫害防治

紫薇的主要病害有煤烟病、白粉病，虫害主要有大蓑蛾等。

二十一、连翘

连翘(*Forsythia suspensa*)别名黄花条、连壳、落翘等，为木樨科连翘属落叶灌木。主产于河北、山西、河南等省区，是太行山区优势药材树种。

(一)形态特征

落叶灌木，高达3 m；小枝土黄色或灰褐色，枝细长并开展呈拱形，节间中空，节部有个斑，皮孔多而显著。单叶或有时3出复叶，对生，叶片卵形或卵状椭圆形，缘有锯齿。花单生或数朵生于叶腋，先于叶开放；花萼绿色，4裂，裂片矩圆形；花冠黄色，裂片4，倒卵状椭圆形，3~4月叶前开放。花期3~4月，果熟期7~9月。

(二)生态习性

连翘喜温、干燥和光照充足的环境，性耐寒、耐半阴、耐旱、忌水涝。连翘萌发力强，对土壤要求不严，能耐瘠薄，但在排水良好、富含腐殖质的沙壤土上生长良好。性喜光，在阳光充足的阳坡生长好、结果多，在阴湿处枝叶徒长结果少、产量低。在黄河以南地区夏季不需遮阴，冬季无须入室。

(三)栽植技术

选择土层较厚、肥沃疏松、排水良好、背风向阳的山地或者缓坡地成片栽培，以有利于异株异花授粉，提高连翘结实率，一般挖穴种植。亦可利用荒地、路旁、田边、地角、房前屋后、庭院空隙地零星种植。定植前，深翻土地，施足基肥，每亩施基肥3 000 kg，以厩肥为主，均匀地撒到地面上。栽植穴要提前挖好。

栽植前，先在穴内施肥，每穴施腐熟厩肥或土杂肥及适量的复合肥，与底土混拌均匀。然后，将苗木垂直放入穴中央，每穴栽苗2~3株，使根系在穴内舒展，分层填土踩实，以免雨后穴土下沉，不利成活和生长。栽后浇水，水渗后，盖土高出地面10 cm左右，以利保墒，2天后浇第2遍水，5天后浇第3遍水，此后根据土壤墒情来浇水。为克服连翘同株自花不孕，提高授粉结果率，在其栽植时必须使长花柱花与短花柱花植株定植点合理配置。

(四)植后养护管理

1.水肥管理

立秋后应适当控制浇水量，防止枝条徒长而木质化程度低，不利于越冬。入冬前应浇足浇透防冻水，翌年早春3月初浇解冻水，这两次水也应浇足浇透。由于春季干旱多风持续时间长，且气温回升较快，故也应根据情况及时浇水，雨天应少浇水或不浇水，大雨过后还要及时排水，并在适当的时候松土，增加土壤的通透性，防止因积水而烂根。

定植后每年初冬在株旁松土除草1次，并结合除草，开沟埋施追肥。幼树每株施厩肥2 kg；结果树每株施厩肥10 kg、磷酸二铵200 g、硼砂粉10 g，随即灌足封冻水。

2.整形修剪

连翘基部的萌芽能力很强，每年都抽出若干徒长枝，造成养分分散，结果率降低，若欲使连翘结果多，必须进行合理修剪，去弱保强。秋季修剪时，以疏剪为主，除每墩保持3~7棵生长旺盛的主干外，其余瘦弱的、枯老的、始衰老的枝条应视情况剪除。6月间从基部清除新发的多余的徒长枝,并视具体情况进行打头摘心等。

3.病虫害防治

连翘的病虫害很少,有时可受到钻心虫危害,应及时防治。

第五节　藤本的栽植与养护

一、紫藤

紫藤(*Wisteria sinensis*)别名朱藤、藤萝等,为豆科紫藤属落叶大藤本植物。原产中国,朝鲜、日本亦有分布。我国华北地区多有分布,以河北、河南、山西、山东最为常见。

(一)形态特征

干皮深灰色,不裂。茎右旋,枝较粗壮,嫩枝被白色柔毛,后秃净。奇数羽状复叶,小叶3~6对,纸质,卵状梢圆形至卵状披针形。花为总状花序,在枝端或叶腋顶生,长达20~50 cm,下垂,花密集,蓝紫色至淡紫色等,有芳香。每个花序可着花50~100朵。花冠旗瓣圆形,花开后反折。荚果倒披针形,悬垂枝上不脱落。花期4~5月,果熟期5~8月。

(二)生态习性

紫藤喜光、稍耐阴、较耐寒,可耐-25 ℃的低温,耐热性一般;耐水湿、瘠薄土壤,在土层深厚、排水良好、向阳避风处生长最宜;对土壤酸碱度适应性较强;抗SO_2、Cl_2、HF能力强,对铬也有一定的抗性。缠绕能力强,对其他植物有绞杀作用。

(三)栽植技术

1.苗木选择

多选择生长健壮、枝条饱满、分布匀称的紫藤苗木。2年生以上苗木都可移栽。

2.栽植时间

栽植时间一般在秋季落叶后至春季萌芽前。

3.栽植前准备

紫藤栽植前先要剪掉枯枝、病枝、过密的枝条等。为保证主枝移栽后爬上架顶,下侧枝、萌蘖要及时修剪拿掉,减少肥力消耗;还要根据茎蔓上部枝条密度适度剪除部分顶部枝条以减少蒸腾,使养分集中于根部,促进成活。紫藤主根发达、侧根稀少,修剪时尽量减少对根系的伤害。起苗时要用利刃修剪根系。

4.起苗与运输

紫藤直根性强,因此在起苗过程中应尽量扩大挖掘范围,树穴也要深挖,小心挖掘,不要伤根,多掘侧根。尽量带一定的土球,土球大小依据藤长和地径来定,一般为地径的6~8倍。挖出的土球要用草绳缠绕,枝条部分也要轻轻缠绕盘曲,力度以不损伤藤蔓为好,再用麻布包裹好,需要时可适当捆扎固定,以便运输。包装前可在断根处喷施生根药物。起苗后和运输途中要注意遮光。

5.定植

紫藤喜光,栽植要选择土层深厚、土壤肥沃、排水良好的向阳干燥处,土壤不宜过度潮湿,否则容易烂根。种植前需先设立棚架,由于紫藤寿命长、枝粗叶茂、重量大、缠绕力强,棚架应坚实耐久。植株在棚架南侧定植。

栽植前挖好种植穴,宽度比土球直径大 30 cm 左右,深度要大于土球高度。种植穴底部要适当施一些基肥以改良土壤,基肥上再盖一定量疏松的土壤,再行栽植。种植前将草绳拆掉,放苗入穴后扶正压实。移栽后及时浇水,以后视土壤墒情而定。浇水时可用少许多菌灵,栽后只浇 1 次水,浇水量不宜太多。

此外,如果栽植紫藤小苗,要将比较粗的枝条均匀绑缚在棚架柱杆部,使其能够沿架攀缘生长,尽早覆盖成荫;如果移栽紫藤大苗,则最好将粗壮且较长的枝条均匀搭到棚架顶部,并且捆绑固定。对攀缘缠绕扭绞在一起的细弱枝条,可适当疏剪。

(四)植后养护管理

1.水肥管理

紫藤生长迅速,生长期萌生枝条较多,肥力消耗很大。如果肥力不足,可于每年早春、秋季、花前、花后均施一定量的有机肥、草木灰等基肥。生长期可每月施稀薄肥 1 次,休眠期施 1 次有机肥,多施钾肥。

紫藤喜湿润环境,充足的水分可使植株长势旺盛、枝丰叶茂,花期尤需充分供水。华北地区每年春季要灌足返青水,冬季前浇足封冻水也非常重要。

2.整形修剪

春季长出嫩芽时,要及时疏解,以防枝条过密。休眠期对紫藤进行修剪时,要剪除下部萌蘖枝、过密枝、病枝、细弱枝、枯死枝、缠绕重叠枝等。生长正常的枝条也需要进行适当短截或回缩修剪,以减少养分消耗,平衡树势。紫藤花后也可适当疏剪。生长多年后的紫藤,应在早春萌芽前疏剪,以减轻棚架负担,保持合理密度,利于阳光通透。

3.病虫害防治

紫藤的主要虫害有紫藤潜叶细蛾、豆天蛾、黄毒蛾、介壳虫、白粉虱牛等,以紫藤潜叶细蛾为害为主;病害主要有软腐病、灰斑病和脉花叶病等。

二、葡萄

葡萄(*Vitis vinifera*)别名蒲桃,为葡萄科葡萄属落叶藤本植物。原产西亚,据说是汉代张骞出使西域时经丝绸之路带入中国的,在中国种植的历史已有 2 000 年之久。园林中搭棚架栽培,观果赏叶,为传统的棚荫材料。

(一)形态特征

落叶藤本植物,褐色枝蔓细长。近圆形单叶互生,近全缘至 3~7 裂,叶缘有锯齿。叶腋着生复合的芽。卷须或花序与叶对生。两性花、雌能花(雄蕊较短,花粉不孕)和雄花;野生种常为雌雄异株。5 片花瓣,顶部连生,开花时自基部与花托分离呈帽状脱落。浆果多为圆形或椭圆形,有青绿色、紫黑色、紫红色等,具果粉。

(二)生态习性

葡萄对土壤的适应性较强,除沼泽地和重盐碱地不适宜生长外,其余各类型土壤都能栽培,而以肥沃的沙壤土最为适宜。葡萄是喜光植物,对光的要求较高,光照时数长短对葡萄生长发育、产量和品质有很大影响。光照不足时,新梢生长细弱,叶片薄,叶色淡,果穗小,落花落果多,产量低,品质差,冬芽分化不良。

(三)栽植技术

1.苗木选择

选用抗病性较强、果粒较大、肉质偏软、适合本地生长的品种。

2.栽植时间

在3月上中旬即气温回升至葡萄萌芽前半个月为栽植适期。11月下旬至翌年3月也可栽植。北方埋土防寒的葡萄园,当土温稳定在8 ℃时,根系开始活动,地上枝蔓树液逐渐流动时即可出土。

3.栽植前准备

栽植前2~3天对葡萄浇1次透水,使苗木吸收充足的水分,利于移栽后成活。栽前应对植株进行整理修剪,剪去枯枝、弱枝、伤枝,确保日后株形整齐、产量高。

12月之前,平整土地,按确定的行向和行距挖栽植沟。挖沟时应注意将表土与心土分开堆放。施足底肥,每亩施足量的腐熟有机肥和磷肥。底肥施于栽植沟内,分两层施,土肥结合,心土填于底层,表土填于畦面。

4.起苗

起苗时最好用十字锹沿根系圆周切线方向掏挖,顺势往上提,并不断抖动,直到细根被完整地提出土面。

5.定植

长势中庸的品种宜采用双十字V形架,行距2.5 m,株距1.2~1.5 m。即上横梁100~110 cm,扎在离地面160 cm处的柱杆上,下横梁60~80 cm,扎在离地面110 cm处的柱杆上,在两道横梁离边70 cm处打一小孔中,从孔中穿过各拉一道铁丝;在离地面80 cm处柱杆两边拉两道底层铁丝,形成双十字六道铁丝的架式。

长势旺盛的品种宜采用棚架,行距3 m,株距1~1.5 m。即棚面与地面平行,柱杆之间相距4 m左右,在离地面1.8 m左右处,纵横按边长为40 cm布铁丝网格。周边的柱杆应向外倾斜30°左右,并用铁丝固定。

按照确定的行株距挖浅穴,将苗木垂直放入穴内,使根系在穴内完全伸展,均匀分布。培土时,先将一半土培在根系上,然后将苗木轻轻往上提,使土壤充分进入根系间,再将剩余土培上,踩紧踏实,浇透水。

(四)植后养护管理

1.水肥管理

每次施肥后及时灌水。保护地的灌水时间和灌水量,应根据土壤、室内小气候和植株长势灵活掌握。一般在11月上旬灌1次封冻水,2月中旬温度升高时灌1次催芽水,花前10天左右和落花后各灌1次水,浆果膨大期到着色期灌1~2次水,采收前20天再灌1次水。平时灌水根据葡萄植株生长、土壤需水情况灵活掌握。夏季雨水多时,要注意及时排水;雨后及时排水、松土,雨季过后高温干旱,又要注意及时浇水。

前期以氮肥为主,后期以磷、钾肥为主。葡萄发新芽前追施尿素,浆果膨大前追施复合肥加硫酸钾,叶面喷布磷酸二氢钾等叶面肥。春季覆膜,夏季覆草,秋季结合施基肥,把覆盖的稻草施入地下,在初冬进行深翻,这样有利于土壤的改良和幼苗的生长。不覆盖地膜的葡萄,应注意经常浇水。

2.整形修剪

12月下旬至翌年1月上旬进行冬剪，在两个臂蔓交接处平剪。高度没长到第一道铁丝的植株，剪留基部2~3个芽平茬，待到第二年再重新培养。

对葡萄的枝蔓进行定位，调整枝蔓角度和枝条在架面上的分布，以便充分利用光能，促进枝条生长发育。多年生结果主蔓一般在开春整理架型后进行，每隔30~40 cm用比较结实的扎绳把主蔓同中间的纬线固定在一起；新梢长到40~50 cm时要及时绑蔓，防止嫩梢被大风刮折。幼树整形采用垂直引绑，促进苗壮成长，上架后采用水平引绑，让新梢健壮生长。将引缚材料剪成一定长度，用“猪蹄扣”将扎绳固定在铁丝上，使之不能滑动，然后交叉成“8”字形，将枝条松紧适度地绑住，防止枝条与铁丝发生摩擦。

3.病虫害防治

葡萄的主要病害是白腐病、黑痘病、霜霉病、锈病等。

三、木香

木香(*Rosa banksiae*)别名蜜香、青木香、五木香、广木香等，为蔷薇科蔷薇属攀缘小灌木。分布于我国四川、云南，全国各地均有栽培。

(一)形态特征

高可达6 m；小枝圆柱形，无毛，有短小皮刺；小叶3~5，叶片椭圆状卵形或长圆披针形，基部近圆形或宽楔形，边缘有紧贴细锯齿；花小形，多朵成伞形花序，萼片卵形，花瓣重瓣至半重瓣，白色，倒卵形，花期4~5月。

(二)生态习性

木香喜阳光，亦耐半阴，较耐寒，适生于排水良好的肥沃润湿地。在中国北方大部分地区都能露地越冬。对土壤要求不严，耐干旱、耐瘠薄，但栽植在土层深厚、疏松、肥沃、湿润而又排水通畅的土壤上则生长更好，也可在黏重土壤上正常生长。不耐水湿，忌积水。生长于溪边、路旁或山坡灌丛中，海拔500~1 300 m。

(三)栽植技术

木香可用扦插或压条法繁殖。木香管理粗放，栽植在秋季落叶后或春季芽萌动前进行，栽植前先对枝蔓进行强修剪，裸根或带宿土栽植，大苗宜带土球栽植。北方秋季移栽需注意保护越冬。

木香对土壤要求不严，但在疏松肥沃、阳光充足、排水良好的富含有机质的沙质土壤上生长较好，喜湿润，避免积水。

在定植时，应尽量避免栽在风口处，以防被大风刮掉藤蔓。春季在建筑物下定植时，要挖直径80 cm、深80 cm的定植穴，清除穴内的砖头和石块，如果原土沙石过多，就要进行换土，每穴施腐熟堆肥，与土拌匀。在其他墙体、棚架等处定植时，定植穴可以适当小一些。株距60~100 cm，根据苗的大小和需要而定，栽后踩实，浇2次水，用绳索将藤蔓引向攀缘物。

(四)植后养护管理

1.水肥管理

地栽木香花主要注意夏季干旱时要浇足水，尤其是孕蕾期和开花期一定保证供足水，同时也要注意雨季不要积水。

冬耕可施人粪尿或撒上腐熟有机肥，然后翻入土中，蔷薇花生长期要勤施肥，花谢后追施1~2次速效肥，以促进花大味香。高温干旱应施薄肥，入冬后在根部周围开沟施腐熟有机肥，并浇透水，在施肥前还应注意及时清除杂草。

2.整形修剪

夏季修剪木香花主要是剪除嫁接砧木的萌蘖枝花，花后带叶剪除残花和疏去多余的花蕾，减少养料消耗，为下期开花创造良好的条件。为使株形美观，对长枝可剪去1/3或一半，中枝剪去1/3，在叶片上方1 cm处斜剪，若修剪过轻，木香植株会越长越高，枝条越长越细，花也越开越小。冬季修剪随品种和栽培目的而定，修时要留枝条，并要注意木香植株的整体形态，大花品种宜留4~6枝，长30~45 cm选一侧生壮芽，剪去其上部枝条，蔓生或藤本品种则以疏去老技，剪除弱枝、病枝和培育主干为主。

3.病虫害防治

木香常有锯蜂、蔷薇叶蜂、介壳虫、蚜虫以及焦叶病、溃疡病、黑斑病等病虫害。

四、凌霄

凌霄(*Campsis grandiflora*)别名紫葳、女藏花、凌霄花、中国凌霄，为紫葳科凌霄属落叶藤本。

(一)形态特征

羽状复叶对生；小叶7~9，卵形至卵圆披针形，先端长尖，基部不对称，两面无毛，边缘疏生7~8锯齿，两小叶间有淡黄色柔毛。花橙红色，由三出聚伞花序集成稀疏顶生圆锥花丛；花萼钟形，质较薄，绿色，萼齿披针形；花冠漏斗状，直径约7 cm。蒴果长如豆荚，顶端钝。种子多数。花期6~8月，果熟期11月。

(二)生态习性

凌霄喜充足阳光，也耐半阴。适应性较强，耐寒、耐旱、耐瘠薄，病虫害较少，但不适宜在暴晒或无阳光条件下生长。以排水良好、疏松的中性土壤为宜，忌酸性土。忌积涝、湿热，一般不需要多浇水。凌霄不喜欢大肥，不要施肥过多，否则影响开花。较耐水湿，并有一定的耐盐碱能力。

(三)栽植技术

1.苗木选择

凌霄苗高2 m以上即可移栽。栽前宜选择生长健壮、枝条分布匀称、无病虫害的幼苗。

2.栽植时间

在北方移栽凌霄宜于早春萌动前进行，南方移栽凌霄则在春、秋季节均可进行。每年3月栽植最好，这时叶芽尚未萌动，成活率较高。小苗也可在雨季移栽，栽后注意遮阳，避免烈日暴晒，保持土壤湿润。

3.栽植前准备

凌霄适宜栽植在背风向阳的地方，园林应用时可栽植在墙基、花架柱旁或预先设计的地点。移栽前挖穴，穴宜适当深广。凌霄在沙土中和黏土中均能生长，积水低洼地不宜栽种。首先要疏去衰老枝、细弱枝、伤残枝、病虫枝；生长期移栽要多去掉一些叶子，仅保留枝梢部分嫩叶即可。掘苗后还要对根系进行修剪，把老根、病根剪除，将伤根截面剪平，以利于愈合。

4.起苗与运输

在北方移栽凌霄，起苗时要多带宿土，南方则可以裸根栽植。远距离运输的应蘸泥浆并保湿包装。起苗后及运输过程中需注意遮阳。

5.定植

定植前应事先挖好栽种坑，深度为 40 cm 左右，清理干净穴底杂质，栽种时可在坑底垫 5 cm 腐熟的有机肥做基肥。栽后踏实并应立支架或引杆使其攀附而上。枝条可设置绳索牵引。移栽好的凌宵一定要注意遮阳，避免烈日暴晒；根部土壤可以放置草等以保持土壤湿润。栽好后浇一次透水，隔 3~5 天再浇一遍，一般连浇 3~4 遍。待其叶片长出后，进入正常管理。由于凌霄生长较快，植株体量大，栽种前要选择坚固耐实的支架进行支撑。

（四）植后养护管理

1.水肥管理

经常浇水，但不必太勤，每年春季需视墒情浇水，花期需水较多，要勤浇。休眠期要适当控制水分，少浇或不浇。夏季炎热干旱时要及时浇水，以免叶片发黄脱落。

生长期间要进行中耕除草，改善土壤条件，减少养分消耗。每隔两三年于秋季落叶后在根际周围开沟施一次腐熟厩肥。花前再施一次腐熟的有机肥，每次施肥后都要浇一次透水。开花前，在植株根部挖孔施腐熟有机肥，并立即灌足水，开花时会生长旺盛、开花茂密。在养护中随着枝蔓的生长，需将茎蔓逐段牵引或绑扎在篱垣和棚架上，不使其在地面上生长。牵引、缚扎时要使枝条分布均匀，才能尽早形成景观效果。

2.整形修剪

凌霄一般在定植后 3 年内不需要进行大修剪。为了促其生长旺盛、开花繁茂，每年早春萌芽前可疏剪掉杂乱、干枯、纤弱、重叠的枝条；进行轻度短截；理顺主侧枝，使枝叶分布均匀，使各个部位都能通风见光，有利于花繁叶茂。修剪时还可适当打头，促使其多生侧枝，增加遮阳面积。

栽后第 4 年开始进行入冬前和春季修剪，每株保留 4~5 根强壮的主藤，剪除过多的老藤，不宜过多地修剪 2~3 年生的藤蔓。

3.病虫害防治

凌霄的病害主要有凌霄灰斑病、白粉病，虫害主要有根结线虫病、霜天蛾、大蓑蛾、蚜虫等。

五、常春藤

常春藤（*Hedera helix*）别名洋常春藤、长春藤、土鼓藤等，为五加科常春藤属常绿攀缘灌木。原产于我国，在我国主要分布在华中、华南、西南、甘肃和陕西等地。

（一）形态特征

多年生常绿攀缘灌木，气生根，茎灰棕色或黑棕色，光滑，单叶互生；叶柄无托叶、有鳞片；花枝上的叶椭圆状披针形，伞形花序单个顶生，花淡黄白色或淡绿白色，花药紫色；花盘隆起，黄色。果实圆球形，红色或黄色，花期9~11月，果熟期翌年3~5月。

（二）生态习性

阴性藤本植物，也能生长在全光照的环境中，在温暖湿润的气候条件下生长良好，不耐寒。对土壤要求不严，喜湿润、疏松、肥沃的土壤，不耐盐碱。

（三）栽植技术

栽植可在初秋或晚春进行，定植后需加以修剪，促进分枝。南方多地栽于园林的蔽荫处，令其自然匍匐在地面上或者假山上。北方多盆栽，盆栽可绑扎各种支架，牵引整形，夏季在荫棚下养护，冬季放入温室越冬，室内要保持空气的湿度，不可过于干燥，但盆土不宜过湿。种植以疏松、肥沃的沙质壤土为佳。种植前先整地，让土壤熟化。第一次深翻土25~30 cm，同时拣去草根和石块；第二次深翻土也是25~30 cm，并做高畦或平畦，畦宽、畦高可因地制宜。种植前施充分腐熟的厩肥等作基肥，先撒在畦面，再深翻入土，后整平畦面。植地四周宜开环山排水沟。栽植时株施复合肥100 g与土壤掺拌均匀，将苗木扶植，分层填土踏实，适当深栽，栽植后及时灌足定根水。

（四）植后养护管理

1.水肥管理

常春藤要求温暖多湿的环境，在生长期要保证供水，经常保持盆土湿润，防止完全干燥，若水分不足，会引起落叶。在空气干燥的情况下，应经常向叶面和周围地面喷水，以提高空气湿度。冬季应减少浇水，使盆土处于湿润偏干状态，但要向叶面喷水，增加空气湿度，以免生长不良、出现叶焦边现象。生长期每月要施2~3次稀薄的有机液肥。对生长已成形的盆株，可减少施肥。冬季则停止施肥。

2.整形修剪

通过修剪控制藤长，可以促进分枝，有利于株形饱满。第1次修剪在藤长达到8 cm的时候，留6 cm左右，将前端剪去，又生长4~5 cm再进行1次修剪，通常修剪1~2次即有很好的效果。

新栽的植株，待春季萌芽后应进行摘心，促进分枝，并立架牵引造型，也可以吊挂盆栽。对生长多年的植株，要加强修剪，疏除过密的细弱枝、枯死枝，防止枝蔓过多，引起造型紊乱。

3.病虫害防治

常春藤病害主要有藻叶斑病、炭疽病、细菌叶腐病、叶斑病、根腐病、疫病等，虫害以卷叶虫螟、介壳虫和红蜘蛛的危害较为严重。

六、金银花

金银花（*Lonicera japonica*）别名忍冬、金银藤、二宝藤、鸳鸯藤等，为忍冬科忍冬属常绿藤本植物。金银花自古被誉为清热解毒的良药。金银花广产于东亚，我国大部分地区均产。

（一）形态特征

初开的花呈棒状，上粗下细，略弯曲，长2~3 cm，上部直径3 mm，下部直径1.5 mm，表面黄白色或绿白色，密被短柔毛。偶见叶状苞片，花萼绿色、先端5裂，裂片有毛，长约

2 mm，开放者花冠筒状，先端二唇形，雄蕊 5 枚，附于筒壁，黄色；雌蕊 1 枚，子房无毛。

（二）生态习性

温带及亚热带树种，适应性很强，喜阳光和温和湿润的环境，生活力强，适应性广，耐寒耐旱，对土壤要求不严，但以湿润、肥沃的深厚沙质壤土上生长最佳，每年春、夏两次发梢。根系繁密发达，萌蘖性强，茎蔓着地即能生根，在当年生新枝上孕蕾开花，是一种很好的固土保水植物，山坡、河堤等处都可种植。

（三）栽植技术

春、秋两季均可种植，选择 2～3 年生苗，每 2～3 株一丛，主要以 10～11 月或 2～3 月为最佳种植时间。入冬前 10～11 月种植，不误农时，成活率高，种植简单。早春 2～3 月种植，种植时需浇水保成活，水源条件要好。

金银花应选择向阳、土层较为深厚、土壤肥沃硫松、透气排水良好、坡度在 15°以下的沙质壤土栽植。如灌溉方便、有水源，则更好。选好地后，深翻土壤 30 cm 以上，打碎土块。栽植密度可选 2.0 m × 2.0 m 或 1.5 m × 2.0 m。冬前挖定植穴，表土、心土要分开，并筑成外高内低的鱼鳞坑，沟或穴底填稻草或玉米秸秆或青杂草，坡地可实行梯土整地，带宽 1.5 m。

栽植时，先将苗木在清水中浸泡 8～10 小时，然后根系蘸泥浆栽植。苗木栽植时，挖 30 cm 见方的定植穴，每穴施入复合肥 0.25～0.5 kg，拌土均匀后，上面覆盖 2～3 cm 的土，再将苗木根系舒展开，栽植在定植穴中，并踩紧土，浇透定根水。要求栽植穴定植苗后成小馒头状，苗木栽植深度以齐嫁接口为宜。苗木定植前或栽好后，必须去掉 2/3 的叶片。成活后，通过整形修剪，使金银花形成直立单株的矮小灌木。增加分枝，扩大树冠，可大幅度提高产量。

（四）植后养护管理

1.水肥管理

金银花总的是喜欢干燥气候，但在不同的生长发育阶段对水的要求是不一样的，一般在每次孕蕾期间严格控制浇水，宁旱勿涝，提高绿原酸量。但在 1 年的两头，即春季萌芽期和初冬都要浇水。前者可提前发芽孕蕾 2～3 天，花墩旺盛，后者可提高地温，促进受伤根愈合，为来年打好基础。雨季注意排水，金银花虽抗涝，但长期水渍，生长不良，也降低有效成分含量。

金银花施肥一般基肥在 11 月至翌年 3 月，以有机肥为主，方法结合深翻地撒施，也可沟施（环状、放射状沟施）、穴施等，追肥多用化肥，在发芽后 1～3 茬花收后进行。1 年 4 次，也可施叶肥或施绿肥。

2.整形修剪

成活后的金银花在距地面 17～24 cm 处剪去上端拉枝条，促使主干粗壮。第 2 年，选留主干上粗壮的新枝 4～5 条，其余剪成长 15 cm 左右，使主干直立挺拔。以后萌生的新枝逐渐剪成伞形，并剪掉主干旁侧发出的新枝芽。在主茎木质化后，每年秋季修剪老枝、弱枝，使第 2 年新发芽多，产量高。春季修剪徒长的“油条枝”。种植 5 年后，若管理得当，每年能收花 4 次。采过头次花后，立即剪去花枝上端，进行追肥，促新发枝，1 月后可采第 2 次花，再进行剪枝追肥，可继续采收第 3 次、第 4 次花。

3.病虫害防治

金银花的虫害主要有蚜虫和咖啡虎天牛，前者危害叶及花蕾，应及时防治。后者以幼虫蛀食藤干木质部，造成主干空洞。病害主要是金银花褐斑病，一般夏季较严重，造成叶片褐色病斑坏死。

参考文献

[1] 曹书娟,王艳,王锋,等.南天竹种植特征及栽培技术[J].现代农村科技, 2015(8):42-43.
[2] 陈慧玲,樊孝萍,谯四红,等. 江汉平原楸树丰产栽培技术要点[J].湖北林业科技,2013,42(6):77-78.
[3] 陈俊愉.中国梅花品种分类最新修正体系[J].北京林业大学学报,1999,21(2):1-6.
[4] 陈璞.宁夏地区反季节大树栽植、养护办法[J].现代园艺,2018(22):42.
[5] 陈瑞星.桂花栽植养护技术[J].现代园艺,2013(7):34-35.
[6] 陈鑫,吴尤宏.棕榈繁育栽培技术[J].现代农业科技,2008(7):51.
[7] 陈喜旺.园林苗木种植与后期养护的有效措施探讨[J].现代园艺,2017(22):198.
[8] 陈有民.园林树木学[M].2 版.北京:中国林业出版社,2011.
[9] 邓运川,王瑞林.合欢的栽培管理技术[J].南方农业,2010,4(4):75-77.
[10] 邓运川,李素想.棣棠的栽培管理技术[J].南方农业:园林花卉版,2009(3):46-48.
[11] 董中浩.黄山栾树生物学特征及栽培技术[J].现代园艺,2015(11):34-35.
[12] 冯莎莎,王鹏.园林树木栽植与整形修剪[M].2 版.北京:化学工业出版社,2019.
[13] 葛王送,赵红梅.鸡爪槭的栽培与管理[J].现代农业科技,2007(5):40,48.
[14] 耿增超,李新平.园林土壤肥料学[M].西安:西安地图出版社,2002.
[15] 桂炳中,徐现杰,马晓辉,等.华北地区盐碱地白玉兰栽培技术[J].南方农业,2013,7(3):21-23.
[16] 桂炳中,黄志敏,史敏亚.华北地区山楂栽培养护[J].中国花卉园艺,2015(8):47-48.
[17] 桂炳中,杨红卫.华北地区凌霄栽培养护技术[N].中国花卉报,2012(08):2-7.
[18] 郭丽霞.木槿的栽培和管理[J].农村农业农民,2016(1):61.
[19] 郭学望,包满珠.园林树木栽植养护学[M].2 版.北京:中国林业出版社,2004.
[20] 古丽娜尔,史开奇,李素琼.大叶白蜡大树栽植技术[J].新疆林业,2018(1):25-26.
[21] 何莉.紫藤及其栽培技术[J].现代园艺,2012(1):30-31.
[22] 何丽昆.火棘繁殖栽培技术[J].中国园艺文摘,2012(6):136-137.
[23] 红兵.夹竹桃的栽培管理[J].湖南林业,2004(9):28.
[24] 胡长龙.观赏花木整形修剪图说[M].上海:上海科学技术出版社,1996.
[25] 侯申.南阳市黄连木栽培现状及管理技术[J].现代园艺,2015(17):90-91.
[26] 黄成林. 园林树木栽培学[M].3 版.北京:中国农业出版社,2017.
[27] 黄春晖.紫荆的特征特性及栽培技术[J].农技服务,2008,25(8):129,251 .
[28] 黄清俊,贺坤.屋顶花园设计营造要览[M].北京:化学工业出版社,2014.
[29] 靳莉.悬铃木的栽培与管理[J].现代园艺,2012(22):40-41.
[30] 金平国,李香菊.大树移栽技术初探[J].江西园艺,2004(3):35-37.
[31] 李彬彬,曹珊珊.新优景观色叶树种北美枫香绿化栽培技术[J].林业实用技术,2013(11):44-45.
[32] 李冬梅.在北方影响玉兰生长的因素及栽培方式分析[J].现代园艺,2013(20):49.
[33] 李发春.提高大树成活率的栽植和养护方法[J].安徽林业科技,2011,37(5):75-76.
[34] 李冠衡,戈晓宇,郝培尧.园林铺装施工设计与实例解析[M].武汉:华中科技大学出版社,2014.
[35] 李红星.西北地区城市园林绿化大树栽植的技术研究[D].西北农林科技大学,2008.

[36] 李令,郑道爽.栓皮栎的特征特性及栽培技术[J].现代农业科技,2010(05):189
[37] 李建军,王君,何佳宾,等.皂荚种植技术规范化操作规程(SOP)[J].农业科学,2014(6):151-159.
[38] 李京冈.棕榈在北方的栽培与管理[J].现代园艺,2009(9):66.
[39] 李俊清.森林生态学[M].北京:高等教育出版社,2006.
[40] 李敏,饶玉喜,丁盛能.谈反季节大树栽植[J].江西园艺,2004(4):36-38.
[41] 李倩. 栾树大树栽植技术[J].现代农业科技,2012(20):182,184.
[42] 李松.园林苗木的种植及后期养护措施[J].中国园艺文摘,2016,32(11):152,215.
[43] 李文清,吴府胜,仝伯强,等.北美鹅掌楸大树移栽技术与管理要点[J].林业实用技术,2010(6):50-51.
[44] 李雪华.北方园林树木栽植及栽后管理技术[J].绿色科技,2019(15):95-96.
[45] 李友.树木整形修剪技术图解[M].北京:化学工业出版社,2015.
[46] 李宗圈.杏、李大树春季移栽技术[J].河北果树,2008(1):46-47.
[47] 梁俊香,王敬尊,刘勇健.雪松的栽培管理技术[J].林业实用技术,2008(8):53-55.
[48] 刘建凤.玉兰大树移栽技术[J].现代农业科技,2011(5):226,228.
[49] 刘勇,杜建军.城市树木栽植技术[M].北京:中国林业出版社,2017.
[50] 刘雪静.油松移栽和栽后管理技术[J].现代园艺,2013(7):40.
[51] 吕玉奎,等.200 种常用园林植物栽培与养护技术[M]. 化学工业出版社,2016.
[52] 马英刚.栾树作绿化观赏树木栽培的养护技术[J].浙江农业科学,2012(5):675-676.
[53] 毛龙生.观赏树木栽培大全[M].北京:中国农业出版社,2002.
[54] 梅继林,王慧.豫南丘岗地区喜树栽培技术[J].林业实用技术,2006(5):14-16.
[55] 祁海霞.园林工程树木栽培技术要点分析[J].中国园艺文摘,2015,31(9):87-88.
[56] 彭红丽.秦皇岛水杉栽培及养护管理技术[J].福建农业科技,2012(5):67-68,76.
[57] 邵传宇.树木栽植与大树移栽技术[J].黑龙江科学,2014,5(9):57.
[58] 施振周,刘祖祺.园林花木栽培新技术[M].北京:中国农业出版社,1999.
[59] 时朝,郑彩霞,程地林.北方地区桂花的栽培管理技术[J].北方园艺,2010(13):89-90.
[60] 史晓松,钮科彦.屋顶花园与垂直绿化[M].北京:化学工业出版社,2011.
[61] 帅志军.黄连木栽培技术与养护管理初探[J].绿色科技,2017(13):199-200.
[62] 宋晓刚,杜树毒.栾树苗木繁殖与栽培管理技术[J].中国林副特产,2012(4):57-58.
[63] 苏继海,马正民.药用植物枸骨人工栽培技术[J].中国林副特产,2013(3):78-79.
[64] 苏金乐.园林苗圃学[M].北京:中国农业出版社,2003.
[65] 孙居文.园林树木学 [M].上海:上海交通大学出版社,2003.
[66] 孙新然.侧柏的栽植技术[J].农技服务,2010,27(2):264-265.
[67] 孙玉菲.城市园林树木栽植土壤改良技术[J].河北农业,2018(8):41.
[68] 田如男.园林树木栽培学[M].南京:东南大学出版社,2000.
[69] 田士林,李莉,郑芳.提高悬铃木大树移栽成活率的研究[J].安徽农业科学,2007,35(12):3537,3586.
[70] 汪杨.广玉兰大树移栽技术[J].现代农业科技,2010(4):250-251.
[71] 王宝松.泡桐栽培技术(三)[J].农家致富,2006(21):36.
[72] 王曼,邱景忠,刘建婷.迎春花栽培技术[J].河北林业科技,2002(4):28,38.
[73] 王秀娟,王大勇.探讨园林树木的反季节栽植技术[J].现代园艺,2014(12):43.
[74] 王姗姗.干旱对北方林木的影响[J].防护林科技,2017(S1):8-11,14.
[75] 魏忠应.金银花栽培管理技术[J].内蒙古林业调查设计,2011(4):42-43,48.

[76] 吴丁丁.园林植物栽培与养护[M].北京:中国农业大学出版社,2007.
[77] 吴泽民.园林树木栽培学[M].2 版.北京:中国农业出版社,2009.
[78] 吴晓艳.珍珠梅的繁殖及栽培技术[J].青海农技推广,2014(4):57-58.
[79] 肖升光,李芳.樱花的园林景观应用及栽培管理[J].现代园艺,2014(2):32-33.
[80] 邢红光.元宝枫栽培管理技术[J].中国园艺文摘,2016(7):167-168.
[81] 熊济华,唐岱.藤蔓花卉[M].北京:中国林业出版社,2000.
[82] 许胜,张文越,何健,等.核桃大树移栽技术及移栽后管护要点[J].新疆农业科技,2015(6):27-28.
[83] 许俊燕.华北地区苦楝栽培养护技术[J].现代园艺,2014(7):67.
[84] 徐文,陈西仓,张振纲.七叶树的栽培技术与开发利用[J].中国野生植物资源,2003(3):34-35.
[85] 徐秋芳.园林土壤与岩石[M].北京:中国林业出版社,2008.
[86] 杨红卫.华北地区悬铃木特征及栽培技术[J].现代农业科技,2013(17):211,213.
[87] 杨士雄,张晓军,刘志青.国槐大树移栽技术[J].安徽农学通报,2011,17(7):151-152.
[88] 姚方,吴国新,朱瑞琪,等.重阳木栽植技术及管理措施[J].黑龙江农业科学,2011(1):145-146.
[89] 姚芙蓉.金露梅及其栽培技术[J].特种经济动植物,2004(9):29.
[90] 叶要妹,包满珠.园林树木栽培养护学[M].3 版.北京:中国林业出版社,2012.
[91] 臧德奎.园林树木学[M].2 版.北京:中国建筑工业出版社,2012.
[92] 张安琴.浅谈园林工程树木栽培技术的要点问题[J].黑龙江科技信息,2012(28):243.
[93] 张雷.香樟的特征特性及其栽培技术[J].现代农业科技,2011(8):222.
[94] 张小红.常见园林树木栽植与栽培养护[M].北京:化学工业出版社,2015.
[95] 张秀英.观赏花木整形修剪[M].北京:中国农业出版社,1999.
[96] 张秀英.园林树木栽培养护学[M].2 版.北京:高等教育出版社,2012.
[97] 张涛.园林树木栽培与修剪[M].北京:中国农业出版社,2003.
[98] 张同明.园林绿化种植工程中树木栽植的主要工序[J].化工管理,2018(18):224.
[99] 张养忠,郑红霞,张颖.园林树木与栽培养护[M].北京:化学工业出版社,2006.
[100] 张祖荣. 园林树木栽植与养护技术[M].北京:化学工业出版社,2012.
[101] 赵和文.园林树木选择 · 栽培 · 养护学[M].2 版.北京:化学工业出版社,2014.
[102] 郑春梅.银杏大树的栽植及栽培管理[J].内蒙古农业科技,2011(2):105.
[103] 郑蕾,张秋娟,王玉忠.梅花的栽培与养护管理技术[J].河南林业科技,2007(3):75-76,78.
[104] 郑万钧.中国树木志[M].北京:中国林业出版社,1997.
[105] 郑翔,郑瑞杰,高荣海.园林绿化中的大树移栽及养护管理技术[J].农业科技与装备,2010(4):18-20.
[106] 周兴文,毛伟.女贞的园林应用及栽培管理[J].陕西农业科学,2012(4):149-150.
[107] 朱春生.观赏竹栽培新技术[M].呼和浩特:内蒙古人民出版社,2007.
[108] 朱继军,陈必胜,黄梅,等.上海地区樱花栽培养护技术[J].现代园艺,2014(1):37-39.
[109] 朱天辉,孙绪艮.园林植物病虫害防治[M].2 版.北京:中国农业出版社,2007.
[110] 祝遵凌.园林树木栽培学[M].南京:东南大学出版社,2007.
[111] 庄雪影.园林树木学[M].广州:华南理工大学出版社,2006.